中等职业教育国家规划教材
全国中等职业教育教材审定委员会审定
全国建设行业中等职业教育推荐教材

市政工程构造与识图

（市政工程施工专业）

主　编　王　芳
责任主审　刘伟庆
审　稿　徐德良　罗　韧

中国建筑工业出版社

图书在版编目（CIP）数据

市政工程构造与识图/王芳主编. —北京：中国建筑工业出版社，2003（2021.2重印）
中等职业教育国家规划教材. 全国中等职业教育教材审定委员会审定. 全国建设行业中等职业教育推荐教材. 市政工程施工专业
ISBN 978-7-112-05290-5

Ⅰ.市… Ⅱ.王… Ⅲ.①市政工程—工程构造—专业学校—教材②市政工程—工程制图—识图法—专业学校—教材 Ⅳ.TU99

中国版本图书馆 CIP 数据核字（2003）第 006978 号

本教材共编写了五章内容。第一章概论，第二章识图的基本知识，第三章道路工程施工图，第四章桥梁工程施工图，第五章计算机绘图。在编写过程中遵照本课程的大纲要求，力求突出改革后的教学大纲的特点，适合中等职业教育学员的学习能力，具有实用性、易于接受的特点。

章节中带有"＊＊"号的为选学内容，供各学校根据学员情况选用。

为了与本教材配合使用，识图的基本知识部分，还编写了相应的习题集，另册出版。

中 等 职 业 教 育 国 家 规 划 教 材
全国中等职业教育教材审定委员会审定
全国建设行业中等职业教育推荐教材
市政工程构造与识图（含习题集）
（市政工程施工专业）
主　编　王芳
责任主审　刘伟庆
审　　稿　徐德良　罗韧

＊

中国建筑工业出版社出版、发行（北京西郊百万庄）
各地新华书店、建筑书店经销
廊坊市海涛印刷有限公司印刷

＊

开本：787×1092 毫米　1/16　印张：21½　插页：8　字数：467 千字
2003 年 5 月第一版　　2021 年 2 月第十四次印刷
定价：37.00 元（含习题集）
ISBN 978-7-112-05290-5
（21020）

版权所有　翻印必究
如有印装质量问题，可寄本社退换
（邮政编码　100037）

中等职业教育国家规划教材出版说明

为了贯彻《中共中央国务院关于深化教育改革全面推进素质教育的决定》精神，落实《面向21世纪教育振兴行动计划》中提出的职业教育课程改革和教材建设规划，根据教育部关于《中等职业教育国家规划教材申报、立项及管理意见》（教职成〔2001〕1号）的精神，我们组织力量对实现中等职业教育培养目标和保证基本教学规格起保障作用的德育课程、文化基础课程、专业技术基础课程和80个重点建设专业主干课程的教材进行了规划和编写，从2001年秋季开学起，国家规划教材将陆续提供给各类中等职业学校选用。

国家规划教材是根据教育部最新颁布的德育课程、文化基础课程、专业技术基础课程和80个重点建设专业主干课程的教学大纲（课程教学基本要求）编写，并经全国中等职业教育教材审定委员会审定。新教材全面贯彻素质教育思想，从社会发展对高素质劳动者和中初级专门人才需要的实际出发，注重对学生的创新精神和实践能力的培养。新教材在理论体系、组织结构和阐述方法等方面均作了一些新的尝试。新教材实行一纲多本，努力为教材选用提供比较和选择，满足不同学制、不同专业和不同办学条件的教学需要。

希望各地、各部门积极推广和选用国家规划教材，并在使用过程中，注意总结经验，及时提出修改意见和建议，使之不断完善和提高。

教育部职业教育与成人教育司

2002年10月

前　言

　　本教材主要根据建设部中专学校市政专业教学指导委员会提出的构造与识图课程教学的要求和1995年颁布实行的相关最新国家制图标准和规范编写的。在编写过程中，力求突出改革后的教学大纲的特点，适合中等职业教育学校学生的学习能力，具有实用性易于接受等特点。本教材适用于中等职业学校市政工程专业及相近专业，也可以供其他工程技术人员参考。

　　全书共分五章，其主要内容有：概论，直线、平面、立体的投影，剖面图和断面图，道路平面线型与平面图，道路纵断面与纵断面图，道路横断面与横断面图，城市道路排水系统施工图，路面构造与施工图，道路交叉口与施工图，桥梁的基本知识，钢筋混凝土简支梁桥的构造与施工图，桥面系的构造与施工图，桥梁墩台的构造与施工图，涵洞、拱桥及隧道的构造与施工图，计算机绘图等。计算机绘图部分，各地区可根据当地的具体情况，适当选用本地区最新的版本进行教学。

　　本书由新疆建设职业技术学院高级讲师王芳主编。参加编写的有：天津市政工程学校王梅（第1章，第2章的1、2、3、4、5、6、7节，第3章的3、4、5节，第4章的6、7、8、9节），新疆建设职业技术学院王芳（第2章的8、9、10节，第3章的1、2、6、7、10、11、12节，第5章），曾广群（第4章的1、2、3、4、5节），胡世琴（第3章的8、9、13节）。习题集由王梅（第2章1、2、3、4、5、6、7节）和王芳（第2章8、9、10节）编写。

　　全书由广州市政建设学校高级讲师周美新主审。

　　在编写过程中，承蒙新疆建设职业技术学院高级讲师院长杨开检、书记张绍辉等同志的大力支持和指导，在此深表感谢。

　　由于我们的编写水平有限，加上时间仓促，难免有错误之处，热诚希望读者指出批评意见。

　　本书习题集配合《市政工程构造与识图》教材的第二章使用。共有50多道习题。在编写过程中遵照本课程的大纲要求，力求突出改革后的教学大纲的特点，力求做到由浅入深，难易结合以适应不同的教学需要，适合中等职业教育学员的学习能力，具有实用性、易于接受的特点。本习题集主要作为市政专业的教学用书，也可供其他相关专业使用。

　　本习题集由新疆建设职业技术学院高级讲师王芳和天津市政学校讲师王梅编写。由广州市政建设学校高级讲师周美新主审。由于时间仓促，不足之处敬请读者批评指正。

编　者

目 录

第1章 概论 ... 1
第1节 概述 ... 1
第2节 工程图的制图标准 ... 6
第3节 工程图例 ... 17
习题 ... 22

第2章 识图的基本知识 ... 23
第1节 投影的基本知识 ... 23
第2节 点的投影 ... 26
第3节 直线的投影 ... 30
第4节 平面的投影 ... 36
第5节 基本几何体的投影 ... 42
**第6节 平面与立体、立体与立体相交 ... 54
第7节 组合体的投影 ... 64
第8节 剖面图 ... 77
第9节 断面图 ... 85
第10节 常用简化画法 ... 87
习题 ... 88

第3章 道路工程施工图 ... 90
第1节 道路平面线型设计概述 ... 90
第2节 道路平面图的内容与识读 ... 97
第3节 道路纵断面设计概述 ... 101
**第4节 平面线形与纵断面线形的组合和锯齿形街沟 ... 112
第5节 道路纵断面图的识读 ... 114
第6节 道路横断面概述 ... 118
第7节 道路横断面图的内容与识读 ... 123
第8节 城市道路排水系统施工图 ... 128
第9节 挡土墙施工图 ... 140
第10节 路面结构概述 ... 146
第11节 常见路面的构造 ... 152
第12节 路面结构施工图识读 ... 161
第13节 道路交叉口与施工图 ... 163
习题 ... 171

第 4 章　桥梁工程施工图 …… 173
　第 1 节　桥梁的基本知识 …… 173
　第 2 节　桥梁的纵断面、横断面和平面图的布置及识读 …… 179
　第 3 节　钢筋混凝土简支梁桥的构造与施工图 …… 184
　第 4 节　桥面系的构造与施工图 …… 197
　第 5 节　桥梁墩台的构造与施工图 …… 202
　第 6 节　涵洞的构造及施工图的识读 …… 210
　第 7 节　拱桥的构造及施工图的识读 …… 224
　第 8 节　隧道的构造与施工图 …… 236
　第 9 节　地铁构造与施工图简介 …… 243
　习题 …… 248

第 5 章　计算机绘图 …… 249
　第 1 节　概述 …… 249
　第 2 节　Auto CAD 简介 …… 251
　习题 …… 267

第1章 概 论

内容提要 本章以工程图为例，介绍了工程图的基本知识，本课程在工程施工中的重要作用。并介绍了《国标》中对图纸幅面、线型、尺寸标注等有关内容的规定。

第1节 概 述

1.1.1 市政工程的分类

市政工程是基本建设的重要内容之一，它属于建筑工程的一个子类，包括的范围很广，路、桥、涵、隧道等均属于市政建筑。根据修建的工程对象不同，市政工程可分为道路工程、桥梁工程、城市排水工程、城市防洪工程、城市给水、燃气和热力管网工程等。

1.1.2 本课程在工程施工中的作用

本课程是市政工程专业的一门专业基础课程，它主要研究市政工程的构造、工程图样的绘制和识读等内容，对市政工程施工起着重要的作用。

修建一项市政工程，无论是桥梁闸坝，还是道路排水工程，都需要一套完整的、符合施工要求和规范、能被工程人员看懂的工程图样。工程图样是工程界的技术语言，是工程技术人员表达设计意图、交流技术思想、指导生产施工的重要工具。人们将它比喻为工程技术人员的"形象语言"。在施工阶段，工程图样是指导施工、编制施工计划、工程预算、准备材料、组织施工等的根本依据和法规。任何从事施工生产的人员，如果缺乏识读图样的能力，就无法正确理解设计师的意图和要求，准确地将设计蓝图落实到工地现场，科学地组织施工，有计划地发挥资金的最大经济效益。

1.1.3 工程图的基本知识

图1.1（a）为某建筑物的透视图，图1.1（b）是某建筑的施工图。从图中可以看到教学楼的长宽高度，南立面的形状，内部分隔，教室大小，楼层高度，门窗楼梯的位置等主要施工资料。像这些能准确地表达建筑物及其构配件的位置、形状、大小、构造和施工要求等的图，称为图样。在绘图用纸上绘出图样，并加上图标，能起指导施工的作用，称为图纸。

一般的工程图是按照正投影的原理绘制的三面投影图。透视图常用于表现设计的效果。

在市政工程中，常用的图样有下列两种：

1. 基本图

这种图样，是用来表明某项工程的整体内容：外部形状、内部构造以及相联系的情况。

例如图1.2、图1.3、图1.4所示的路线平面图、路线纵断面图和道路横断面图就是道

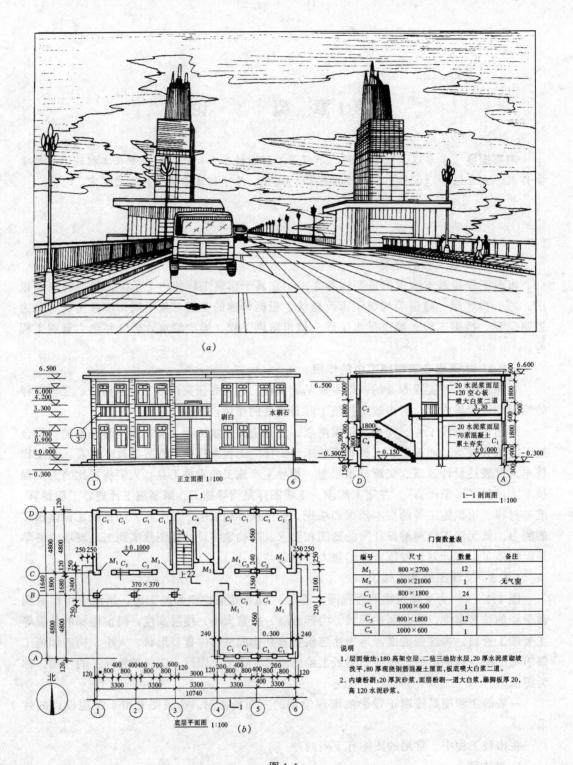

图 1.1
(a) 建筑物的透视图；(b) 建筑施工图

路工程的基本图。

在施工过程中，基本图主要用作为整体放样、定位等的依据。

JD	a		R	T	L	E	ZY	YZ
	左	右						
255	38°39′		45	15.78	30.36	2.09	K53+346.88	R53+377.24
256		38°42′	90	31.61	60.79	5.39	+340.83	+401.62
257		51°10′	90	43.09	80.37	9.78	+583.45	+663.82
258	62°18′		30	18.13	32.62	5.05	+748.93	+781.60
259		25°45′	60	13.71	20.97	1.55	+815.01	+835.98
260	15°02′		150	20.24	40.23	1.36	+875.72	+915.05
261A		28°58′	51.90	13.41	26.24	1.70	+903.43	+989.27
261B		33°35′	51.90	15.66	30.42	2.31	+989.27	K54+019.69

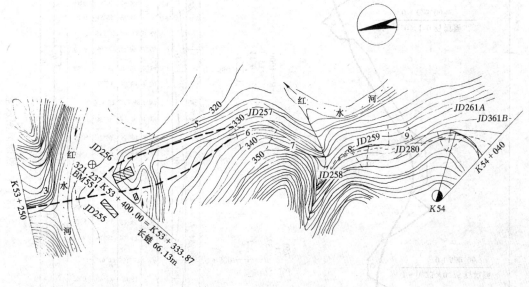

图 1.2 路线平面示意图

2. 详图

由于在基本图上，一般选用的比例尺较小，常不能把工程构筑物的某些局部形状（较复杂部位的细节）和内部详细构造显示清楚，因此需要用较大的比例，比较详细地表达某一部位结构或某一构件的详细尺寸和材料做法等，这种图样称为详图。例如道路工程图中图 1.5 所示人行道及侧石构造详图。

上述各种图样，一般采用平面图、立面图、剖面图和断面图等主要图示方法。关于图示法的基本原理，将在下一章进行介绍。

1.1.4 本课程的学习任务和内容

本课程的学习任务是使学生掌握市政工程的基本构造以及市政施工图的识读方法，并初步具有计算机绘图的能力。

学习本课程后必须掌握的主要内容如下：

1. 识图的基本知识：

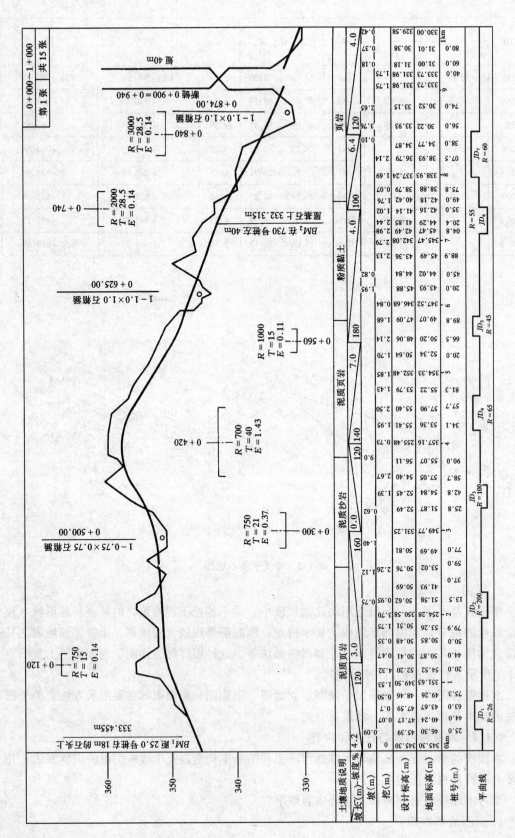

图 1.3 纵断面图示意

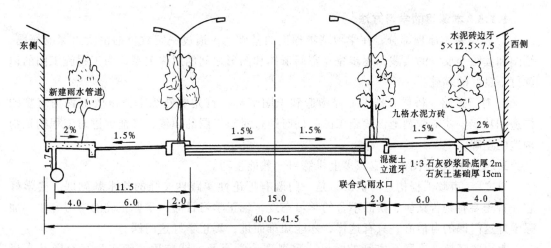

图 1.4 城市道路横断面设计图（单位：m）

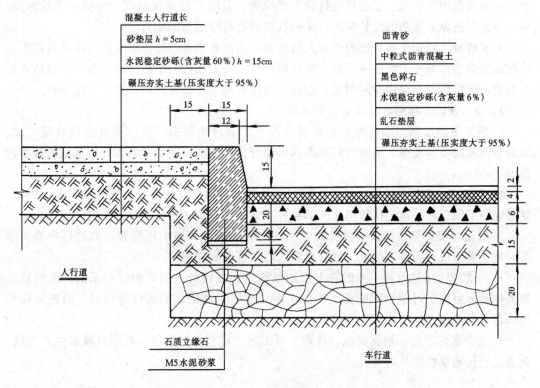

图 1.5 人行道及侧石构造详图

掌握工程图纸的基本知识；《国标》中关于图幅、线型、尺寸标注的规定；正投影的原理及规律；组合体投影图的识读方法。

2．掌握道路排水系统的构造和施工图的识读方法。

3．掌握道路平面、纵断面、横断面的构造；道路交叉口、路面结构的构造；以及工程施工图的识读方法。

4．掌握桥梁各组成部分的构造，识读桥梁工程施工图的方法。

5．掌握 Auto CAD 绘图软件的使用。

1.1.5 本课程的学习方法

1. 投影基本原理部分，在学习基本理论的基础上，通过一定数量的由浅入深的解题、绘图和读图等反复的实践，逐步建立空间形体和图形之间的对应关系，为工程施工图的识读打下良好的基础。

2. 对于道路、桥梁、排水工程构造和识图部分，首先要熟练掌握市政工程构筑物的构造和功能，才能顺利地识读施工图。同时通过对施工图的识读，又能促进对工程构筑物构造的理解。

3. 对于CAD绘图部分应该多上机练习，熟能生巧。

总之，《市政工程构造与识图》是一门既有理论性实践性又强的技术基础课。要学好它，首先要有刻苦钻研、锲而不舍的学习态度，端正学习目的，掌握正确的学习方法，加强学好这门课的自信心，只有这样，才能知难而进，真正学好这门课。

其次要坚持理论联系实际的学风，重视理论学习及实践应用，确实学好投影基本概念，并联系识图的实践。要在理论指导下多识图，只有经过从模型（立体图）画投影图，再从投影图想象立体图的反复实践，才能巩固和提高空间思维能力。

对于市政工程施工和养护的技术人员来说，重点要培养熟练的识图能力以及对识图工作极端负责的精神。工程蓝图是施工的依据，对一条图线或一个图注的疏忽往往会造成返工浪费。所以学习本课程时对图线、图注、制图规则等，都要严肃认真，一丝不苟。

1.1.6 识读工程图时应注意以下问题

1. 施工图是按照国家标准并根据投影图示的原理绘制的，所以要看懂市政施工图，应熟悉图样的基本规格，掌握投影原理和形体分析的方法，并要了解工程构筑物的基本构造。

2. 采用了一些图例符号以及必要的文字说明，共同把设计内容表现在图纸上。因此，要看懂施工图，还必须记住常用的图例符号，便于在识图时辨明符号的意义。

3. 看图时要注意从粗到细，从大到小。先看一遍，了解工程概貌，然后再细看。细看时应先看总说明和基本图纸，然后再深入看构件图和详图。

4. 一套施工图是由各工种的许多张图纸组成，各图纸之间是相互联系的。图纸的绘制大体是按照施工过程中不同的工种、工序分成一定的层次和部位进行的，因此要联系地、综合地看图。

5. 结合实际看图。根据实践、认识、再实践、再认识的规律，看图时联系生产实践，就能比较快地掌握图纸内容。

第2节 工程图的制图标准

工程图是重要的技术资料，是施工的依据。为使工程图样图形准确，图面清晰，符合生产要求和便于技术交流，就要对图幅大小、图线线型、尺寸标注、图例、字体等内容有统一的规定，使工程图样基本统一。作为设计和施工等技术人员必须掌握这些规定，才能适应于工程建设的需要。

本书采用国标《技术制图》（GB/T—93）和《道路工程制图标准》（GB50162—92）来介绍图幅、图线、字体、尺寸标注等内容。

1.2.1 图幅

为了合理使用图纸和便于装订管理，图幅大小均应按照国家标准规定执行（如表1.1所示）。同一套图样应以一种规格为主，尽量避免大小幅面掺杂使用。

图幅及图框尺寸（mm） 表1.1

尺寸代号	幅面代号				
	A0	A1	A2	A3	A4
B×1	841×1189	594×841	420×594	297×420	210×297
A	25(35)	25(35)	25(35)	25(30)	25
C	10	10	10	5(10)	5(10)

注：括号内的数值为道路规范规定的数值。

根据需要图幅可以加长，但《道路工程制图标准》规定图幅的短边不得加长。长边加长的长度，图幅A0、A2、A4应为150mm的整倍数；图幅A1、A3应为210mm的整倍数。

需要微缩后存档或复制的图纸，图框四边均应具有位于图幅长边、短边中点的对中标志（见图1.6），并应在下图框线的外侧，绘制一段长100mm标尺，其分格为10mm。对中标志的线宽宜采用大于或等于0.5mm，标尺线的线宽宜为0.25mm的实线。如图1.7所示。

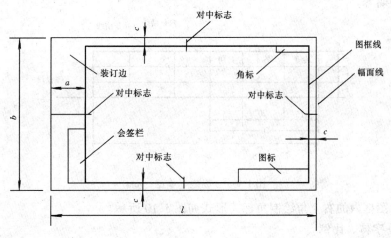

图1.6 幅面格式

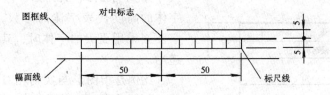

图1.7 对中标志及标尺（单位：mm）

图标一般布置在图框内右下角,图标一般为图1.8所示中的一种。

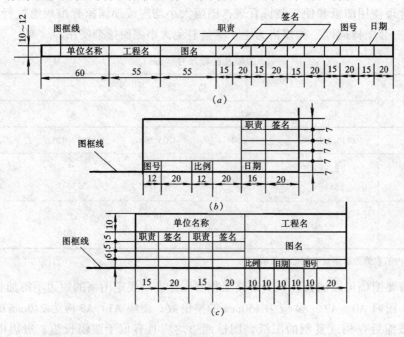

图1.8 图标(单位:mm)

会签栏一般布置在图框左下角。图1.9所示为道路用会签栏,内容包括各工种负责人的姓名、日期等。

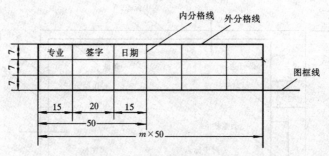

图1.9 会签栏(单位:mm)

图纸在图框内的右上角绘制角标,形式如图1.10所示。

1.2.2 字体、比例

图纸上的文字、数字、字母、符号、代号等的标注可采用正体或斜体。文字的字高尺寸系列为2.5、3.5、5、7、10、14、20mm。字体的高度代表字体的号数,如5mm称5号字。当采用更大的字体时,其字高应按等比例递增。

比例是指图形与实物相对应的线形尺寸之比。比例采用阿拉伯数字表示,其标注方法为1:50,1:100等。比例的大小即为比值的大小,

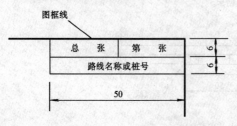

图1.10 角标(单位:mm)

如 1∶50 大于 1∶100。

当同一张图纸中的比例完全相同时，可在标题栏或附注中注出。若同一张图内各图比例不同，则应分别标注在各图图名的右侧或下侧。比例字体应比名称字体小一号或两号。当竖直方向与水平方向的比例不同时，可用 V 表示竖直方向比例，用 H 表示水平方向比例（见图 1.11）。

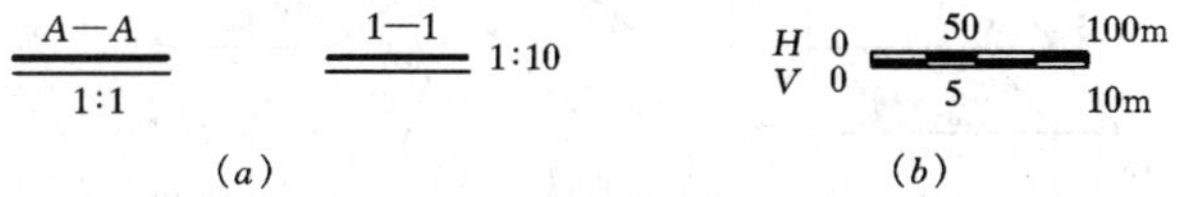

图 1.11 比例的标注

图中采用的比例，一般根据图面布置合理、匀称、美观的原则，按图形大小及图面复杂程度确定。一般应优先选用表 1.2 中常用比例。

图 纸 所 用 的 比 例　　　　　　　　　表 1.2

常用比例	1∶1	1∶2	1∶5	1∶10	1∶20	1∶50
	1∶100	1∶200	1∶500	1∶1000		
	1∶2000	1∶5000	1∶10000	1∶20000		
	1∶5000	1∶100000	1∶200000			
可用比例	1∶3	1∶15	1∶25	1∶30	1∶40	1∶60
	1∶150	1∶250	1∶300	1∶400	1∶600	
	1∶1500	1∶2500	1∶3000	1∶4000		
	1∶6000	1∶15000	1∶30000			

1.2.3 线型、坐标网和指北针

1. 线型

工程图样是由不同种类的线型、不同粗细的线条所构成，这些图线可表达图样的不同内容。常用线型与线宽如表 1.4 所示。图线的宽度 b，应根据图样的复杂程度及比例大小从 2.0、1.4、1.0、0.7、0.5、0.35、0.25、0.18、0.13mm 中选取。线宽组合宜符合表 1.3 的规定。每张图上的图线线宽不宜超过 3 种。

线 宽 组 合　　　　　　　　　表 1.3

线宽类别	线宽系列（mm）				
b	1.4	1.0	0.7	0.5	0.35
$0.5b$	0.7	0.5	0.35	0.25	0.25
$0.25b$	0.35	0.25	0.18	0.15	0.13

图样中相交图线的画法应符合如下规定：

(1) 当虚线与虚线或虚线与实线相交时，不应留空隙（图 1.12a）。

(2) 当实线的延长线为虚线时，应留空隙（图 1.12b）。

(3) 当点划线与点划线或点划线与其他图线相交时，交点应设在线段处（1.12c）。

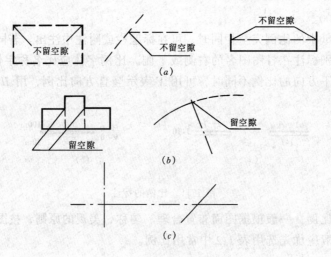

图 1.12 图线相交的画法

常用线型及线宽　　　　　　　　　　　表 1.4

名　　称	线　　型	线　　宽
加粗粗实线		$1.4\sim2.0b$
粗实线		b
中粗实线		$0.5b$
细实线		$0.25b$
粗虚线		b
中粗虚线		$0.5b$
细虚线		$0.25b$
粗点划线		b
中粗点划线		$0.5b$
细点划线		$0.25b$
粗双点划线		b
中粗双点划线		$0.5b$
细双点划线		$0.25b$
折断线		$0.25b$
波浪线		$0.25b$

图线相交画法的正误对比见表 1.5。

图线相交的正误对比　　　　　　　　　表 1.5

名　称	举　　　例	
	正　确	错　误
实线相交	（相交处要整齐）	（相交处有空隙不整齐）

续表

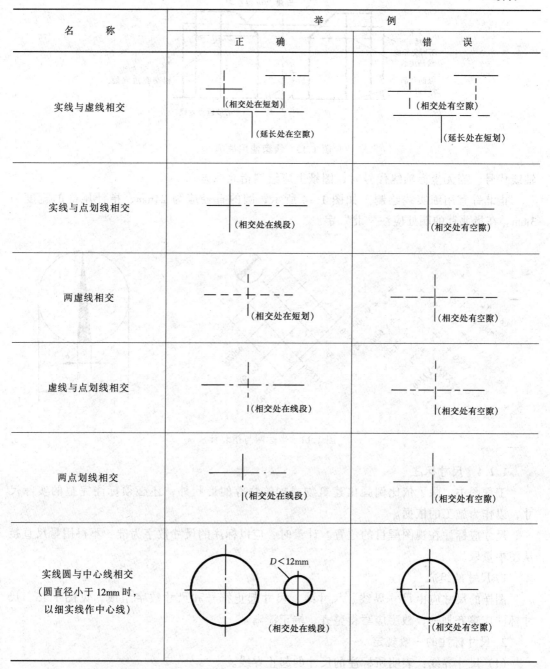

图线使用举例如图 1.13 所示。

2. 坐标网和指北针

在工程图中，为了表明该地区的方位和构筑物的位置，常常要绘制坐标网或指北针。坐标网是用细实线绘制的，南北方向轴线代号为 X，东西方向轴线代号为 Y。坐标网格也可采用十字线代替。

坐标值的标注应靠近被标注点，书写方向应平行于网格延长线上。数值前应标注坐标

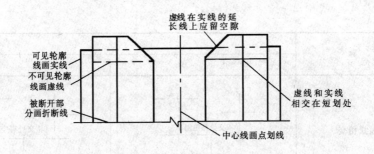

图1.13 线型使用举例

轴线代号。当无坐标轴线代号时,图纸上应绘制指北标志。

指北针宜用细实线绘制。如图1.14所示,圆的直径应为24mm,指针尾部的宽度为3mm。在指北针的端处应注"北"字。

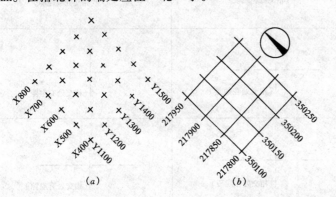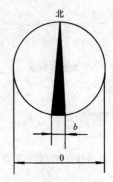

图1.14 坐标网与指北针

1.2.4 尺寸标注

工程图中,除了依比例画出建筑物或构筑物等的形状外,还必须标注完整的实际尺寸,以作为施工的依据。

尺寸应标注在视图醒目的位置。计量时,应以标注的尺寸数字为准,不得用量尺直接从图中量取。

1. 尺寸的组成

图样的尺寸应由尺寸界线、尺寸线、尺寸起止符号和尺寸数字组成,见图1.15。尺寸标注应整齐划一,数字应写得整齐、端正清晰。

2. 尺寸标注的一般规定

(1) 尺寸界线:表明所标注的尺寸的起止界线。

1) 尺寸界线应用细实线。

2) 尺寸界线的一端应靠近所标注的图形轮廓线,另一端宜超出尺寸线1~3mm,当连续标注尺寸时,中间的尺寸界线可以画得较短,见图1.16。

3) 图形轮廓线、中心线也可作为尺寸界线。

4) 尺寸界线宜与被标注长度垂直;当标注困难时,也可不垂直。但尺寸界线应相互平行。

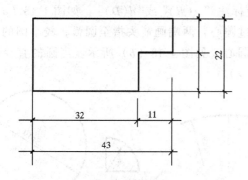

图 1.15　尺寸标注的基本形式与组成　　　图 1.16　尺寸界线的标注

（2）尺寸线：用来标注尺寸的线称为尺寸线。

1）尺寸线应画成细实线。

2）尺寸线必须与被标注长度平行，不应超出尺寸界线，任何其他图线不得作为尺寸线。

3）相互平行的尺寸线应从被标注的图形轮廓线由近向远排列，平行尺寸线间的间距及与被标注的轮廓线的间隔可在 7～15mm 之间。

4）分尺寸线应离轮廓线近，总尺寸离轮廓线远。如图 1.15 所示。

（3）尺寸起止符号：尺寸线与尺寸界线的交点为尺寸的起止点，起止点上应画出尺寸起止符号。

1）起止符号一般为不粗于中等粗度的 45°短划，其方向为尺寸界线按顺时针旋转 45°角，其长度约为 2mm。

2）道路工程图中宜采用单边箭头表示，箭头在尺寸界线的右边时，应标注在尺寸线之上；反之应标注在尺寸线之下。箭头大小可按绘图比例取值。

在连续表示的小尺寸中，也可在尺寸界线同一水平的位置，用黑圆点表示。

（4）尺寸数字：

1）图上标注的尺寸数字是物体的实际尺寸，它与绘图所用的比例无关。

2）尺寸数字字高一般为 3.5mm 或 2.5mm。尺寸线的方向有水平、竖直和倾斜三种。注写尺寸数字的读数方向相应地如图 1.17 所示。对于靠近 30°角范围内的倾斜尺寸，应从左方读数的方向来注写尺寸数字。

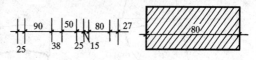

图 1.17　尺寸数字的标注

3）尺寸数字一般标注在尺寸线中间的上方，离尺寸线应不大于 1mm，如没有足够的注写位置，最外边的尺寸数字可注写在尺寸界线的外侧，中间相邻的尺寸数字可错开注写，也可引出注写。

4）尺寸均应标注在图样轮廓线以外，任何图线不得穿过尺寸数字，不宜与图线、文字及符号等相交。当不可避免时，应将尺寸数字处的图线断开，以保证所注尺寸数字的清晰和完整。

5）同一张图纸上，尺寸数字的大小应相同。

1.2.5　圆、圆弧、球等尺寸的标注

1. 圆的尺寸标注

在标注圆的半径或直径尺寸数字前面应标注"$r(R)$"或"$d(D)$",如图1.18(a)中$d142$、$r71$。在圆内标注的直径尺寸线应通过圆心,两端画箭头指至圆弧;较小圆的直径尺寸可标注在圆外,其直径尺寸也应通过圆心,见图1.18(b)所示。当圆的直径较大时,半径尺寸可不从圆心开始,如图1.18(c)。

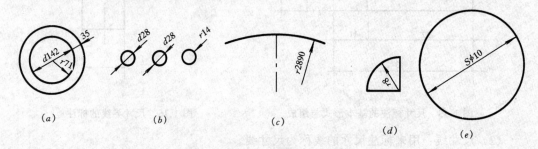

图1.18 半径与直径的标注

2. 圆弧的尺寸标注

凡小于或等于半圆的圆弧,其尺寸标注半径,半径尺寸线必须从圆心开始,另一端画箭头指至圆弧。见图1.18(d)。

3. 球的尺寸标注

标注球的半径尺寸时,应在尺寸数字前加注符号"SR"。标注球的直径时,应在尺寸数字前加注符号"$S\phi$"。注写方式与圆弧半径和圆直径的尺寸标注方法相同,见图1.18(e)。

4. 角度、弧长、弦长的标注

标注角度时,角度尺寸线应以圆弧表示,圆弧的圆心是该角度的顶点,角的两边为尺寸界线,角度数值宜写在尺寸线的上方中部。当角度太小时,可将尺寸线标注在角的两条边的外侧。角度数字宜按图1.19(a)所示标注。

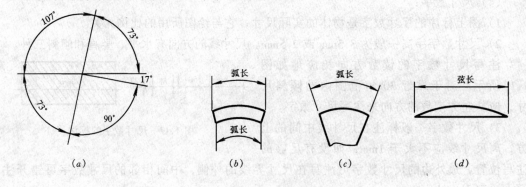

图1.19 角度、弧、弦的尺寸标注

标注圆弧的弧长时,其尺寸线应是圆弧的同心圆弧,尺寸界线则垂直于该圆弧的弦,起止符号以双箭头表示,弧长数字标注在尺寸线上方中间部位。见图1.19(b)。

当弧长分为数段标注时,尺寸界线也可沿径向引出,见图1.19(c)。

标注圆弧的弦长时,尺寸线应平行该弦的直线表示,尺寸界线应垂直于该弦,起止符号以双箭头表示,如图1.19(d)所示。

1.2.6 其他项的标注

1. 标高的标注

建筑物或构筑物上的标高符号如图 1.20 所示，标高符号应采用细实线绘制的等腰三角形表示，高为 2~3mm，底角为 45°。顶角应指至被标注的高度，顶角向上、向下均可。标高数字宜标注在三角形的右边。负标高应表以"-"号，正标高（包括零标高）数字前不应冠以"+"号。当图形复杂时，也可采用引出线形式标注。标高的数字应以米为单位。一般市政工程图上除水准点标高数字注写至小数点后三位外，其余注至小数点后两位。

2. 坡度的标注

斜面的倾斜度称为坡度。市政工程图中常用的坡度标注方式有两种：

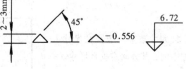

图 1.20 标高的标注

（1）当坡度值较小时，坡度的标注宜用百分率表示，并应标注坡度符号。坡度符号应由细实线、单边箭头以及在其上标注的百分率组成。坡度符号的箭头指向下坡。见图 1.21。

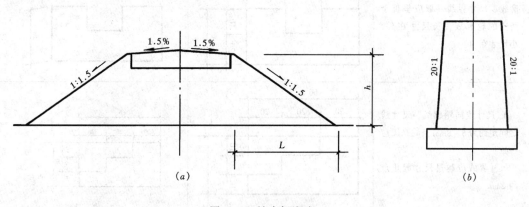

图 1.21 坡度标注法
（a）路基；（b）桥墩

（2）坡度值较大时，坡度的标注宜用比例的形式表示，即 $1:n$，如 $1:2$、$1:10$，见图 1.21 所示。

3. 倒角尺寸的标注

倒角尺寸的一般标注方式见图 1.22(a)，当倒角为 45°时，也可按图 1.22(b) 所示标注。

1.2.7 尺寸的简化画法规定

1. 连续排列的等长尺寸可采用"间距数乘间距尺寸"的形式标注。见图 1.23。

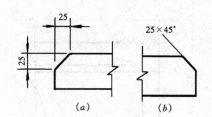

图 1.22 倒角尺寸的标注

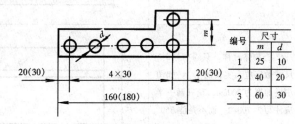

图 1.23 相似图形的标注

2．两个相似图形可仅绘制一个，未示出图形的尺寸数字可用括号表示。如有数个相似图形，当尺寸数值各不相同时，可用字母表示，其尺寸数值应在图中适当位置列表示出，见图 1.23 所示。

常见的尺寸标注对照见表 1.6。

标注尺寸的正误对照　　　　表 1.6

名　称	正确与错误：正　确	正确与错误：错　误
1．尺寸数字一般写在尺寸上方中间，其方向应垂直尺寸线	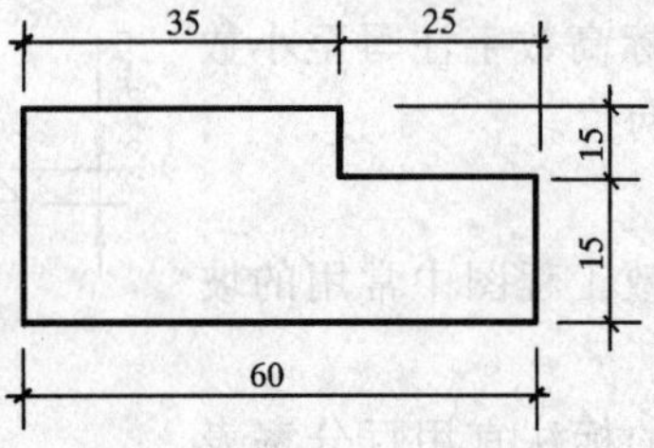	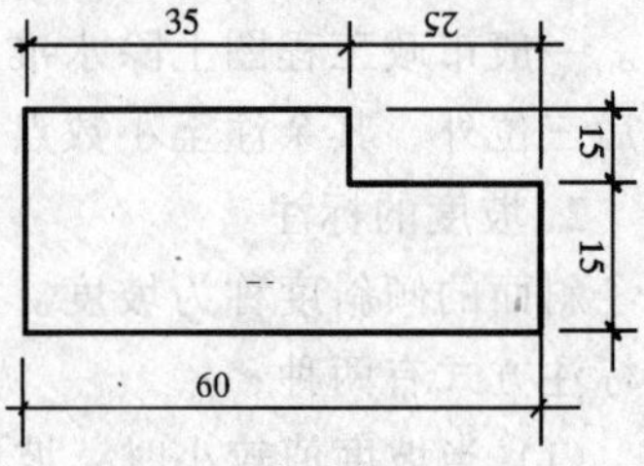
2．尺寸线应平行于所注的轮廓线、尺寸界线一般应垂直于所注的轮廓线，长尺寸在外，小尺寸在内	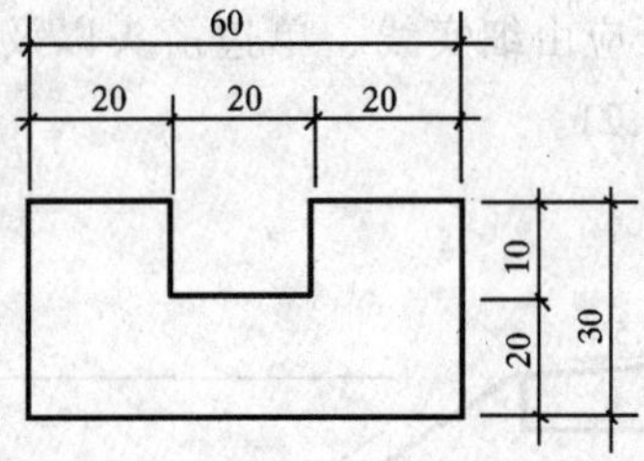	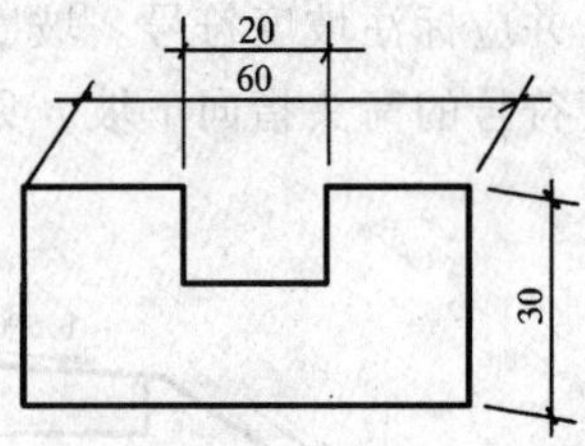
3．尺寸线同轮廓线、尺寸线之间距约为 5～8mm 且同张图应一致； 尺寸界线应越过尺寸起止点约 2mm	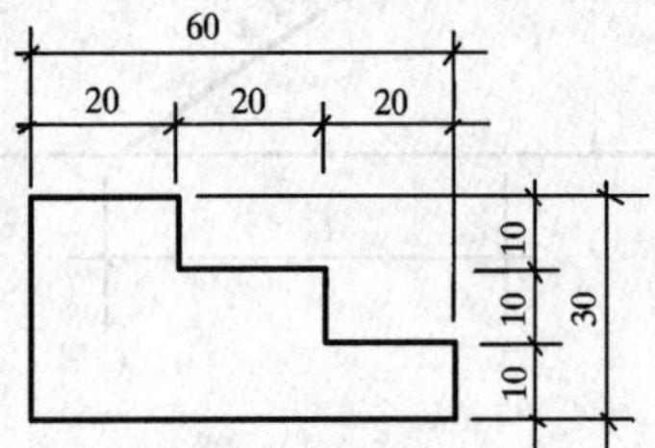	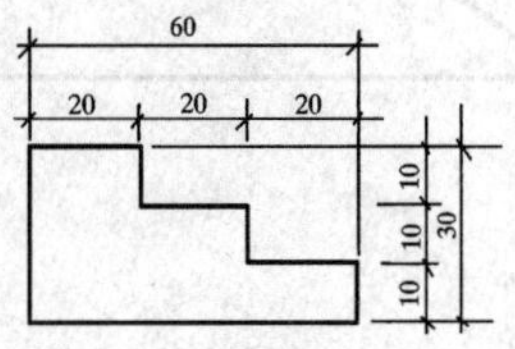
4．不能用尺寸界线作为尺寸线	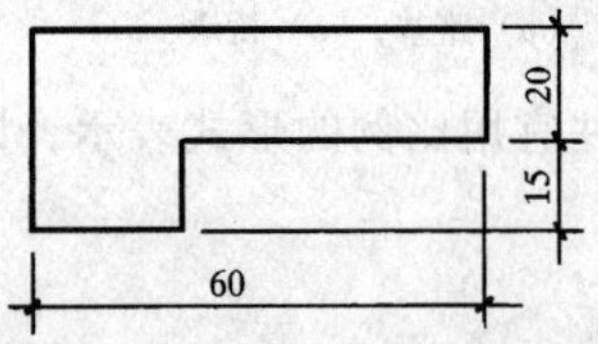	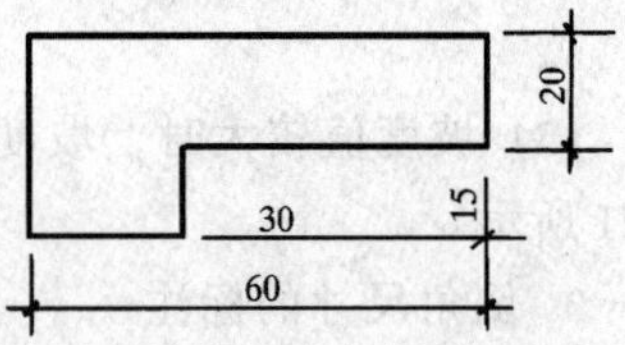
5．用折断法表示的图上，应画出完整的尺寸线和注出实长	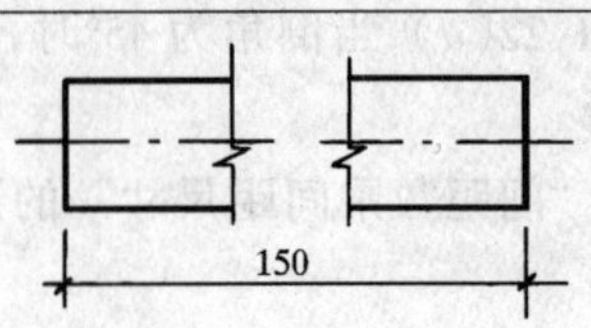	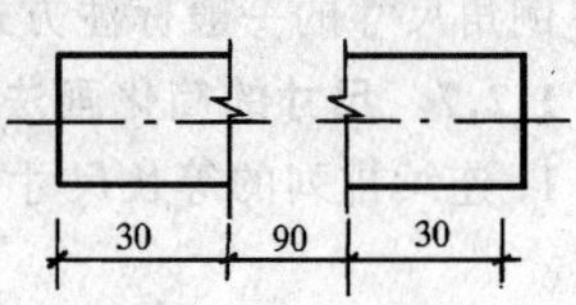
6．当物体对称，只画一半时，尺寸数字应为实长的 1/2。如图中桥面宽为 700cm，现只画一半应注写为 700/2，而不是注 350	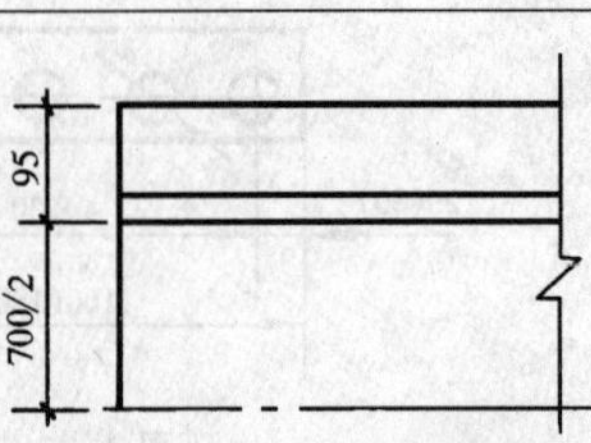	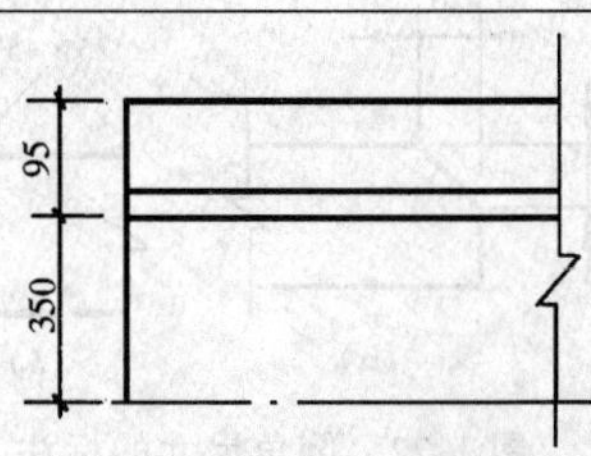

第3节 工 程 图 例

在市政工程图中，除图示构筑物的形状、大小外，还需采用一些图例符号和必要的文字说明，共同把设计内容表示在图纸上。

各种图例符号，必须遵照国家已制定的统一标准，如标准图例不敷应用时，可暂用各地区或各单位的惯用图例，并应在图纸的适当位置画出该图例加以说明。

1.3.1 道路工程图常用图例

表1.7是我国《道路工程制图标准》（GB50162—92）中规定的道路工程常用图例。

道路工程常用图例　　　　　　　　　　　　　　表1.7（a）

项目	序号	名称	图例	项目	序号	名称	图例
平面	1	涵洞		平面	9	防护网	
	2	通道			10	防护栏	
	3	分离式立交 a.主线上跨 b.主线下穿			11	隔离墩	
					12	箱涵	
					13	管涵	
					14	盖板涵	
					15	拱涵	
	4	桥梁（大、中桥梁按实际长度绘）		纵断面	16	箱型通道	
					17	桥梁	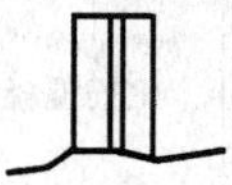
	5	互通式立交（按采用形式绘）			18	分离式立交 a.主线上跨 b.主线下穿	
	6	隧道					
	7	养护机构			19	互通式立交 a.主线上跨 b.主线下穿	
	8	管理机构					

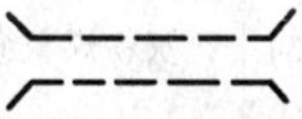

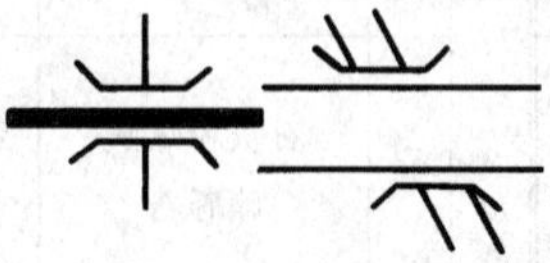

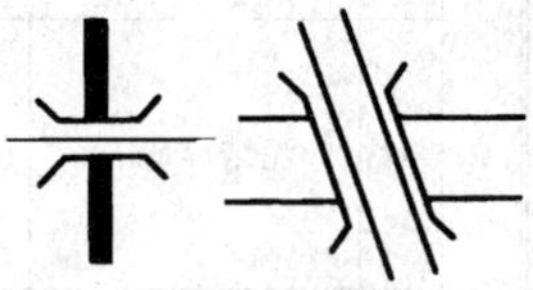

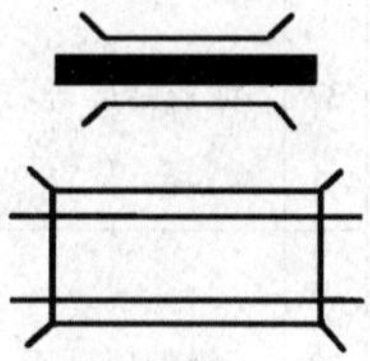

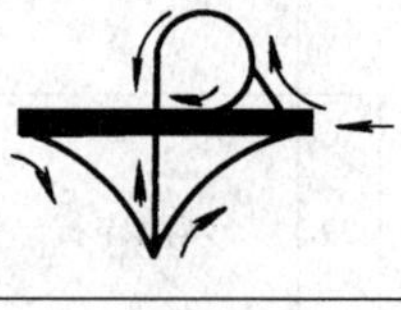

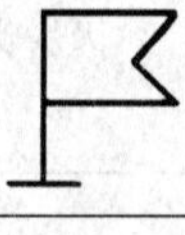

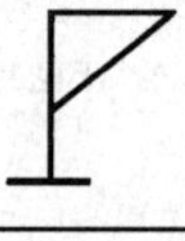

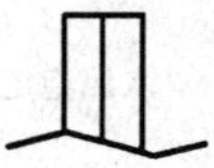

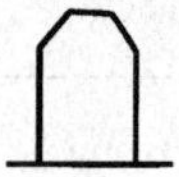

17

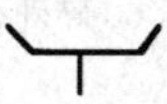

续表

项目	序号	名称	图例	项目	序号	名称	图例
材料	20	细粒式沥青混凝土	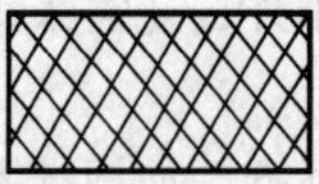	材料	31	石灰土	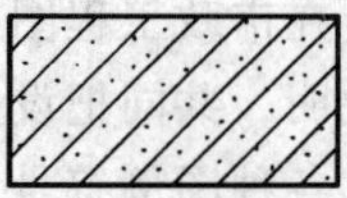
	21	中粒式沥青混凝土			32	石灰粉煤灰	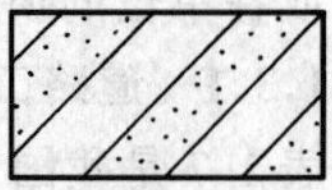
	22	粗粒式沥青混凝土	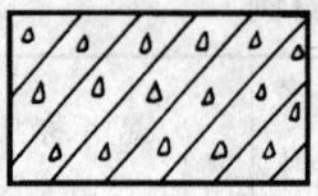		33	石灰粉煤灰土	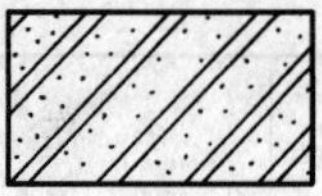
	23	沥青碎石	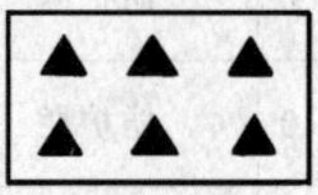		34	石灰粉煤灰砂砾	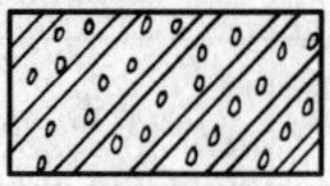
	24	沥青贯入碎砾石	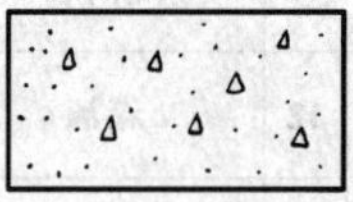		35	石灰粉煤灰碎砾石	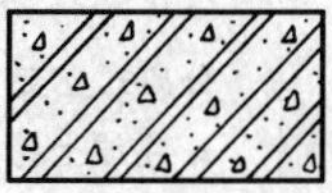
	25	沥青表面处理	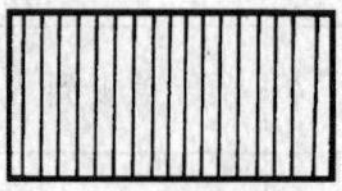		36	泥结碎砾石	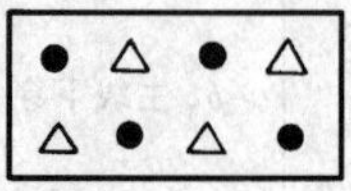
	26	水泥混凝土	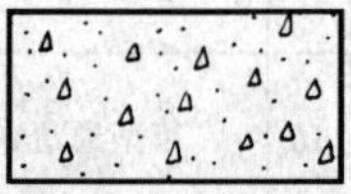		37	泥灰结碎砾石	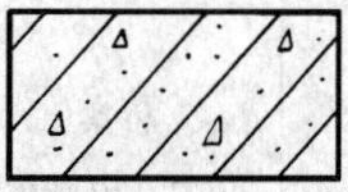
	27	钢筋混凝土	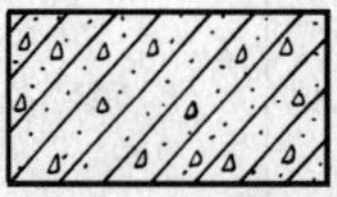		38	级配碎砾石	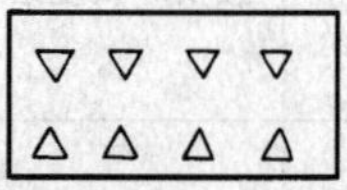
	28	水泥稳定土	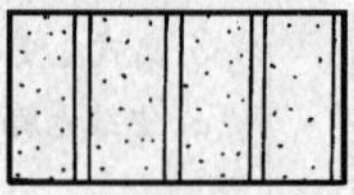		39	填隙碎石	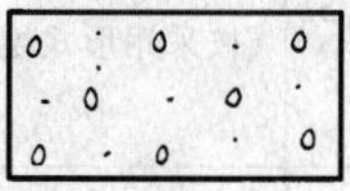
	29	水泥稳定砂砾	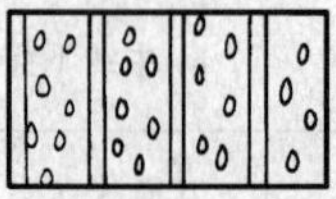		40	天然砂砾	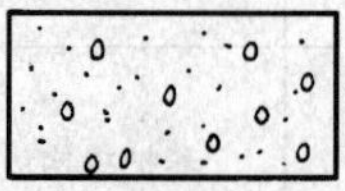
	30	水泥稳定碎砾石	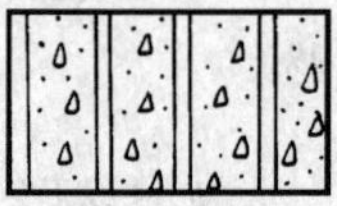		41	干砌片石	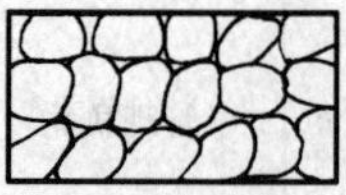

续表

项目	序号	名称	图例	项目	序号	名称	图例
材料	42	浆砌片石	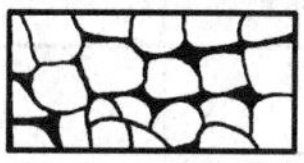	材料	45	金属	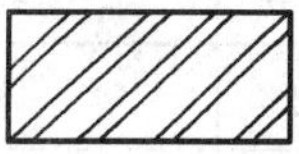
材料	43	浆砌块石		材料	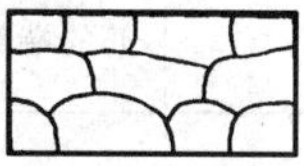 46	橡胶	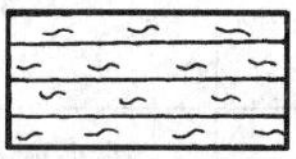
材料	44	木材 横 纵	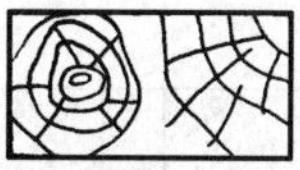	材料	47	自然土壤	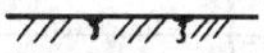
					 48	夯实土壤	

路线平面图中的常用图例和符号   表1.7（b）

图 例						符 号	
浆砌块石		房屋	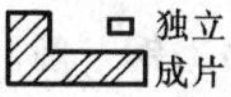 独立 成片	用材料	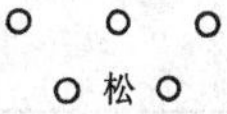 松	转角点	JD
						半径	R
水准点	 BM编号/高程	高压电线		围墙		切线长度	T
						曲线长度	L
导线点	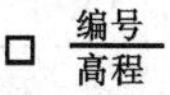 编号/高程	低压电线		堤		缓和曲线长度	L_s
						外距	E
转角点	JD编号	通讯线		路堑		偏角	a
						曲线起点	ZY
铁路		水田		坟地		第一缓和曲线起点	ZH
						第一缓和曲线终点	HY
公路		旱地				第二缓和曲线起点	YH
大车道		菜地		变压器		第二缓和曲线终点	HZ
桥梁及涵洞		水库 渔塘	塘	经济林	油茶	东	E
						西	W
水沟		坎		等高线 冲沟		南	S
						北	N
河流		晒谷坪	谷	石质陡崖		横坐标	X
						纵坐标	Y

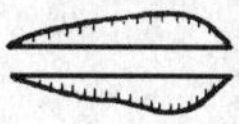

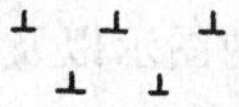

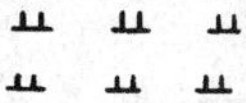

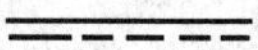

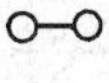

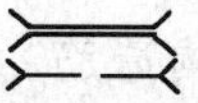

19

1.3.2 桥梁工程图常用图例

1. 钢筋混凝土结构一般钢筋图例见表1.8。

一般钢筋　　　　　　　　表1.8

序号	名 称	图 例	说 明
1	钢筋横断面	●	
2	无弯钩的钢筋端部	——	下图表示长短钢筋投影重叠时可在短钢筋的端部用45 短划线表示
3	带半圆形弯钩的钢筋端部	⌐—	
4	带直钩的钢筋端部	⌐—	
5	带丝扣的钢筋端部	—#—	
6	无弯钩的钢筋搭接	——	
7	带半圆弯钩的钢筋搭接	—⌐⌐—	
8	带直钩的钢筋搭接	—⌐⌐—	

2. 钢筋混凝土结构预应力钢筋图例见表1.9。

预应力钢筋　　　　　　　　表1.9

序号	名 称	图 例
1	预应力钢筋或钢铰线，用粗双点划线表示	———
2	在预留孔道或管子中的后张法预应力钢筋的断面	⊕
3	预应力钢筋断面	+
4	张拉端锚具	▷—·—·—
5	固定端锚具	▷—·—·—

3. 焊接钢筋骨架的图示以及钢筋的标注。

焊接钢筋骨架的标注方法如图1.24所示。

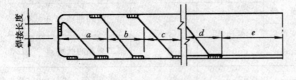

图1.24　焊接钢筋骨架标注

在钢筋构造图中，各种钢筋应标注数量、直径、长度、间距、编号，其编号应采用阿拉伯数字表示。当钢筋编号时，宜先编主次部位的主筋，后编主次部位的构造筋。编号格式应符合以下规定：

(1) 编号可注在引出线右侧的圆圈内（直径为4～8mm），如图1.25 (a) 所示。

(2) 编号可注在钢筋断面图对应的方格内，如图1.25 (b) 所示。

(3) 可将冠以 N 字的编号，注在钢筋的侧面，根数应标注在 N 字之前，如图1.25 (c) 所示。

（4）钢筋末端的标准弯钩可分为90°、135°、180°三种。当采用标准弯钩时，钢筋直段长的标注可直接注在钢筋的侧面，钢筋增长值可按标准采用，如图1.25（d）所示。

（5）箍筋大样可不绘出弯钩。当为扭转或抗震箍筋时，应在大样图的右上角，增绘两条倾斜45°的斜短线，如图1.25（e）所示。

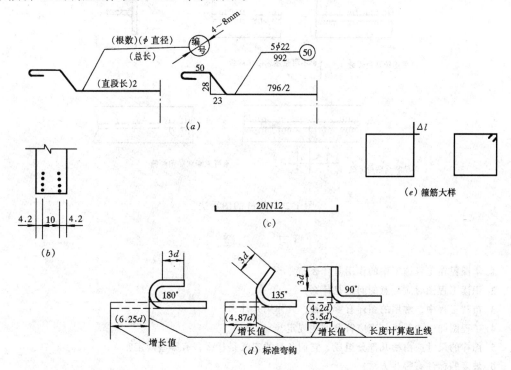

图1.25 钢筋的标注
(图中括号内数值为圆钢增长值)

4．钢筋、钢板的焊接

按照《道路工程制图标准》（GB50162—92）的规定，常用的焊接符号应符合表1.10的规定。

常用焊缝符号　　　　　表1.10

名称及形式	图 例	符号	名称及形式	图 例	符号
V形焊缝		V	单面贴角焊缝		▷
带钝边V形焊缝		Y	双面贴角焊缝		△
带钝边U形焊缝		Y			

21

图示法的焊缝应采用细实线绘制,线段长 1~2mm,间距为 1mm,见图 1.26。

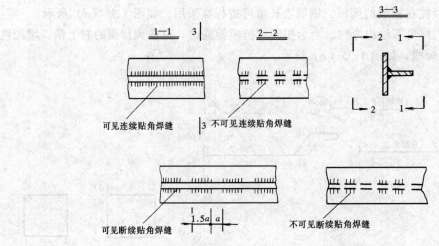

图 1.26 焊缝的图示法

习 题

1. 本课程在工程施工中的作用是什么?
2. 识读工程图时应注意的问题是什么?
3. 市政工程中,常用的图样有哪几种,其作用是什么?
4. 工程图样中的图线相交应符合哪些规定?
5. 图样的尺寸应由哪几部分组成,它们各自的定义是什么,有哪些规定?
6. 坡度的标注有哪些方法?
7. 工程图例的意义、规定是什么?

第2章 识图的基本知识

内容提要 本章介绍了点的投影规律，各种位置直线以及平面的投影特性；重点介绍的是组合体投影的识读方法即形体分析法和线面分析法。组合体投影的识读是熟练识读工程施工图的基础，必须掌握。此外还介绍了剖面图和断面图的形成及基本概念，剖面图和断面图的画法和识读。

在第一章里我们简要地说明了工程样图不是采用透视图绘制的（常用于辅助设计）。因为它不能正确反映建筑物或构筑物的尺寸、不能满足工程制作或施工的要求。用于指导施工的图样的绘制是采用正投影法，它是工程图样绘制的理论基础。只有掌握了投影规律，设计人员才能制图，施工人员才能读懂图。

第1节 投影的基本知识

2.1.1 投影的基本概念与分类

物体在阳光或灯光的照射下，在地面上或墙上会产生影子，这种现象称之为投影。

人们根据生产活动的需要，对于投影现象进行长期的观察与研究，总结并形成一套用平面图形表达物体立体形状的投影方法。

投影法就是一束光线照射物体，在给定的平面上产生图像的方法。

例如灯光照射在桌面上，在地面上产生的影子比桌面大，如图 2.1（a）所示。如果灯的位置在桌面的正中上方，它与桌面的距离愈远，则影子愈接近桌面的实际大小。可以设想如果把灯移到无限远的高度，即光线相互平行并与地面垂直，这时影子的大小就和桌面一样了。如图 2.1（b）所示。

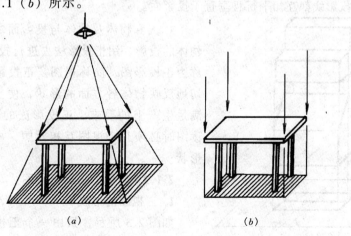

图 2.1 光线、物体和影子

在制图中，我们把表示光线的线称为投影线，把落影平面称为投影面，产生的影子称为投影。

由一点放射的投影线所产生的投影称为中心投影，如图2.2（a）所示。由相互平行的投影线所产生的投影称为平行投影。根据投影线与投影面的角度关系，平行投影又分为两种：平行投影线与投影面斜交称为斜投影，如图2.2（b）所示；平行投影线垂直于投影面称为正投影，如图2.2（c）所示。

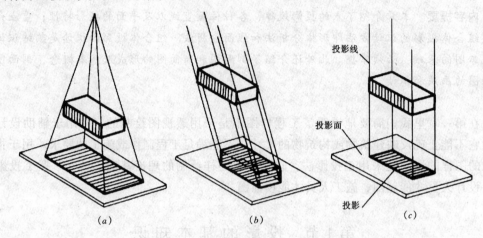

图2.2 投影法种类
（a）中心投影；（b）斜投影；（c）正投影

一般的工程图纸都是按照正投影的原理绘制的，即假设投影线互相平行，并垂直于投影面。为了把物体各面和内部形状变化都反映在投影图中，还假设投影线是可以透过物体的。

2.1.2 正投影的特性

根据正投影的形成，它有如下特性：

1. 把物体放在观察者与投影面之间，即始终保持人—物体—投影面这个相对位置关系。
2. 所有投影线都互相平行且垂直于投影面。

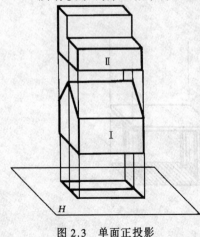

图2.3 单面正投影

3. 人和物体及物体与投影面之间的距离不影响物体的投影，用正投影法去进行投影所得到的图形，称为正投影图，简称视图。正投影法的优点是能确切地反映物体各方面的形状，便于度量尺寸，能够满足生产上的要求。正投影法的缺点是立体感差，读图时必须几个视图互相对照，才能想象出物体的形状。

2.1.3 物体的三面投影图

1. 三视图的形成

如图2.3所示，只用一个正投影图来表示物体是不够的，两个形状不同的物体在投影面H上具有相同的正投影，可见，单面正投影图不能惟一地确定物体的形状。若使正投影图能够惟一确定物体的形状就需要采用多面正投影的方法。

如图 2.4 所示，工程上常采用三个相互垂直投影面 H、V、W 面，它们的交线是 OX、OY、OZ，称为投影轴。把物体放置在三个投影面所确定的空间里，并分别向三个投影面进行正投影，这样便得到了位于 H 面上的水平投影、V 面上的正面投影和 W 面上的侧面投影三个正投影图。

投影面 V 面不动，把投影面 H 面绕 OX 轴向下旋转 90°，把投影面 W 绕 OZ 轴向右旋转 90°，就得到一个位于同一平面上的三个正投影图，这就是物体的三面投影图。如图 2.4 所示。

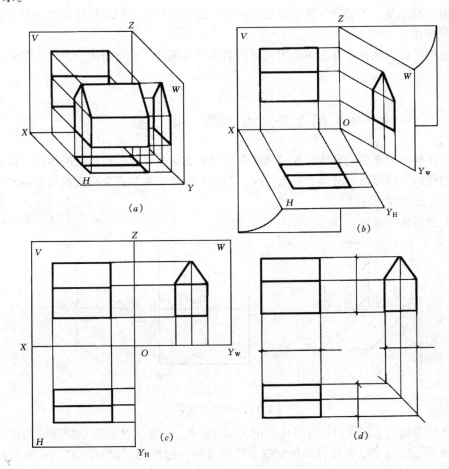

图 2.4　三面正投影图的形成

工程制图中，把水平投影、正面投影和侧面投影的视图，分别称为平面图、正面图和左侧面图。即平面图相当于观看者面对 H 面，从上向下观看物体时所得到的视图；正面图是面对 V 面从前向后观看时所得到的视图；左侧视图则是面对 W 面从左向右观看所得到的视图。

2. 三视图的投影规律

由图 2.4 可以看出，正面投影（V 面投影）反映了物体的高度和长度；水平投影（H

面投影）反映了物体的长度和宽度；侧面投影（W面投影）反映了物体的高度和宽度。

V面反映的物体投影长度与H面反映的物体投影长度相等，它们又是上下对正的。V面投影反映的物体投影高度与W面反映的物体投影高度相等，它们又是高平齐的。H面反映的物体投影宽度与W面反映的物体投影宽度相等。如图2.4所示。

为便于记忆，将上述投影规律概括为：

V、H面投影长对正；

V、W面投影高平齐；

H、W面投影宽相等。

简单地说就是：长对正、高平齐、宽相等。

必须注意的是：不仅物体的整体轮廓要符合此投影规律，而且物体的每一部分都要符合此投影规律。

三视图的投影规律是画图和读图时运用的最基本规律，必须牢固掌握、正确运用、严格遵守。

第2节 点 的 投 影

工程图样的对象都是物体，各种物体都可以看成是点、线、面组成的形体。因此绘制和识读物体的正投影图，必须清楚点、线、面的正投影。本节将介绍点的投影。

2.2.1 点的两面投影

投影的形成及规律

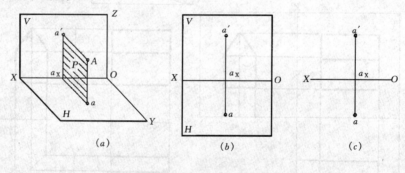

图2.5 点的两面投影

制图中规定，空间点用大写字母标记，如A、B、C等，H面投影用相应的小写字母标记，如a、b、c等，V面投影用相应小写字母加一撇标记，如a'、b'、c'等，W面投影用相应的小写字母加两撇标记，如a''、b''等。

在所设定的V、H两投影面体系中，如图2.5（a）所示，由空间点A分别向投影面V和H引垂线，垂线$a'a$即为A点的两面投影。按前述规定旋转、展开并去掉边框线后，即得到图2.5（b）和（c）所示A点的两面投影图。

根据水平投影a和正面投影a'可以惟一地确定A点的空间位置。方法是将H面绕$\overline{OX}$旋转至与V面垂直自a引H面的垂线，自a'点引V面的垂线，两垂线的交点即为空间A点。

这就是说给出空间一点可以作出它的两个投影，反过来，给出来的两个投影也可以确定该点的空间位置，即空间点和它的两个投影之间具有一一对应的关系。根据图2.5可得出点的投影规律：

1. 一点的两投影连线，垂直于投影轴。即 $a'a \perp OX$ 轴。
2. 点的投影至投影轴的距离，反映点至相应投影面的距离。如图2.5所示 $aa_x = Aa'$，$a'a_x = Aa$。

2.2.2 点的三面投影

点的两面投影已经能够确定点在空间的位置，但为表达物体，特别是较复杂的物体，常常需要三面投影，因此还需要研究点的三面投影及其相互间的投影关系。

如图2.6为空间点 A 在三面投影面体系中的投影。如前法求得 H 面和 V 面的投影 a 和 a' 之后，过点 A 作 W 面的垂线与 W 面相交于 a''，即为 A 点的 W 面投影。

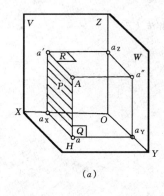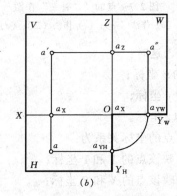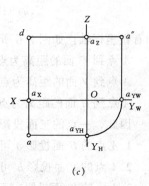

图2.6 点的三面投影

分析图2.6可得出点在三面投影体系中的投影规律：

1. 点的 V 面投影和 H 面投影的连线垂直于 OX 轴；点的 V 面投影和 W 面投影的连线垂直于 OZ 轴。即点的两面投影的连线必垂直于相应的投影轴。即 $aa' \perp OX$、$a'a'' \perp OZ$。
2. 点的 H 面投影至 OX 轴的距离，等于其 W 面投影至 OZ 轴的距离（即宽相等）。从图2.6（a）和（b）可以看出：

$a'a_z = aa_{yH} = Aa''$，反映 A 点至 W 面的距离；

$aa_x = a''a_z = Aa'$，反映 A 点至 V 面的距离；

$a'a_x = a''a_{yw} = Aa$，反映 A 点至 H 面的距离。

上述投影特性即"长对正、高平齐、宽相等"的根据所在。

根据以上投影规律，只要已知点的任意两投影，即可求其第三投影。

【例1】 已知 B 点的水平投影 b 和正面投影 b'，求侧面投影 b''，见图2.7。

作图见图2.7（b）：

(1) 过 b' 作 OZ 轴的垂线（投影联系线）；

(2) 在所作的垂线上截取 $b''b_z = bb_x$，即得所求 b''。

作图中为使 $b''b_z = bb_x$，也可以用1/4圆弧将 bb_x 转向 $b''b_z$，见图2.7（c），还可以用45°斜线将 bb_z 转向 $b''b_x$，见图2.7（d）。

2.2.3 点的投影与坐标

研究点的坐标，也是研究点与投影面的相对位置。可把三个投影面看做坐标面，投影

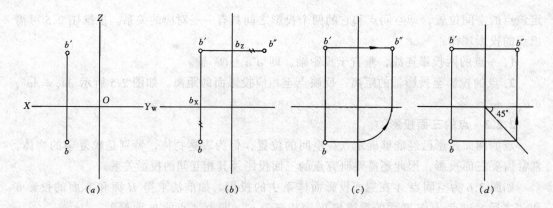

图 2.7 点的"二补三"作图
(a) 已知；(b) 作法（一）；(c) 作法（二）；(d) 作法（三）

轴看做坐标轴。如图 2.6 所示，这时：

A 点到 W 面的距离为点的 x 坐标；

A 点到 V 面的距离为点的 y 坐标；

A 点到 H 面的距离为点的 z 坐标。

因此，一点的三面投影与点的坐标关系为：

1. A 点的 H 面投影 a 可反映该点的 X 和 Y 坐标；
2. A 点的 V 面投影 a' 可反映该点的 X 和 Z 坐标；
3. A 点的 W 面投影 a'' 可反映该点的 Y 和 Z 坐标；

空间点 A 若用坐标表示，可写成 $A(x, y, z)$，如已知一点 A 的三面投影 a、a'、a''，就可从图上量出该点的三个坐标；反之，如已知 A 点的三个坐标，就能做出该点的三面投影。

【例 2】 已知 $B(4, 6, 5)$，求作 B 点的三面投影。

解： 作图步骤如图 2.8 所示

(1) 画出三轴及原点 O 后，在 OX 轴上自 O 点向左量取 4 单位得 b_X 点，如图 2.8

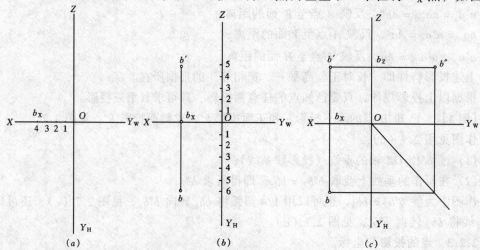

图 2.8 已知点的坐标求作点的三面投影

（a）所示；

（2）过 b_X 引 OX 轴的垂线，由 b_X 向上量取 $z=5$ 单位，得 V 面投影 b'，再向下量取 $y=6$ 单位，得 H 面投影 b，如图 2.8（b）所示；

（3）过 b' 作线平行于 OX 轴并与 OZ 轴相交于 b_Z，量取 $b_Z b'' = y = b_X b$，得 W 面投影 b''，如图 2.8(c)所示。b、b' 和 b'' 即为所求。在做出 b'、b 之后，也可利用 45°斜线求出 b''。

****2.2.4 两点的相对位置及重影点**

1. 两点的相对位置

空间两点的相对位置是以其中某一点为基准，判别另一点在该点的前后、左右和上下的位置，这可从两点的坐标差来确定。如图 2.9（a）所示，若以 B 点为基准，因 $xa < xb$，$ya < yb$，$za > zb$，故知 A 点在 B 点的右、后、上方。图 2.9（b）为其立体图。

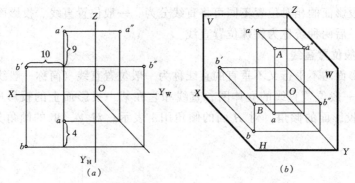

图 2.9　两点的相对位置
(a) 投影图；(b) 立体图

2．重影点及其可见性的判别

当空间两点位于某一投影面的同一投射线上时，则此两点在该投影面上的投影重合。有重合投影的点称为重影点。

如图 2.10（a）所示，A、B 两点在同一垂直 H 面的投射线上，这时称 A 点在 B 点的正上方；B 点则在 A 点的正下方（同理，C 点在 D 点的正前方；F 点在 E 点的正右方，见图（c）、（d））。由图（a）可知 a，b 两投影重合，为对 H 面的重影点，但其他两同面投影不重合。

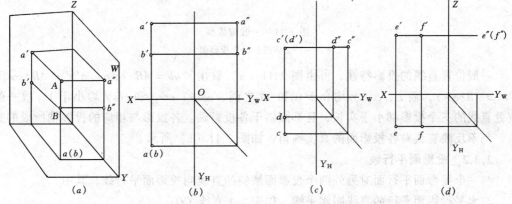

图 2.10　重影点及其可见性的判别

至于 A、B 两点的可见性，可从图 2.10（b）的 V 面投影（或 W 面投影）进行判别：因 a'高于 b'（或 a"高于 b"），即 A 点在 B 点之正上方，故 a 为可见，b 为不可见。为了区别起见，凡不可见的投影其字母写在后面，并可加括号表示，如图 2.10（b）、（c）、（d）中，b 在 a 之下，d'在 c'之后和 f"在 e"之右等。

第3节　直线的投影

直线常用线段的形式来表示，在不强调线段本身的长度时，也常把线段叫做直线。

因为两点可以确定直线，所以画直线段的投影，通常是先画出它的两个端点的投影，然后再用直线连接两端点的同面投影（同一个投影面上的投影），即得直线的投影。

按直线与投影面的相对位置不同可将直线分为：一般位置直线、投影面平行线和投影面垂直线三种，后两种统称为特殊位置直线。

2.3.1　一般位置直线

对三个投影面均不平行又不垂直的直线称为一般位置直线（简称一般线）。

图 2.11 为一般位置直线的立体图，直线和它在某一投影面上的投影所形成的锐角，称为直线对该投影面的倾角，对 H 面的倾角用 α 表示；对 V、W 的倾角分别用 β、γ 表示。

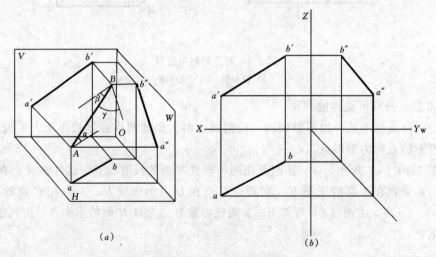

图 2.11　一般位置线
(a) 立体图；(b) 投影图

一般位置直线的投影特性，可由图 2.11（a）看出，$ab = AB \cdot \cos\alpha$、$a'b' = AB \cdot \cos\beta$、$a"b" = AB \cdot \cos\gamma$，而 α、β、γ 均介于 0°和 90°之间，$\cos\alpha$、$\cos\beta$ 和 $\cos\gamma$ 均小于 1，故一般位置直线的三个投影都小于实长，且都倾斜于各投影轴。各投影与相应的投影轴所成的夹角，都不反映直线对各投影面的真实倾角，如图 2.11（b）所示。

2.3.2　投影面平行线

与一个投影面平行而对另外两个投影面倾斜的直线叫投影面平行线，其中：

与水平投影面平行的直线叫水平线，如表 2.1 直线 CD；

与正立投影面平行的直线叫正平线，如表 2.1 直线 AB；

与侧立投影面平行的直线叫侧平线，如表 2.1 直线 EF。

由表 2.1 列出了这三种直线的立体图和三面投影图，从中可以归纳出投影面平行线的投影特性：

1. 直线在它平行的投影面上的投影反映线段的实长（显实性），并且这个投影与投影轴的夹角反映直线与相应投影面的倾角。

表 2.1

投影面平行线	立 体 图	投 影 图	投 影 特 性
正面平行线 （正平线）			1. ab // OX 轴； 　$a''b''$ // OZ 轴 2. $a'b' = AB$ 3. $a'b'$ 与投影轴的夹角，反映直线与 H、W 面的真实倾角 α、γ
水平面平行线 （水平线）			1. $c'd'$ // OX 轴； 　$c''d''$ // OY 轴 2. $cd = CD$ 3. cd 与投影轴的夹角反映直线与 V、W 面的真实倾角 β、γ
侧面平行线 （侧平线）			1. $e'f'$ // OZ 轴； 　ef // OY_H 轴 2. $e''f'' = EF$ 3. $e''f''$ 与投影轴的夹角反映直线与 H、V 面的真实倾角 α、β

2. 直线的其他两个投影平行相应的投影轴，而且都小于线段的实长。

【例 3】 已知水平线 AB 的长度为 25mm、$\beta = 30°$ 和 A 点的两面投影 a、a'，试求 AB 的三面投影。

解：(1) 过 a 作直线 $ab = 25$mm，并与 OX 轴成 30°，如图 2.12 所示；

(2) 过 a' 作直线平行 OX 轴，与过 b 所作 OX 轴的垂线相交于 b'；

(3) 根据 ab 和 $a'b'$ 做出 $a''b''$。

讨论：根据已知条件，B 点可以在 A

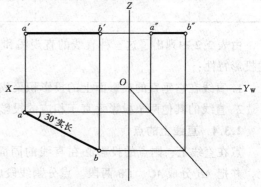

图 2.12 求水平线的三面投影

点的前、后、左、右四种位置，即本题有四种答案。

2.3.3 投影面垂直线

与一个投影面垂直（必然与另外两个投影面平行）的直线叫投影面垂直线，其中：

与水平投影面垂直的直线叫铅垂线，如表2.2中的直线 AB；

与正立投影面垂直的直线叫正垂线，如表2.2中的直线 CE；

与侧立投影面垂直的直线叫侧垂线，如表2.2中的直线 CD。

表 2.2

投影面垂直线	立 体 图	投 影 图	投 影 特 性
正面垂直线 （正垂线）	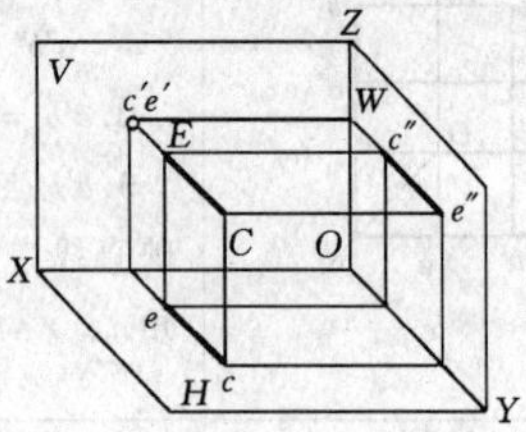	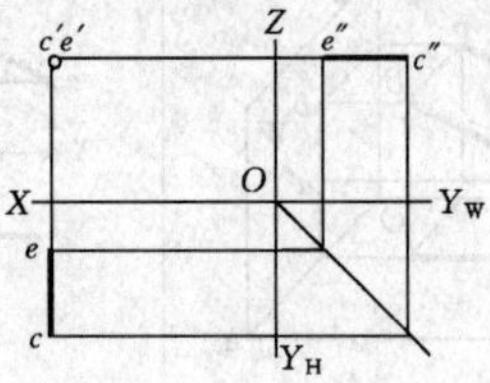	1. $c'e'$ 积聚为一点 2. $ce \perp OX$；$c''e'' \perp OZ$ 3. $ce = c''e'' = CE$
水平面垂直线 （铅垂线）	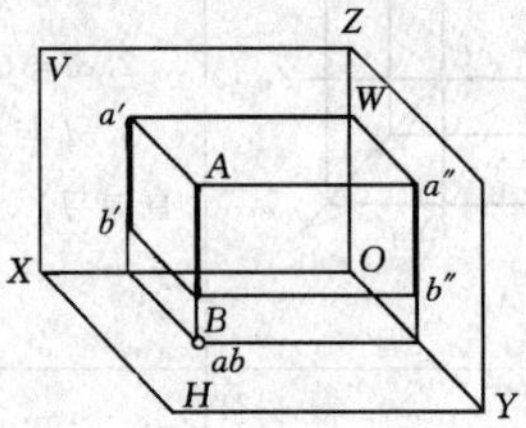	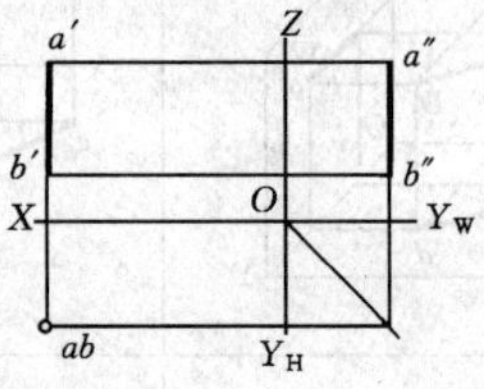	1. ab 积聚为一点 2. $a'b' \perp OX$；$a''b'' \perp OY_W$ 3. $a'b' = a''b'' = AB$
侧面垂直线 （侧垂线）	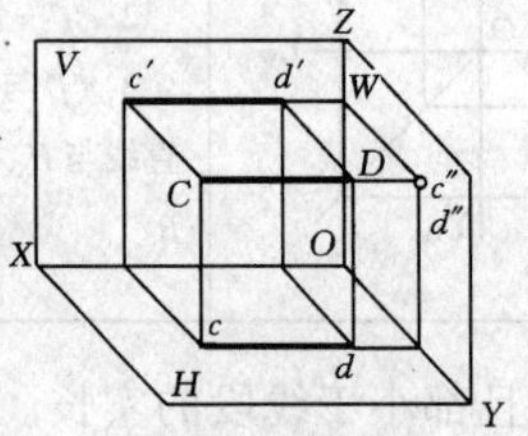	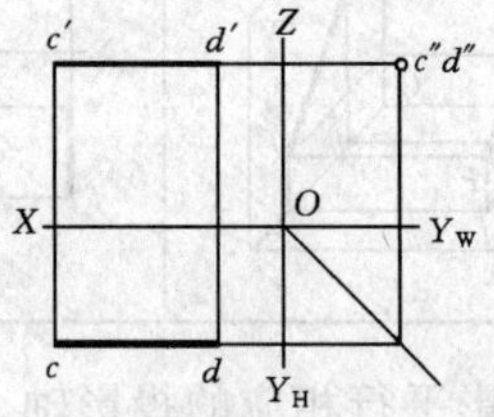	1. $c''d''$ 积聚为一点 2. $c'd' \perp OZ$；$cd \perp OY_H$ 3. $c'd' = cd = CD$

由表2.2中列出了这三种直线的直观图和三面投影图，从中可以归纳出投影面垂直线的投影特性：

1. 直线在它垂直的投影面上的投影积聚成一点（积聚性）。
2. 直线的其他两个投影垂直于相应的投影轴，并且反映线段的实长（显实性）。

2.3.4 直线上的点

点在直线上，则点的投影必在直线的同面投影上。如图2.13所示，点 C 在直线 AB 上，并把 AB 分成 AC、CB 两段。点分割线段成定比，其投影也把线段投影分成相同的比例。即 $AC:CB = ac:cb = a'c':c'b' = a''c'':c''b''$。

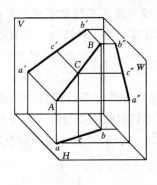
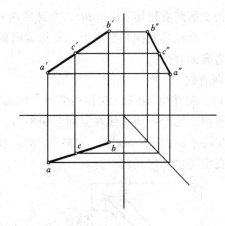

图 2.13 直线上的点

【例 4】 已知 C 点在正平线 AB 上,且 $AC = 20$mm,求 C 点的两面投影(图 2.14)。

作图:

(1) 在直线的正面投影(实长投影)$a'b'$ 截取 $a'c' = 20$mm,得 c' 点;

(2) 自 c' 向下引联系线,在直线的水平投影 ab 上找出 C 点。

【例 5】 已知侧平线 AB 的两投影 ab 和 $a'b'$,并知 AB 线上一点 K 的 V 面投影 k',求 k(图 2.15)。

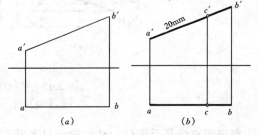

图 2.14 在正平线上定点
(a) 已知;(b) 作图

解:(1) 据 ab 和 $a'b'$ 求出 $a''b''$;再求 k'',即可做出 k,如图 2.15(a)所示。

(2) 用定比关系也可求出 k,如图 2.15(b)所示。因 $AK:KB = a'k':k'b' = ak:kb$,为此可在 H 面投影中过 a 作一辅助线 aB_0,并使它等于 $a'b'$,再取 $aK_0 = a'k'$,连 B_0b,并过 K_0 作 $K_0k \parallel B_0b$ 交 ab 于 k,即为所求。

2.3.5 两直线的相对位置

工程构筑物上的表面交线如图 2.16 所示,其相对位置有三种情况,平行的两直线如

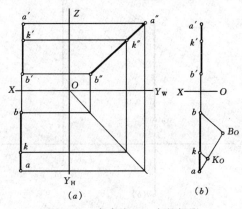
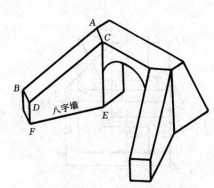

图 2.15 求直线上一点的投影
(a) 解法一;(b) 解法二

图 2.16 涵洞口各直线相对位置

AB 与 CD、相交的两直线如 AB 与 BD、交叉的两直线（既不平行又不相交）如 AB 与 EF。前两种情况，二直线是在同一平面内，又称为同面直线。第二种情况，两直线不在同一平面内，故称为异面直线。

1. 平行两直线

如图 2.17，两直线 AB 和 CD 互相平行，前面我们已讲过平行两直线的投影仍互相平行，因此，可得出结论：两直线在空间互相平行，则它们的同面投影也一定互相平行。即 AB∥CD，则 ab∥cd、a′b′∥c′d′、a″b″∥c″d″。反之，如果两直线的同面投影互相平行，则此两直线在空间也一定互相平行。

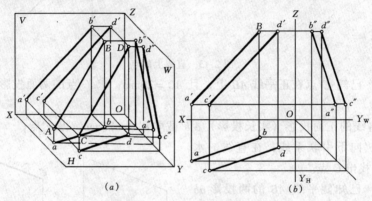

图 2.17　平行两直线的投影

(a) 立体图；(b) 投影图

判定两直线是否平行，对一般线只要观察两投影即可。但如图 2.18 所示的两侧平线 CD 和 EF，它们的 V、H 面投影虽然互相平行，但两直线不一定平行。可做出它们的 W 面投影来判断。结果 CD、EF 不平行。

相互平行的投影面垂直线，其有积聚性的投影反映两平行垂直线间的距离。如图 2.19 所示，AB 和 CD 为互相平行的两铅垂线，它们的水平投影均积聚为一个点 a(b) 和 c(d)，这两点之间的距离即为 AB 和 CD 之间的距离 L。

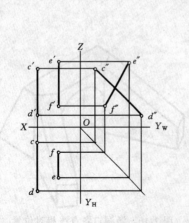

图 2.18　判定两直线相对位置

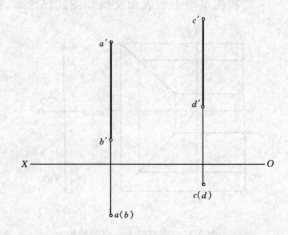

图 2.19　两互相平行的铅垂线之间的距离

2. 相交两直线

如图 2.20 所示，两直线 AB 与 CD 相交于 K 点，因为 K 点是两直线的共有点，根据直线上的点，其投影必在直线的同面投影上的投影特性，K 点的正面投影 k′ 必定是 AB 和 CD 正面投影 a′b′ 和 c′d′ 交点，同理，k 必定是 ab 和 cd 的交点，k″ 是 a″b″ 与 c″d″ 的交点，而 k、k′、k″ 是 K 点的三面投影，因而 k、k′、k″ 应符合点的投影规律。由此可得出结论：两直线相交，其同面投影必定相交，而且交点符合点的投影规律。如图 2.20 (b) 所示。

反之，如果两直线的各同面投影相交，且交点符合点的投影规律，则此两直线在空间必定相交。对于一般位置的两条直线，如果有两对同面投影相交，则其第三对同面投影也必定相交。如图 2.20 所示，a′b′ 与 c′d′ 相交，ab 与 cd 相交，且 k′ 与 k 符合点的投影规律，则 a″b″ 与 c″d″ 必定相交，且 k″、k′、k 也必符合点的投影规律。因此一般位置的两直线有两面投影相交，且交点符合点的投影规律，则此两直线必相交。

如图 2.21 所示，CD 为侧平线，若只根据 V、H 两面投影则还不足以判定其是否相交，可做出 W 面投影（如图 2.21）或利用前述定比的特性来判定。

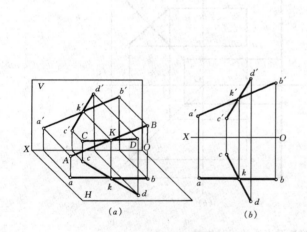

图 2.20 相交两直线投影
(a) 立体图；(b) 投影图

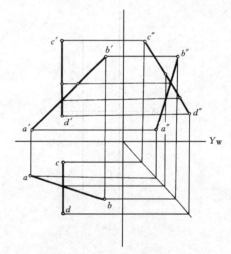

图 2.21 判定两直线的相对位置

3. 交叉两直线

交叉两直线既不平行也不相交。它们的投影可能有一对或两对同面投影互相平行，但决不可能三对同面投影都互相平行。

图 2.22 所示，直线 AB 与 CD 既不平行又不相交，因此它们的投影既不符合平行二直线的投影特性，也不符合相交两直线的投影特性，它们的同面投影必定不会同时都互相平行，虽然它们的投影也可能相交，但交点一定不符合点的投影规律。

由图 2.22 中可以看出，交叉两直线同面投影的交点，实际上是两直线上的两个点，同处于同一投影线上而在投影面上重影为一点，其可见性可按判别重影点投影可见性的方法来判断。

【例 6】 判断直线 AB 和 CD 的相对位置（图 2.23）。

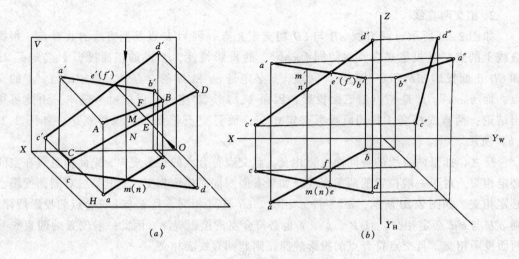

图 2.22 交叉两直线的投影
（a）立体图；（b）投影图

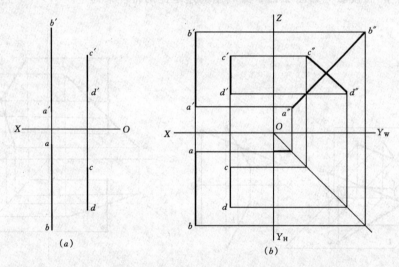

图 2.23 判断两直线的相对位置

解：从图 2.23 中可以看出，AB 和 CD 都是侧平线，所以虽然 $a'b' \parallel c'd'$，$ab \parallel cd$，但仍不能确定 AB 和 CD 在空间是否平行，而必须做出他们的侧面投影才能判断，因 $a''b''$ 不平行于 $c''d''$，所以 AB 与 CD 在空间不平行而是交叉。

第4节 平面的投影

2.4.1 平面的表示方法

由几何公理可知，不在同一直线上的三点可以确定一平面。因此在投影图上能用下列任意一组几何元素的投影表示平面（图 2.24）。

1. 不在同一直线上的三点；
2. 一直线和线外一点；

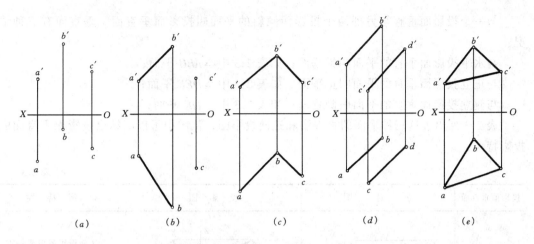

图 2.24 平面的五种表示方法

3．相交两直线；
4．平行两直线；
5．任意平面图形，即平面的有限部分，如三角形，圆形及其他封闭平面图形。

以上五种表示平面的方法，虽表达的形式不同，却都表示一个平面，并能互相转换。

2.4.2 各种位置平面投影特性

工程结构物的表面与投影面的相对位置，可以归纳为三类：投影面的平行面、投影面的垂直面、投影面的一般平面。前两类称为特殊位置平面。下面分别讨论各种平面的特性。

1．一般位置平面

与三个投影面都倾斜（即既不平行也不垂直）的平面称为一般位置平面，简称一般面。如图 2.25 所示的△ABC 平面。

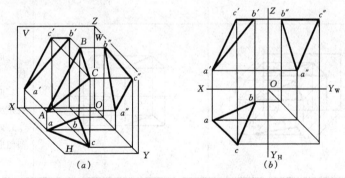

图 2.25 一般位置平面的投影
(a) 立体图；(b) 投影图

为了做出三角形平面的投影，可以先做出三个顶点的投影，然后把同面投影连成三角形。由于三角形平面与三个投影面都倾斜，因此三角形的三个投影均不反映实形。

一般地，由几何图形表示的平面，各投影都成类似的几何形状，但均小于实形。一般面的各个投影都没有积聚性。

2．投影面垂直面

与一个投影面垂直与另外两个投影面倾斜的平面叫投影面垂直面。垂直面有三种情况：

与水平投影面垂直的平面叫铅垂面；如表2.3中△ABC平面；
与正立投影面垂直的平面叫正垂面；如表2.3中△DEF平面；
与侧立投影面垂直的平面叫侧垂面；如表2.3中△IJK平面；

表2.3列出了这三种平面的直观图和三面投影图，从图中可以归纳出投影面垂直面的投影特性：

表 2.3

投影面垂直面	立 体 图	投 影 图	投 影 特 性
水平面垂直面（铅垂面）	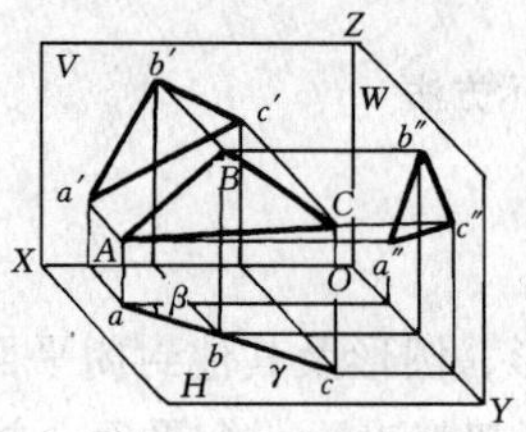	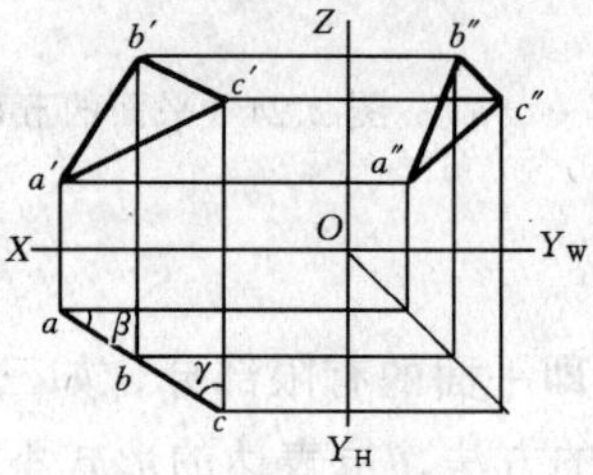	1. H 面投影积聚成一直线 2. H 面投影与投影轴的夹角反映 β、γ 实角 3. V、W 面投影仍为类似图形，但小于实形
正面垂直面（正垂面）	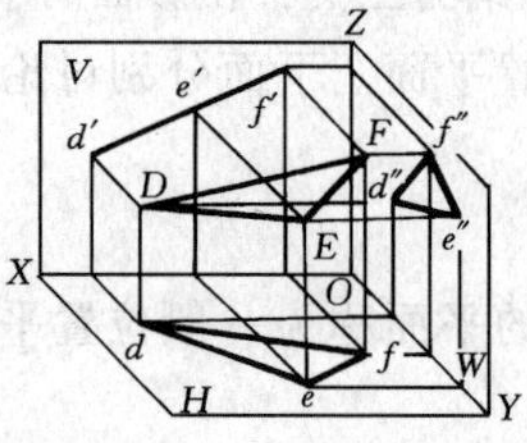	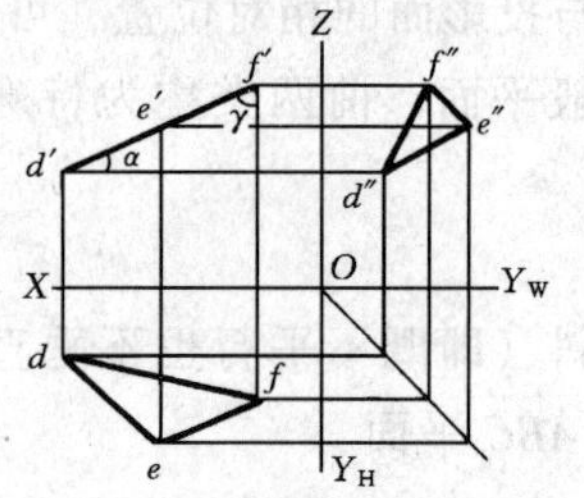	1. V 面投影积聚成一直线 2. V 面投影与投影轴的夹角反映 α、γ 实角 3. H、W 面投影仍为类似图形，但小于实形
侧面垂直面（侧垂面）	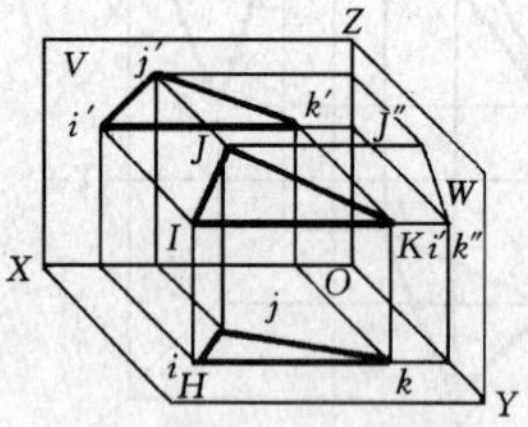	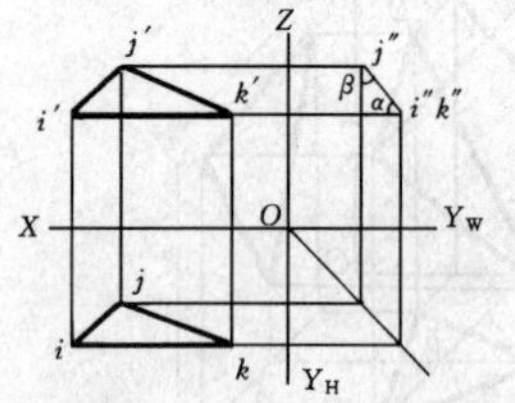	1. W 面投影积聚成一直线 2. W 面投影与投影轴的夹角反映 α、β 实角 3. V、H 面投影仍为类似图形，但小于实形

（1）平面在它所垂直的投影面上的投影积聚成线段（积聚性），并且该投影与投影轴的夹角反应该平面与相应投影面的倾角。图中 α、β、γ 分别表示平面与 H、V、W 面的倾角。

（2）平面的其他两个投影都小于实形且图形类似。

【例7】 过已知点 K 的两面投影 k'、k，作一铅垂直面，并使它与 V 面的倾角 $\beta = 30°$（图 2.26）。

解：（1）过 k 点作一与 OX 轴成 30°的直线，此直线即为所作铅垂面的 H 面投影。

(2) 所作平面的 V 面投影可以用任意图形表示，例如 △$a'b'c'$（如图 2.26 所示）。过 k 可作两个方向与 OX 轴成 30°的直线，故本题 H 面投影有二解。

3. 投影面平行面

与一个投影面平行（必然与另外两个投影面垂直）的平面叫投影面平行面，其中：

与水平投影面平行的平面叫水平面，如表 2.4 中△ABC 平面；

与正立投影面平行的平面叫正垂面，如表 2.4 中△DEF 平面；

与侧立投影面平行的平面叫侧垂面，如表 2.4 中△KMN 平面。

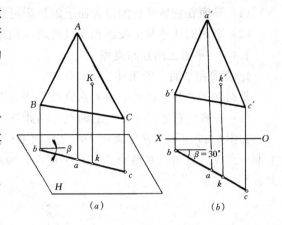

图 2.26 过已知点 K 作铅垂面
（a）立体图；（b）投影图

从表 2.4 中列出了三种平面的直观图和三面投影图，可以归纳出投影面平行面的投影特性：

表 2.4

投影面平行面	立 体 图	投 影 图	投 影 特 性
水平面平行面 （水平面）			1. V 面投影积聚成直线且 // OX 轴 2. W 面投影积聚成直线且 // OY_W 轴 3. H 面投影反映实形
正面平行面 （正垂面）			1. H 面投影积聚成直线且 // OX 轴 2. W 面投影积聚成直线且 // OZ 轴 3. V 面投影反映实形
侧面平行面 （侧垂面）			1. V 面投影积聚成直线且 // OZ 轴 2. H 面投影积聚成直线且 // OY_H 轴 3. W 面投影反映实形

(1) 平面在它所平行的投影面上的投影反映实形（显实性）；
(2) 平面的其他两个投影积聚成线段（积聚性），并且平行于相应的投影轴。

2.4.3 平面上的点和直线

1. 直线在平面上的条件

根据初等几何学已知，要判别直线是否在平面上必须符合以下的几何条件：

(1) 一直线若通过平面上的两点，则此直线必在该平面上。

如图 2.27 所示，H 平面由 AB、CD 两平行直线所确定。若在 AB 上取一点 M，在 CD 上取一点 N，则 M、N 两点必在 H 平面上。因此，过 M、N 所作的连线，也必在 H 平面上。

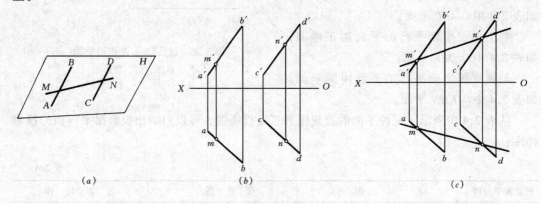

图 2.27 过平面上两点作直线

(2) 直线若通过平面上一点，且平行于平面上另一直线，则此直线必在该平面上。

如图 2.28 所示，平面 H 由点 C 和直线 AB 所确定，过 C 点作直线 $CD \parallel AB$，则 CD 必在 H 平面上。

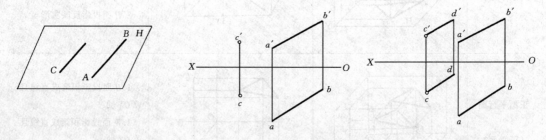

图 2.28 过平面上一点作直线且平行于平面上另一直线

【例8】 试判断 MN 直线是否在 $\triangle ABC$ 所确定的平面上，如图 2.29 所示。

分析：若 MN 直线在 $\triangle ABC$ 所确定的平面上，那么，它通过这平面的两点。

从图 2.29 (a) 看，MN 直线和 $\triangle ABC$ 的 AB、BC 边相交，两交点必须符合点的投影规律，即 $m'n'$ 经过 $1'$、$2'$ 点，mn 也通过 1、2 点，这就证明 MN 直线在 $\triangle ABC$ 所确定的平面上。否则，MN 直线就不在该平面上了。

解：如图 2.29 (b) 所示，作图结果证明 mn 不通过 1、2，所以 MN 直线不在 $\triangle ABC$ 所确定的平面上。

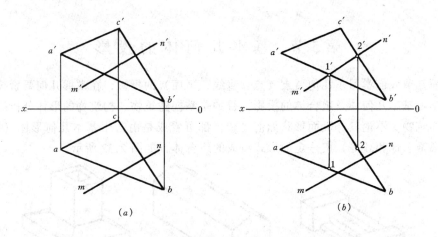

图 2.29 判断 MN 直线是否在 △ABC 上

2. 平面上取点

在平面上取点，必先在平面上取辅助直线，再在辅助直线上取点，因所取辅助线在平面上，点又在线上，故点必在平面上。这就是点、线、面的关系。在平面上可做出无数条线，一般选取作图方便的辅助线为宜。

判别图 2.30 中的 M 点是否在 △ABC 平面上。其方法是，如能在 △ABC 平面上做出一通过 M 点的直线，则 M 点在该平面上，否则不在该平面上。因此，连接 $a'm'$，交 $b'c'$ 于 d'，从 d' 作垂直于 x 轴的连线交 cb 于 d，连接 ad，因 ad 通过 m，故知 M 点在 △ABC 平面上。

3. 平面上的圆的投影

平面上圆的投影一般为椭圆，在图 2.31 中，P 平面上有一圆，圆心为 O，过圆心 O 作互相垂直的 AB 和 CD，并使 AB 为水平线，$CD \perp AB$，其投影 $cd = CD \cdot \cos\alpha$，α 为平面 P 对投影面的倾角，cd 为直径 CD 的最短投影，即为椭圆的短轴。$ab = AB$，反映实长，为椭圆的长轴。

如果圆所在的平面为投影面的平行面，那么圆的投影仍为圆，反映实形。

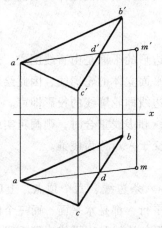

图 2.30 判别点是否在平面上

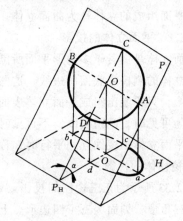

图 2.31 平面上圆的投影

第5节 基本几何体的投影

前面几节我们学习了几何要素（点、直线、平面）的投影，在掌握几何要素投影的基础上，学习基本几何体及组合体的投影，目的是掌握建筑物、构筑物的形体分析。因为建筑物、构筑物，不论其外表面形状如何复杂，都可看成是由若干基本几何形体（如棱柱、圆柱、圆锥、球和环等）按一定的形式组成的组合体，如图2.32所示。

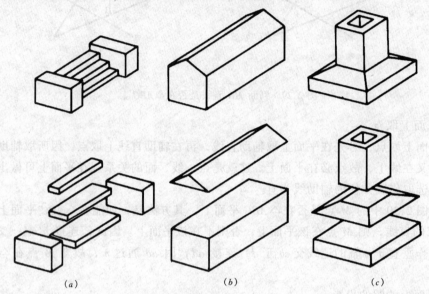

图2.32 某构筑物的组成
（a）台阶；（b）两坡顶房子；（c）杯形基础

可见要正确地表达和看懂建筑物、构筑物的投影图，必须要掌握基本形体的投影分析以及组合体的形体分析。本节介绍的就是基本几何体的投影。基本几何体分为两类：一类是平面立体，一类是曲面立体，表面都是由平面组成的立体叫平面立体，表面是由曲面或曲面和平面组成的立体称为曲面立体。

2.5.1 平面立体的投影

平面立体是由若干多边形平面所围成，而这些多边形的平面是由直线围成，这些直线即平面立体的侧棱或底面的边线，这些侧棱和边线是平面立体的轮廓线，因此绘制平面立体的投影，只要绘出组成平面立体表面的侧棱或底面边线即轮廓线的投影即可。当轮廓线的投影为可见时，画粗实线，不可见时画虚线，粗实线和虚线重合时，则画粗实线。

当平面立体的棱线互相平行时，称为棱柱。棱线交于一点称为棱锥。

1. 棱柱体的投影

图2.33所示为正三棱柱的投影。它有三条棱线、六条边线、六个顶点，上底及下底为两个三角形，侧面为三个四边形。上底和下底互相平行，都是水平面，而三个侧面都是铅垂面，三条侧棱均为铅垂线，上底和下底二个三角形的边线是水平线或侧垂线，画投影时，可先画出上底和下底的投影，其水平投影反映实形，且重合为一个三角形，其正面投

影和侧面投影积聚为水平的直线，三条侧棱线的水平投影分别积聚于三角形的三个顶点处，其正面投影及侧面投影均反映为铅垂线，且其长度就是三棱柱的高，最后即得三棱柱的三面投影，由于这些侧棱和边线在三个投影中都是可见的，所以都画粗实线。

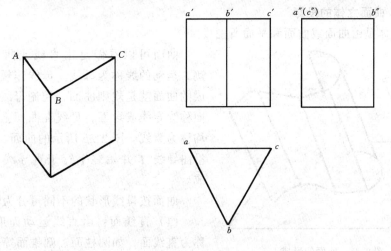

图 2.33　棱柱的投影

2．棱锥体的投影

图 2.34 所示为正五棱锥的投影，它由五条棱线、五条底边线、六个顶点组成，底面是一个五边形的水平面，五个侧面中有一个是侧垂面，而其余四个则是一般位置平面，底面五边形的边线是水平线或侧垂线，五条侧棱中有一条是侧平线，其余四条是一般位置直线，画投影时，可先画底面的投影，其水平投影为五边形并反映实形，正面投影及侧面投影均积聚为水平线，画出棱锥的顶点 S 的三个投影，并将其投影和底面五边形的五个顶点的同面投影相连即为五条侧棱的三面投影，画完上述面和线的投影即得五棱锥的三面投

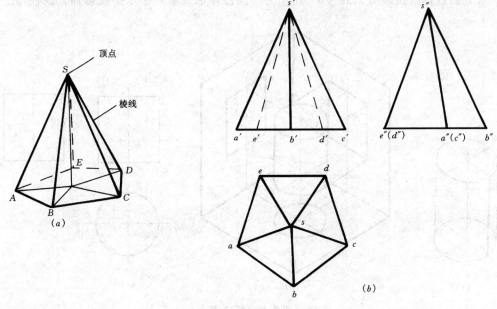

图 2.34　棱锥的投影

影。在正面投影中，$s'e'$ 及 $s'd'$ 为不可见，应画成虚线，在水平投影中，所有棱线均为可见，故均画粗实线，在侧面投影中 $s''d''$ 和 $s''c''$ 为不可见，应画虚线，但 $s''d''$ 与 $s''e''$ 重合，$s''c''$ 与 $s''a''$ 重合，故五条棱线在侧面投影中，只有三条粗实线。

2.5.2 曲面立体的投影

曲面立体是由曲面或曲面和平面所围成。

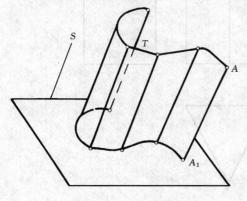

图 2.35 曲面的形成

曲面可以看做是由直线或曲线运动的轨迹，运动的线称为母线。母线作规则运动而形成的曲面就是规则曲面，控制母线运动的线或面称为导线或导面，母线在曲面上的任一位置均称为素线。图 2.35 所示的曲面，是母线 AA_1 沿曲导线 T 并始终平行于直导线 S 运动而形成。

曲面按母线形状的不同可分为两大类：

（1）直线面：由直线运动而形成的曲面，称为直线面，如圆柱面、圆锥面等。

（2）曲线面：由曲线运动而形成的曲面，称为曲线面，如球面、环面等。

当母线绕一定轴作旋转运动而形成的曲面常称为回转曲面。回转曲面的特点是，母线上任一点的运动轨迹均为圆周。我们主要介绍由回转面围成的曲面立体即回转体的投影。

1. 圆柱体的投影

（1）形成

圆柱体是由圆柱面和上、下端面（平面）所组成，如图 2.36（a）所示。圆柱面可看做是由直母线 AA_1 绕与它平行的轴线 OO_1 旋转而成，AA_1 在运动中的每一位置称为素线。

（2）圆柱体的投影 图 2.36（b）所示为一圆柱体轴线垂直于水平投影面，圆柱面上所

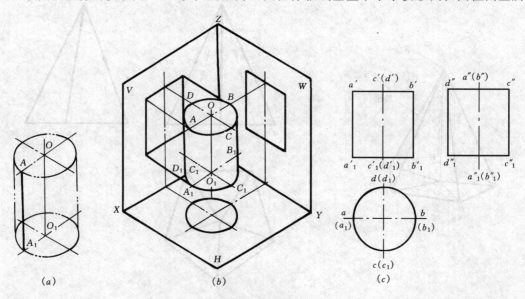

图 2.36 圆柱体

有直素线都是铅垂线。因此圆柱面的水平投影积聚为一圆，它也是上、下端面（水平面）的投影。在正面投影和侧面投影上，圆柱的投影都是一个矩形。矩形的上、下边线分别是圆柱体上、下端面重影的直线；矩形的左、右边轮廓线分别是圆柱面上轮廓素线的投影，它们分别决定圆柱面不同方向投影的范围。

从图 2.36（b）、（c）可以看出，圆柱体的正面投影上 $a'a_1'$、$b'b_1'$ 是轮廓素线 AA_1、BB_1 的投影；但在侧面投影上它们都与轴线重合，在图上不需表示出它的投影，所以画图时不必画出。圆柱的侧面投影 $c''c_1''$、$d''d_1''$ 是轮廓素线 CC_1、DD_1 的投影，它们的正面投影也与轴线重合，不必画出来。从上图可以看出，从不同方向投影时，圆柱面的投影其轮廓线是不同的。而这些轮廓线，又是曲面在该投影面上可见部分与不可见部分的分界线。图中（b）、（c）所示曲面的正面投影，前半部分是可见部分，后半部分是不可见部分，可以根据轮廓线 AA_1 和 BB_1 在水平投影上的位置来判断，轮廓线 AA_1 和 BB_1 以前（即水平轴下边部分）的 ACB 半个圆柱面是可见部分；而后半个圆柱面 ADB 是不可见部分。AA_1、BB_1 即为正面投影上可见性的分界线。同理，在侧面投影上，曲面的左半部分是可见的，右半部分是不可见的，请读者自行分析。

2. 圆锥体的投影

（1）形成如图 2.37（a）所示，圆锥体由圆锥面和底平面组成。圆锥面可以看成是由直母线 SA 绕与它相交的轴线 SO 旋转而成，圆锥面上通过锥顶 S 的任一直线，称为圆锥面的素线。

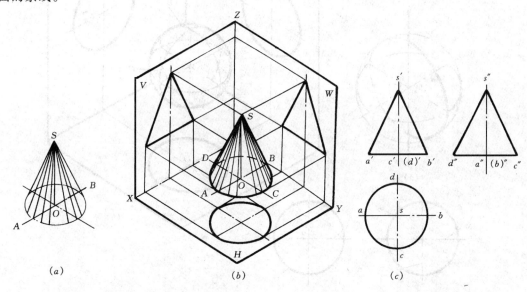

图 2.37　圆锥体

（2）圆锥的投影图 2.37（b）、（c）所示，圆锥体的轴线垂直于水平面时，其水平投影为一圆，它既是锥底圆的投影，并反映底圆的实形，又是锥面的投影。圆锥的正面投影和侧面投影都是一个等腰三角形。三角形的底边是底平面积聚的一条直线，三角形的左右边分别是圆锥面上轮廓素线的投影，它们分别决定圆锥的不同方向投影的范围。

从图（b）、（c）可以看出，圆锥的正面投影，即等腰三角形的腰左右边（轮廓线 $s'a'$

和 $s'b'$）分别是轮廓素线 SA 和 SB 的正面投影；SA 和 SB 的水平投影 $s''a''$和 $s''b''$的连线与在过圆心的一条水平中心线上重合；SA 和 SB 的侧面投影，$s''a''$ 和 $s''b''$ 与圆锥的侧面投影轴线重合，画图时都不必画出。圆锥的侧面投影，即三角形的腰左右轮廓线 $s''c''$ 和 $s''d''$ 分别是轮廓素线 SC 和 SD 的侧面投影；SC 和 SD 的正面投影 $s'c'$ 和 $s'd'$ 均与圆锥的正面投影轴线重合；SC 和 SD 的水平投影 $s''c''$ 和 $s''d''$ 的连线落在过圆心的一条垂直线上，画图时亦不必画出。

由图（b）、（c）还可知，圆锥的正面投影，前半部是可见部分，后半部是不可见部分，可以根据圆锥的水平投影位置来判断。即轮廓线的水平投影 sa 和 sb 以前的半个圆锥面是可见的，后半个圆锥面是不可见的。圆锥的侧面投影左半部分是可见的，右半部分是不可见的，仍可以根据圆锥的水平投影位置来判断。判断圆锥的水平投影可见性，锥面是可见的，底面不可见，可由其正面投影和侧面投影位置来判断，后面两种情况请读者自行分析。

3. 球体的投影

（1）形成如图 2.38（a）所示，球体是由圆母线绕过圆心的轴线回转而形成的。

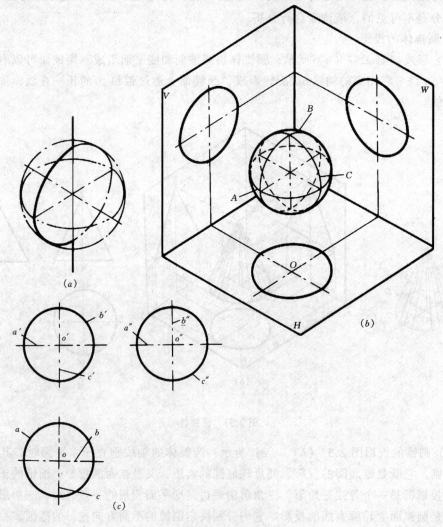

图 2.38 球体

(2) 球体的三面投影均为圆,且与球的直径相等。但三个投影面上的圆是球体不同位置的轮廓线,如图 2.38（b）所示。水平投影面上的圆是平行于水平面的最大的圆 A 的投影；圆 A 在正面和侧面投影面上分别投影成一条过球心的水平线段。它是水平投影可见部分（上半球）与不可见部分（下半球）的分界线。

正面投影面上的圆是平行正平面的最大圆 B 的投影。圆 B 在水平面上投影成一条过球心的水平线段；在侧平面上投影成一条过球心的垂直线段,它是球面向正面投影时前半球的可见部分与后半球的不可见部分的分界线。

侧面投影面上的圆是平行于侧平面的最大圆 C 的投影。因 C 在正面和水平面上分别投影成一条过球心的垂直线。它是球面向侧面投影时,球面的左半球可见部分与右半球不可见部分的分界线。

4．圆环的投影

(1) 以圆作为母线,绕与它同面的轴线（不通过圆心）旋转一周而形成的,如图 2.39（a）所示。

(2) 投影的表示方法如图 2.39（b）所示,当圆环的轴线垂直于水平面时,它的水平投影是两个同心圆。它们分别是圆环面上最大圆和最小圆在水平面上的投影。它的正面投影和侧面投影都是由两个圆和与它们上下相切的两段水平轮廓线组成。在它的正面投影上,左右两圆是环面上平行于正面的两个圆投影；它的侧面投影上,两圆是圆环上平行于侧面的两个圆投影,而且都有半个圆被环面挡住而画成虚线。

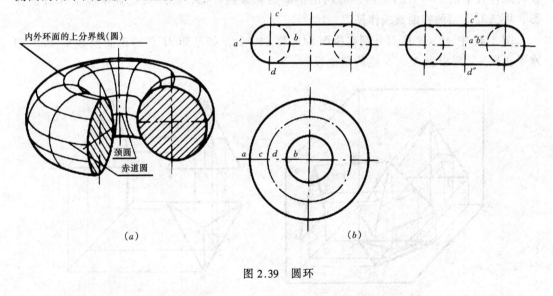

图 2.39 圆环

2.5.3 立体表面上取点

1．棱柱体表面上取点　在平面立体表面上取点,其原理和方法与平面上取点相同。由于图 2.40 所示的六棱柱的表面都处于特殊位置,因此在六棱柱表面上作点的投影可利用积聚性作图。

如已知 ABCD 棱面上 M 点的正面投影 m′,要求出它的水平投影 m 和侧面投影 m″。因为棱面 ABCD 为铅垂面,其水平投影 abcd 具有积聚性,所以 M 点的水平投影 m 必在 abcd 上。根据 m′和 m 即能求出 m″。假如又已知顶面上 N 点的水平投影 n,要求出它的正面投

影 n' 和侧面投影 n''。由于顶面为水平面，它的正面投影及侧面投影都具有积聚性，因此 n' 和 n'' 必定落在顶面的同名投影上。

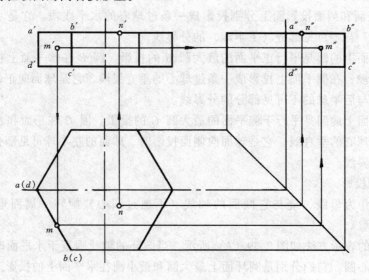

图 2.40 六棱柱面上取点

2. 棱锥体表面上取点 由于组成棱锥的表面有特殊位置平面，也有一般位置平面。在特殊位置平面上作点的投影，可利用平面的积聚性作图；在一般位置平面上作点的投影，可选取适当的辅助直线作图。

图 2.41 中 M、N 两点分别在棱面 SAB 和 SAC 上，如已知 M 点的正面投影 m' 和 N 的水平投影 n，要求出 M、N 点的其他投影。

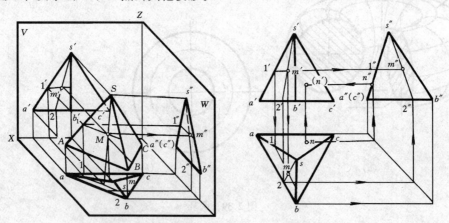

图 2.41 三棱锥表面上取点

M 点在棱面 SAB 上，即它在一般位置平面上，过顶点 S 及 M 点作一辅助线 SII，然后求出 M 点的水平投影 m，再根据 m' 和 m 求出 m''。也可以过 M 点在 SAB 面上作 AB 的平行线 IM，即作 $1'm' // a'b'$，再作 $1m // ab$，求出 m，再根据 m'、m 求出 m''。

N 点在棱面 SAC 上，即它在侧垂面上，它的侧面投影 $s''a''(c'')$ 具有积聚性。因此，n'' 必与 $s''a''(c'')$ 重影，由 n 和 n'' 即能求得 (n')。

3. 圆柱体表面上取点 如图2.42所示,由于圆柱轴线垂直于水平投影面,所以圆柱面的水平投影具有重影性,圆柱面上点和线的水平投影一定与它重合。如已知圆柱面上 A 点的正面投影 a',其水平投影 a 必须在圆柱面的水平投影(圆周)上,然后根据 a' 和 a 可以求出 a''。

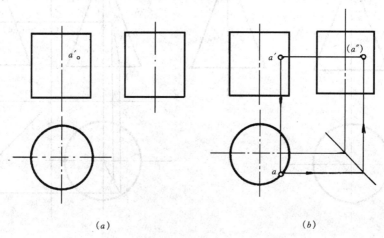

图 2.42 圆柱面上取点

【例 9】 已知圆柱面上一点 A 的正面投影 a',做出其余两个投影。

分析:由于 a' 是可见的,它应在圆柱面前半部分。

作图:如图 2.42(b) 所示,A 点的水平投影 a 应落在圆柱面的水平投影,即圆周的前半部分上。

根据 a'、a 即可求出 a''。由 A 点的正面投影 a' 的位置可以知道,它是在圆柱轴线的右边,也是在圆柱面的右半部分的上面;而右半部分的侧面投影是不可见的,因而 A 点的侧面投影 a'' 也是不可见的。

4. 圆锥体表面上取点 在圆锥表面上若已知一点的一个投影,求作其余二投影的方法有两种,即辅助素线法和辅助圆法。

【例 10】 已知圆锥面上 M 点的正面投影 m',如图2.43所示,试做出其余两投影。

分析:由于锥面的水平投影没有积聚性,不能根据 m' 直接确定 m 的位置,因此,需要过 M 点引素线 S1 作为辅助线,才能确定 M 点的其余投影。

作图:(1) 过点 M 作辅助线 S1 的正面投影,即连 s' 和 m' 并延长交圆锥底于 $1'$。由于 m' 是可见的,可知 M 在圆锥的前半部分,故辅助线的正面投影 $s'1'$ 也是可见的,如图 2.43(b) 所示。

(2) 作辅助线的水平投影。过 $1'$ 引垂线交锥底的水平投影前半圆周于1,连 $s1$ 即为所求。

(3) 作辅助线的侧面投影。由 m' 的位置可以确定 M 点是在圆锥的左半部,因此辅助线的侧面投影 $s''1''$ 也是可见的,作图方法如图 2.43(b) 所示。

(4) 根据点在线上的投影规律及 M 点的投影应在 S1 同名投影上,做出 M 点的其余投影 m、m''。

【例 11】 已知正圆锥面上一点 A 的水平投影 a,如图 2.44(a) 所示,求作其余两投影 a'、a''。

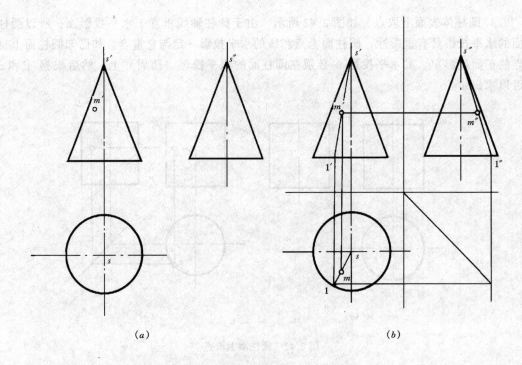

图 2.43 圆锥面上取点——素线法

分析：(1) 以辅助圆为辅助线来确定点的投影位置。

(2) 由于正圆锥的轴线垂直于水平面，因此在锥面上作垂直于轴线的辅助圆，其正面投影为一条直线，水平投影反映圆的实形。

作图：(1) 过点 A 的水平投影 a 作辅助圆的水平投影，以 s 为圆心，sa 为半径作一圆，即为所求。

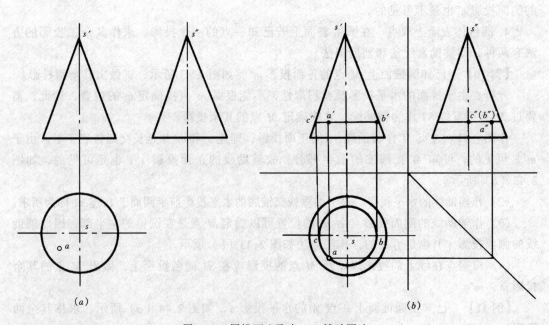

图 2.44 圆锥面上取点——辅助圆法

(2) 作辅助圆的正面投影，其正面投影为一水平线段，线段长度为所求水平圆的直径，作图如图 2.44 (b) 所示，交圆锥正面投影轮廓线于 c'，过 c' 在圆锥正面投影内引一水平线段，即为所求。

(3) 作辅助圆的侧面投影，投影也成一水平线段，并与辅助圆的正面投影同高度。

(4) 根据点在线上（即点 A 在辅助圆上），必在线的同名投影上及点的投影规律，做出点 A 的其余两个投影 a'、a''。由 A 点的水平投影 a 判断，A 点在圆锥面的右前半部分，而该部分的侧面投影是可见的，所以 A 点的侧面投影 a'' 也是可见的。

5. 球体表面上取点　在球面上作点的投影，可用辅助圆法。

【例 12】　已知球面上 M 点的正面投影 m'，如图 2.45 (a) 所示，试做出点的其余两个投影 m、m''。

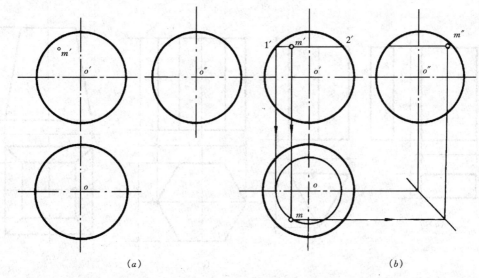

图 2.45　球面上取点

作图：(1) 过 M 点作一平行于水平面的辅助圆，它的正面投影为一水平线段，即过 m' 引一水平线与轮廓圆周交于点 $1'$、$2'$。

(2) 辅助圆的水平投影为直径等于 $1'2'$ 的圆，辅助圆的侧面投影是与 $1'2'$ 同高的一水

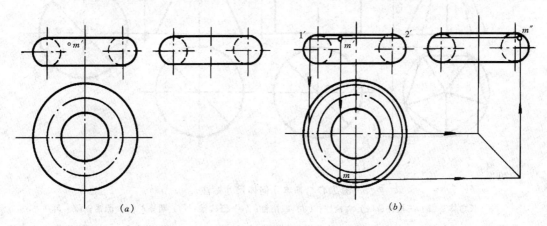

图 2.46　圆环面上取点

平线段。

(3) 根据点在线上（即 M 点在辅助圆上）其投影必在线的同名投影上以及点的投影规律，定出 M 点的其余两个投影 m 及 m''，由 m 点的正面投影 m' 可以判断，M 点是位于球面的上半球，也是在球面的前半球和球面的左半球。它在三个投影面上都是可见的。因此，M 点的三个投影也都是可见的，如图 2.45（b）所示。

6. 圆环面上取点　在圆环面上取点，可采用过点作辅助圆法。

【例 13】　已知圆环面上 M 点的正面投影 m'，如图 2.46（a）所示，试做出它的水平投影 m 以及侧面投影 m''。

分析：可以过点 M 作一辅助圆，画出它的三面投影，然后根据点在线上（即在辅助圆上）必在线的同名投影上及点的投影规律，确定 m 和 m'' 的位置。

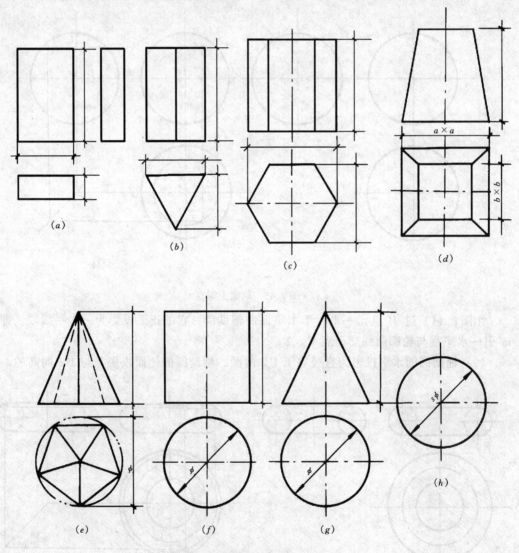

图 2.47　基本几何体尺寸标注
(a) 长方体；(b) 三棱柱；(c) 六棱柱；(d) 四棱台；(e) 五棱锥；(f) 圆柱；(g) 圆锥；(h) 球

作图：(1) 过点 M 作一平行于水平面的辅助圆，它的正面投影为一水平线段，即过

m' 引一水平线与圆环面上最大圆的轮廓线交于 $1'$、$2'$ 两点。

(2) 辅助圆的水平投影为直径等于 $1'2'$ 两点间距的圆；辅助圆的侧面投影是与 $1'2'$ 两点同高度的一水平线段。

(3) 在辅助圆的同名投影上，定出点的两个投影 m 及 m''。

由 M 点的正面投影 m' 可以判断点 M 是位于圆环上半部分，同时，也是位于圆环前半部分和圆环的左半部分。因此，点 M 的各个投影也都是可见的。

2.5.4 基本形体的尺寸标注

1. 基本几何体的尺寸标注

几何体一般应标注长、宽、高三个方向的尺寸，如图 2.47 中所示的平面立体。

一般对回转体，只须注出其直径和高度，并在直径数字前加注直径符号"ϕ"。球体则应在直径数字前加注"$s\phi$"。如图 2.47 所示。

2. 具有斜截面和缺口的几何体尺寸标注

具有斜截面和缺口的几何体，除应注出基本几何体的尺寸外，还应标注截平面的定位尺寸，如图 2.48 所示。截平面的位置确定后，立体表面的截交线也就可以确定，所以截交线不必标注尺寸。

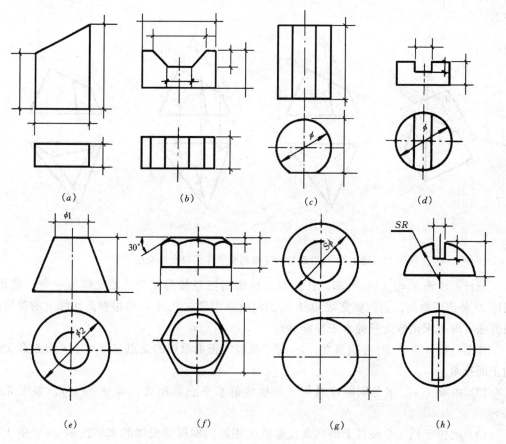

图 2.48 切割基本几何体的尺寸标注

**第6节 平面与立体、立体与立体相交

2.6.1 平面与平面立体相交

平面与立体相交,可看做是立体被平面所截,与立体相交的平面称为截平面,截平面与立体表面的交线称为截交线。截交线围成的图形称为截断面。

截交线的基本性质:
(1) 由于任何立体都有一定范围,因此截交线一定是封闭的;
(2) 截交线是一条既在截平面上,又在立体表面上的两者共有线。

求平面立体截交线的方法可归结如下:

先求出立体上各棱线与截平面的交点,然后把各点依次连接,即得截交线。连接时,在同一棱面上的两点才能相连。

截交线不可见部分,用虚线表示。

1. 平面与棱锥体相交

【例14】 已知三棱锥体被正垂面 P 所截,如图2.49(a)所示,试做出截交线投影。

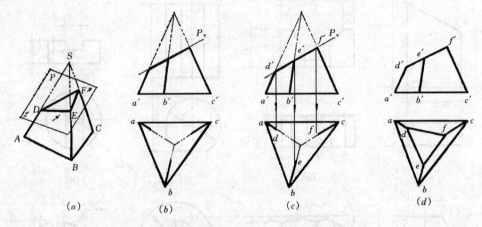

图2.49 平面与三棱锥相交立体图以及截交线

分析:由图2.49(b)可知,P 面与三棱锥的三条棱都相交,截交线为一个三角形。又因 P 面是正垂面,因而截交线 DEF 的正面投影积聚在 P_v 上,再根据点在线上的投影作图方法,即可求出截交线的水平投影 def。

作图:(1) 由于 P_v 有积聚性,P_v 与三条棱线正面投影的交点 d'、e'、f' 即为截交线的正面投影。

(2) 由 d'、e'、f' 分别做连线与三条棱线的水平投影相交,得 d、e、f,如图2.49(c)。

(3) 把位于同一个棱面上的两点投影依次相连,即得截交线的水平投影 def。由于在水平面上三棱锥的投影三个棱面是可见的,因此截交线的投影 def 也是可见的,如图2.49(d)所示。

2. 平面与棱柱体相交

【例15】 如图2.50所示,一直四棱柱体被一正垂面 P 所截,求其截交线。

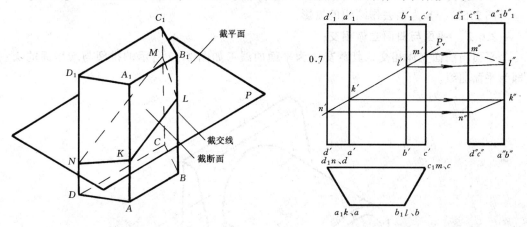

图2.50 平面与四棱柱相交　　图2.51 四棱柱截交线求法

分析：截平面 P 是一正垂面,截交线为一梯形,其 V 面投影积聚在 P_v 上。又直四棱柱的侧棱面均垂直于 H 面,故截交线的 H 面投影积聚在棱面的 H 面投影上。因此,仅求截交线的 W 面投影即可。

解：截交线的 W 面投影可通过各折点的 V 面投影 k'、l'、m' 和 n' 点各作水平线,在 W 面投影上对应定出 k''、l''、m''、n'' 点。依次连接各点,即为所求（见图2.51）。

棱面 B_1BCC_1 的 W 面投影为不可见,则截交线 $l''m''$ 也不可见,用虚线表示。

【例16】 图2.52所示为六棱柱穿孔,试画出它的水平投影和侧面投影。

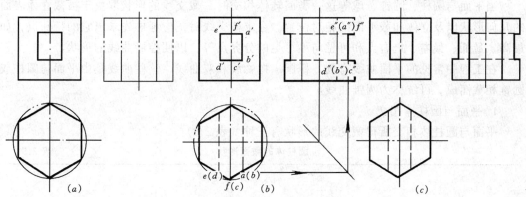

图2.52 正六棱柱穿孔

分析：棱柱中间的通孔,由两个水平面和两个侧平面所组成。通孔与棱柱的交线为 A—B—C—D—E—F,其中,A、B、D、E 点在棱面上,C、F 点在棱线上,通孔的正面投影具有积聚性。通孔和侧面的交线 AB、ED 为铅垂线,AF、FE、BC、CD 为水平线。

作图：如图2.52（b）所示。

（1）由于六棱柱侧棱面和侧棱线的水平投影都有积聚性,因而通孔和侧棱面的交线的水平投影必与其重合。由于水平投影不可见,以虚线表示。

（2）根据通孔的正面投影的高度和水平投影的宽度,按投影规律求通孔交线的侧面投影。通孔的侧面投影被棱柱左面遮住部分为不可见，以虚线表示。

图 2.52（c）为擦去作图线的投影。

2.6.2 平面与曲面立体相交

平面与曲面立体相交，其截交线为平面曲线，如图 2.53 所示的拱圈与端墙面的交线即为平面曲线。

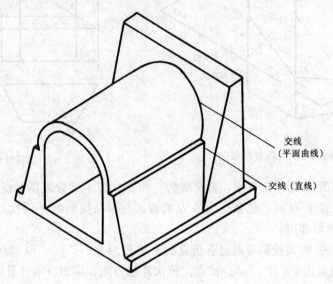

图 2.53 涵洞口端墙交线

当平面与圆柱、圆锥、球等这一类回转体相交时，截交线的形状取决于被截立体表面的几何形状以及立体和截平面的相对位置。在求截交线时，应考虑先求出它的特殊点，如最高、最低、最左、最右点和可见与不可见的分界点等，以便控制曲线的形状。

在工程中常见的平面曲线有圆、椭圆、抛物线和双曲线，这些曲线是由平面与圆柱或圆锥相截而成，可统称为圆锥曲线。

1. 平面与圆柱体相交

平面与圆柱体相交所得截交线的形状有三种（表 2.5）：

圆柱体的截面形状　　　　　　　　　　表 2.5

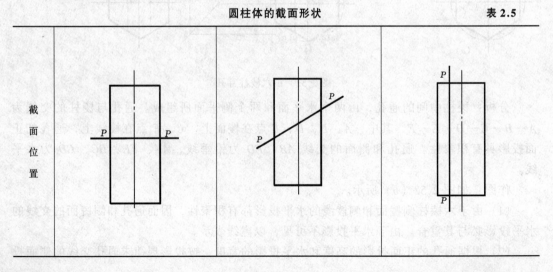

续表

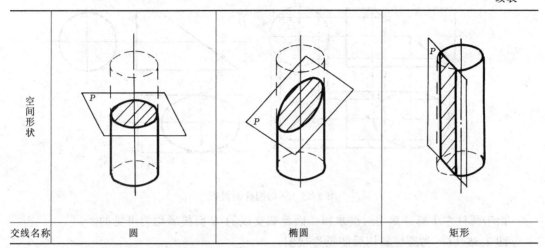

交线名称	圆	椭圆	矩形

（1）当截平面过圆柱体轴线或平行于圆柱体轴线时，截交线是两条素线；

（2）当截平面垂直于圆柱体轴线时，截交线是一个圆；

（3）当截平面倾斜于圆柱体轴线时，截交线是一个椭圆。

【例17】 图2.54（a）为圆柱体被正垂面斜切，试画出圆柱体被切后的截交线。

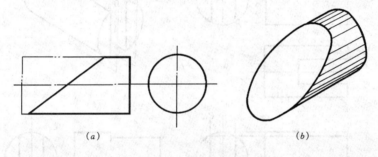

图2.54 圆柱斜切

分析：

（1）截平面与圆柱体轴线斜交，截交线为椭圆。

（2）圆柱体被正垂面斜切，因此椭圆的 V 面投影积聚为一斜线；而圆柱轴线垂直于 W 面，椭圆的 W 面投影积聚在圆柱的 W 投影上成一个圆。所以，椭圆的 V、W 投影不必再作图，只须求出截交线的 H 投影，它没有积聚性，是椭圆。

作图步骤：如图2.55（a）所示。

（1）求特殊点：求长短轴端点 A、B 和 C、D。截平面与圆柱最高、最低素线的 V 投影的交点 a'、b' 即为长轴端点 A、B 的 V 投影。截平面与圆柱最前、最后素线的 V 投影（与轴线重合）的交点 c'、(d') 即为短轴端点 C、D 的 V 投影。根据点的投影规律求出长、短轴端点的 H 投影，则为点 a、b 和 c、d。

（2）求一般点：为使作图准确，再作适量的中间点的 H 投影，例如Ⅰ、Ⅱ、Ⅲ、Ⅳ点的诸投影。

（3）连点：在 H 投影上顺次连接 a—1—c—3—b—4—d—2—a 各点成光滑曲线，就得到截交线的 H 面投影。

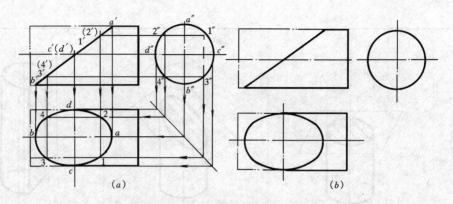

图 2.55 斜切圆柱的投影

由于圆柱左半部分截切后被拿掉，因此截交线的 H 面投影均为可见的。

图 2.55（b）为圆柱斜切后的投影视图。

【例 18】 如图 2.56 所示，试完成圆柱切口的图形。

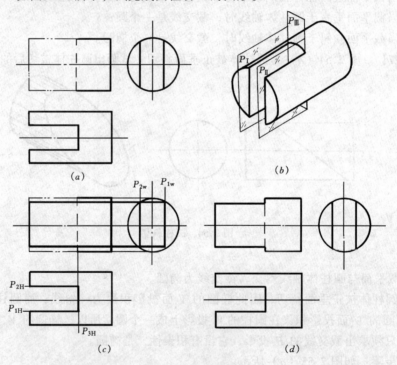

图 2.56 圆柱开槽

分析：(1) 圆柱切口可分析为两个平行于圆柱轴线的截平面 P_1、P_2 与圆柱面相交，和一个垂直于圆柱轴线的截平面 P_3 与柱面相交而构成。

(2) 截平面在 H 面都有积聚性。且由于圆柱轴线垂直于 W 面，故截交线的 W 面投影积聚在圆柱的 W 投影上。所以圆柱切口的 H、W 面投影不必再做出，只须求出它的 V 面投影。

作图：如图 2.56（c）所示：

(1) 作 P_1、P_2 与圆柱面的截交线的 V 面投影。

(2)作 P_3 与圆柱面的截交线的 V 面投影。

P_3 与 P_1、P_2 交线的 V 面投影互相重影且不可见,应画虚线。

(3)投影图如图 2.56(d)。

2. 平面与圆锥体相交

由于截平面与圆锥体轴线的相对位置不同,截交线有五种,见表 2.6 所示。确定截断面形状的决定因素是平面和圆锥轴线间的夹角 θ。

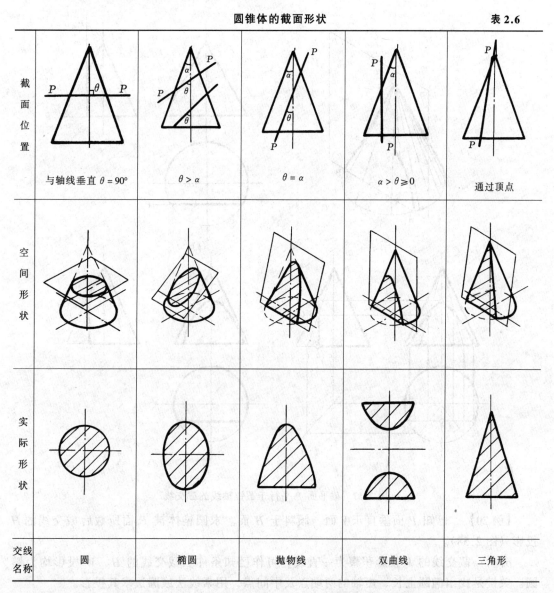

圆锥体的截面形状　　　　表 2.6

截面位置	与轴线垂直 $\theta = 90°$	$\theta > \alpha$	$\theta = \alpha$	$\alpha > \theta \geq 0$	通过顶点
空间形状					
实际形状					
交线名称	圆	椭圆	抛物线	双曲线	三角形

【例 19】　已知圆锥体和截平面 P 的投影,求作截交线的投影,如图 2.57(a)所示。

分析:由于截平面 P 平行于圆锥轴线,所以截交线为双曲线。

因 P 平行于 V 面,因此 W 面、H 面投影具有积聚性,因此只须求出 V 面投影即可。如图 2.57(b)所示。

作图：

(1) 求特殊点：做出截交线的最高点和最低点，即 c'、a'、b'。作图方法见图2.57 (c)。

(2) 求一般点：在 H 面取对称两点 d、e，用素线法求出 d'、e'。

(3) 连点：依次连 $a'—d'—c'—e'—b'$ 各点，即得双曲线的 V 投影，且可见，因此画实线。

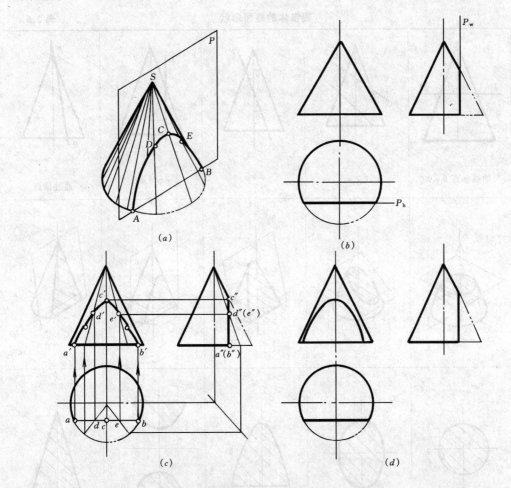

图2.57 截平面 P 平行于圆锥轴线的截交线

【例20】 已知 P 面垂直于 V 面，倾斜于 H 面。求圆锥体被 P 面所截后截交线的 H 投影（图2.58）。

分析：截交线的 V 投影积聚为一直线，可作已知条件。截交线的 H、W 投影均为椭圆。关键是找出椭圆上长、短轴的两端点及中间点，用素线法或圆法求其投影。

作图：(1) 先求出控制点的投影，Ⅰ、Ⅱ点为 H、V 面最左、最右点，也是 W 面最低、最高点。在 $1'2'$ 的中点找出 $3'4'$ 点，求出 H 面最前、最后点，即 W 面最左、最右点 Ⅲ、Ⅳ。

(2) 求 W 轮廓线与 P 面的交点 Ⅴ、Ⅵ。

(3) 再任意找一对中间点，即能连成椭圆形截交线。

3. 平面与球体相交

截交线及投影的特点:

(1) 球体上的截面不论是水平、垂直或任意倾斜角度,其形状都是圆。截面和球体中心的距离决定截面(圆)的大小,最大的截面是经过球心的截面。

(2) 当截面与水平投影面平行时,其水平投影是圆,反映截面实形,其正立投影和侧投影都积聚为一条水平直线(图2.59)。当截面与 W、V 面平行时其投影同理。如截面倾斜于投影面,则在该投影面上的投影为椭圆。

2.6.3 两立体相交

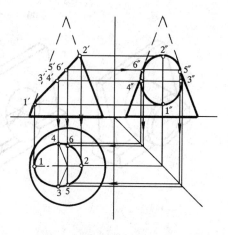

图2.58 圆锥截交线的投影

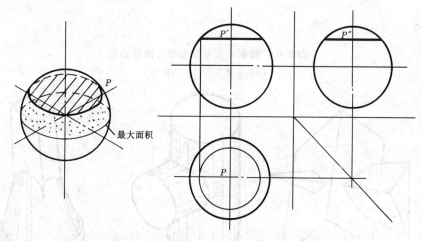

图2.59 截平面平行于 H 面的球的截交线

两立体相交,也称为两立体相贯,两立体表面交线称为相贯线。

构筑物常由一些基本几何体所组成,当它们彼此相交时,就产生了相贯线。如图2.60(a)、(b)所示,涵洞的端墙和基础与圆管相交所产生的相贯线,在绘制工程图同时,需要把它画出。

1. 相贯线的性质:

由于组成相贯体的每个立体形状不相同,相对位置以及尺寸大小的变化,可以出现不同形状的相贯线。相贯线具有下述性质:

(1) 相贯线一般是封闭的空间曲线。在特殊情况下是平面曲线或直线。

(2) 相贯线是相交两立体表面的共有线。相贯线上的点就是两立体表面上的公共点,这些点也称为相贯点。

2. 相贯的两立体:相贯两立体可以是两平面立体如图2.61(a)、两曲面立体如图2.61(b)、平面立体与曲面立体如图2.61(c)。

3. 求相贯线的投影,一般有如下两种方法:

(1) 利用立体表面投影的积聚性直接求出相贯线上的一系列点,如图2.62中的Ⅰ、

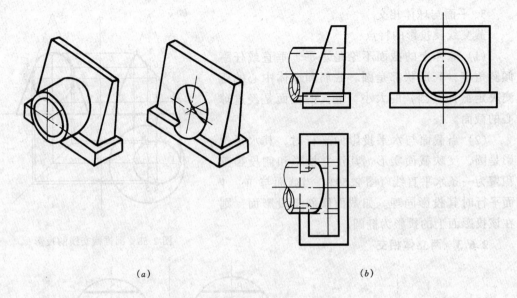

图 2.60 涵洞的端墙和基础与圆管相交
(a) 立体图；(b) 投影图

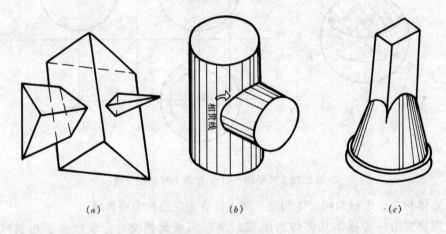

图 2.61 两立体相交

Ⅱ、Ⅲ、Ⅳ等点。

(2) 采用辅助面法，运用三面共点的原理求出相贯线上的一系列点。

为了便于作图，辅助面的选择，以截两立体表面的截交线的投影最简单易画为原则，如投影成直线或平行于投影面的圆。

在求作相贯线上一系列点时，需要做出它的特殊点，如可见与不可见的分界点、最高点和最低点、最左点和最右点以及切点等。

【例 21】 如图 2.62 (a) 所示，求两圆柱的相贯线。

(1) 投影分析

1) 图中所示小直径的直立圆柱与大直径的水平圆柱全贯，其相贯线为上、下两组对称、封闭的空间曲线。

2) 直圆柱的 H 面投影和水平圆柱的 W 面投影均有积聚性与相贯线的 H、W 面投影重

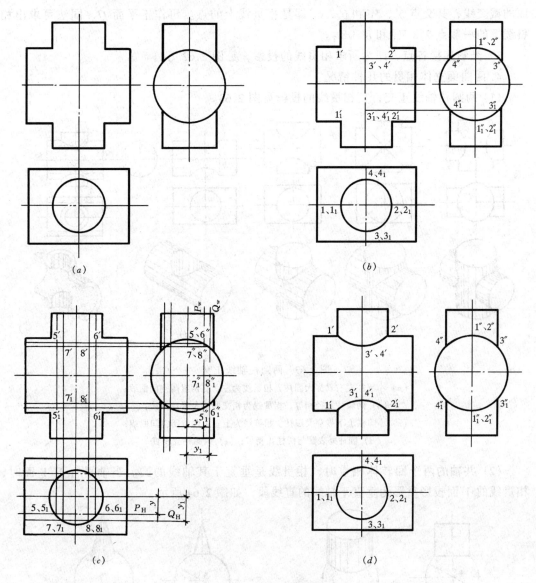

图 2.62 圆柱体的相贯线
(a) 已知条件；(b) 求特殊点；(c) 求一般点；(d) 作图结果

合，因此只需求作相贯线的 V 面投影。

3) 两圆柱轴线正交具有公共对称平面，它与 V 面投影平行，公共对称平面将两圆柱分为前后对称两部分，同时也将相贯线分为前后对称两部分。

(2) 作图步骤：

1) 求特殊点：如图 2.62（b）所示，从积聚投影着手（从 H 面或 W 面），找到相贯线与点划线的交点，并进行编号（八个点），根据各点的 H、W 面投影可直接求得它们的 V 面投影。

2) 求一般点：如图 2.62（c）所示，可选用正平面作为辅助平面，可使它与两圆柱面的截交线为直素线。作正平面 P，即作 P_H 和 P_W，并在 V 面投影中做出 P 面与两圆柱面的截交线，其交点 $5'$、$5_1'$ 和 $6'$、$6_1'$ 即是相贯线上的点。再作正平面 Q，同法可求出相贯线上的一般点 $7'$、$7_1'$ 和 $8'$、$8_1'$。

3）光顺连接各点，即为所求相贯线的投影，见图 2.62（d）。

4．两曲面立体相贯的几种情况：

（1）两圆柱轴线正交，其相贯线的投影见图 2.63。

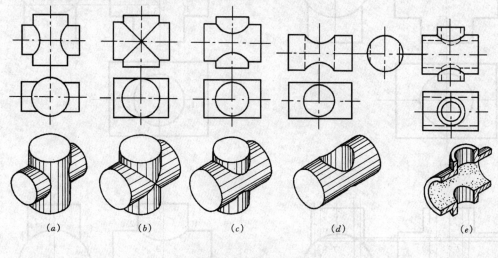

图 2.63　两圆柱轴线正交
（a）小圆柱左右贯穿大圆柱，相贯线为左、右两封闭空间曲线；
（b）两圆柱直径相等，相贯线为相交的两条平面曲线；
（c）小圆柱上下贯穿大圆柱，相贯线为上、下两封闭空间曲线；
（d）圆柱外表面与圆柱孔相贯；（e）两圆柱孔相贯

（2）共轴的两个回转体相贯时，相贯线是垂直于其轴线的圆。当轴平行于 V 面时，相贯线的 V 面投影重影为垂直于轴线的直线段，如图 2.64 所示。

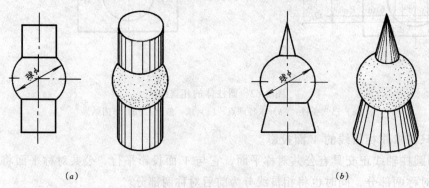

图 2.64　两共轴回转体相贯情况
（a）圆柱与球相贯；（b）圆锥与球相贯

第 7 节　组 合 体 的 投 影

物体的形状无论多么复杂，都可以看成是由一些简单的基本形体——各种柱体、锥体以及球等经过叠加、切割等方式组合而成。这些由简单基本形体组合而成的立体叫做组合体。前面已经讨论过基本几何体用正投影表示的方法，这一节进一步讨论组合体的投影，读图方法和尺寸标注等问题。

2.7.1 组合体的组合方式分析

前面已经讨论过，物体的形状虽然是多种多样的，但从形体角度分析，都可以把物体看成是由一些基本形体组合而成。因此看图过程中要按照物体的结构特点，假想把物体（组合体）分解为若干个基本形体，并确定它们的组合形式和相互位置，这种分析叫作形体分析法。

用形体分析法，一般可以把组合体的组成分为叠加型、切割型或两种形式结合而成。

1. 叠加型

就是由基本几何体互相叠加而成。图2.65中所示的组合体就是一个四棱柱体底板上叠加一个圆柱体和两块三棱柱体而成。

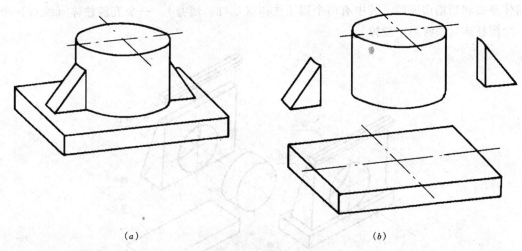

图 2.65 叠加型组合体

2. 切割型

是在基本几何体上切割一部分而成。图2.66中所示的组合体就是在一个四棱柱体的中部切去一个圆柱体，在左前方切去四分之一圆柱体，在右下方切去一个四棱柱体而成。

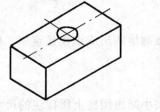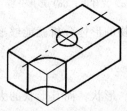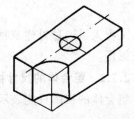

图 2.66 切割型组合体

3. 叠加与切割结合的型式

这类组合体一般以叠加为主，在局部切割而成。如图2.67。

如图2.68为一涵洞口一字墙，用形体分析法进行分析，可把它看成是由四个基本几

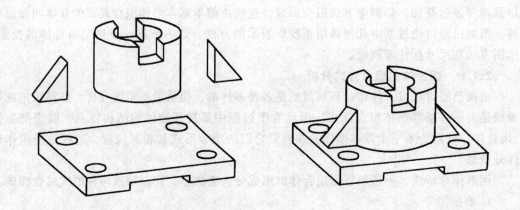

图 2.67 叠加和切割结合型式的组合体

何体叠加和切割而成的,其中有两个四棱柱体(基础、墙身),一个五棱柱体(缘石)和一个圆柱体(墙身当中挖掉)。

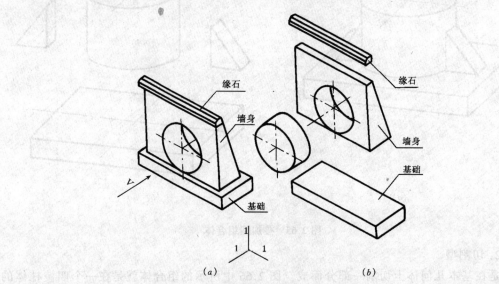

图 2.68 涵洞口一字墙的形体分析
(a) 立体图;(b) 形体分析

工程人员通过对建筑物或构筑物的形体分析就能够准确地画出或识读建筑物、构筑物的投影图。

2.7.2 组合体的尺寸标注

组合体的视图只能表示其结构、形状,而其形状的大小则由图样上所标注的尺寸来确定。

1. 组合体的尺寸分类

组合体是由基本几何体组成的,组合体的尺寸,必须能够表达出这些基本几何体的大小以及它们之间的相对位置,因此组合体尺寸可分为三类:

(1) 定形尺寸

组成组合体的各基本几何体的大小尺寸，叫定形尺寸。如图2.69平面图中的50、50和正面图中的8，是底板长、宽、高的尺寸。平面图中的40、40和正面图中的65是井身的长、宽、高的尺寸等等。

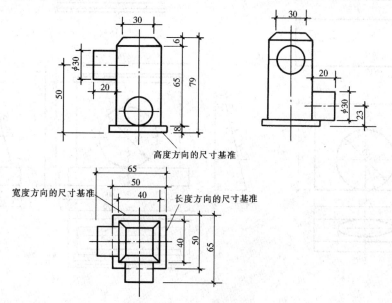

图2.69 组合体投影图的尺寸

（2）定位尺寸

确定各基本几何体之间相对位置的尺寸叫定位尺寸。如图2.69正面图和侧面图中的50、23是两个管子中心高度的定位尺寸。

（3）总体尺寸

表示组合体总长、总宽、总高的尺寸称为总体尺寸。如平面图中的65、65和正面图中的79，表明了整个窨井外形的总长、总宽和总高的尺寸。

识读图纸时，就以上述三种尺寸来检查其尺寸是否完整和清晰，否则将是无法施工和制作的。

2. 尺寸的基准

标注尺寸的起点称为尺寸基准（简称基准）。

组合体中每一基本形体长、宽、高三个方向的尺寸都要有尺寸基准，每一个方向至少有一个基准。一般选组合体的对称平面、底面、端面、回转体的轴线作为基准。长度方向一般可选择左侧面或右侧面为起点，宽度方向可选择前侧面或后侧面为起点，高度方向一般以底面或顶面为起点。

见图2.69中长度、宽度、高度方向的尺寸基准。

【例22】 涵洞口尺寸标注

如图2.70所示，为一涵洞口的尺寸标注。

通过形体分析，可知它是由基础、台身和缘石三个部分组成。

基础为四棱柱体。它的定形尺寸为长340、宽125、高45，见图2.70（a）。台身为挖去圆孔的四棱柱体，它的定形尺寸为长290、宽上30、下90，高225，圆孔直径160，如图

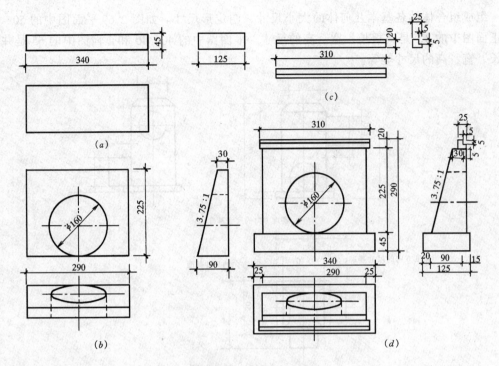

图 2.70 涵洞口的尺寸标注

2.70（b）所示，注在能反映特殊轮廓的正面图上。缘石为横放的五棱柱，长 310、宽 25 和 5、高 20、5，如图 2.70（c）所示。

标注定位尺寸。长度方向选对称中心轴线如 340，也可选左、右二侧为起点如 25、25；宽度方向选下部前侧面为起点，如 15 等；高度方向一般以底面为起点，如 45。圆孔的定位尺寸为 125，即其底面到圆孔轴线的距离（通常以圆孔的轴线作为定位尺寸的起点）。

标注总体尺寸，总长为 340、总宽为 125、总高为 290，如图 2.70（d）所示，大尺寸注在小尺寸的外面。

3. 尺寸标注注意事项：
(1) 尺寸标注要符合国家制图标准的规定。
(2) 尺寸应尽量注在形状特征最明显的视图上。如图 2.70 中圆孔直径 160 的标注。
(3) 应尽量避免在虚线或其延长线上标注尺寸。
(4) 表示同一结构的有关尺寸应尽可能集中标注。
(5) 与两个视图有关的尺寸，应尽可能注在两个视图之间。
(6) 尺寸线与尺寸界线应尽可能避免相交，为此同一方向上的尺寸应将小尺寸排列在里面，大尺寸排列在外面。

2.7.3 识读组合体投影图的方法

读图是画图的逆过程，画图是把空间物体用一组视图，表达在一个平面上；读图是根据物体在平面上的一组视图，通过分析想象出物体的空间形状。

培养和提高读图的能力，一要掌握读图的方法，二要靠读图的实践。

读图的方法主要有两种，即形体分析法和线面分析法。

1. 形体分析法

"形体分析法"读图时,就是要在绘制好的组合体的投影图上把形体分解成几个组成部分,然后根据每一个组成部分的投影,想象出它们的形状,最后再根据各组成部分的相对位置想象出整个空间形体的形状。

在视图上把物体分成几个组成部分并找出它们相应的各视图,是运用形体分析法读图的关键。

我们知道,一个物体不论其形状如何,它的各投影轮廓线总是封闭的线框。而物体的某一组成部分其投影轮廓线也是一个封闭的线框。反之,视图上的每一个封闭线框也一定是物体或物体某一组成部分的投影轮廓。因此,在视图上划出几个封闭线框,就相当于把物体分成几个组成部分。

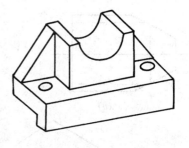

图 2.71 轴承座立体图

如图 2.71 所示,是一个轴承座,可以从反映该形体特征较多的 V 面投影入手,找出两块形体Ⅰ、Ⅱ,如图 2.72 所示,根据"三对等"关系,可找到 H 面和 W 面上相对应的投影,从而可以看出形体Ⅰ是在一个长方块的上部挖了一个半圆槽,见图 2.72(b)所示的封闭粗线框;用同样的方法可找到三角筋板Ⅱ的其余投影,如图 2.72(c)所示的封闭粗线框;最后看底板Ⅲ,W 面的投影能够反映其形状特征,配合 V、H 面的投影,可看出它是带弯边的四方板,在上面左右对称地挖了两个圆孔,见图 2.72(d)。在看懂每个基本形体的基础上,根据整体的三面投影图,再分析它们的相互位置关系,就能逐渐形成一个整体的空间形象,从而达到读图的目的。

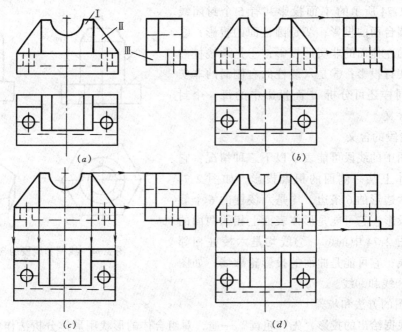

图 2.72 轴承座的读图方法

图 2.73(a)所示为一组合体的投影图,请读者自己分析是否可得出图 2.73(b)所

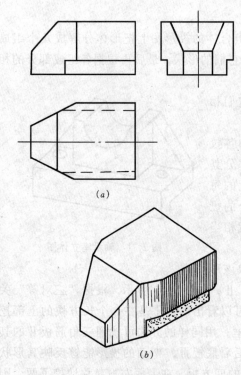

图 2.73 识读组合体的投影图

示的立体图。

2. 线面分析法

在一般情况下,轮廓清晰的物体,用上述的形体分析法就能解决问题了。然而,有些形体组成较为复杂,完全用形体分析法还不够,因此,对于图纸上一些局部复杂的投影,有时还需要应用另一种方法——线面分析法来进行读图。

所谓线面分析法,就是根据直线、平面和曲面的投影规律,对围成物体的某些侧面或侧面交线的投影进行分析,弄清楚它们的空间形状的相对位置,从而想象出被它包围的整个物体的空间形状。

线面分析法读图的关键是要能分析出投影图中的每一个封闭线框和每一条线段所表示的空间意义。

(1) 线框的含义

由基本形体的投影特点,可知投影图中每一封闭线框一般说来都代表了形体表面上的一个侧面的投影,不同线框代表不同的面。

如图 2.74 所示的 V 面投影共有 5 个封闭线框,①是圆台面的投影;②是圆柱面的投影;③是六棱柱的左侧面的非实形投影;④是六棱柱的前侧面的实行投影;⑤是六棱柱的右侧面的非实形投影。同样还可分析 H 面投影中的每一个封闭线框的含义。

(2) 线段的含义

投影图中的线段可能表示以下三种情况:它可能是形体上某一侧面的积聚投影,如图 2.74 所示的正六边形的 6 条边,均是六棱柱的 6 个侧面的积聚投影;它可能是形体表面上相邻两面的交线,如图 2.74 中的⑥、⑦线均是六棱柱相邻棱面的交线;它可能是曲面的投影轮廓线,如图 2.74 中的⑧线和⑨线。

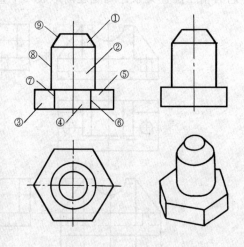

图 2.74 线框和线段的含义

3. 读图的方法和步骤

(1) 根据给出的投影,先"粗读"一遍,对组合体的形状用形体分析法作一个大概的了解。然后,采用线面分析法再进行"精读"。对比较复杂的组合体,可同时采用两种方法互相补充。

(2) 在投影图上,根据对线框的分析,假想把组合体分解成几个组成部分利用"三对等"关系找出各组成部分在其他两个投影图中的对应投影；再根据基本形体的投影特性，想象出每一块基本形体的形状，最后根据它们的相对位置，逐渐形成一个整体的形象。

读图的步骤一般是先概略后细致，先形体后线面分析，先外部后内部，先整体后局部，再综合回到整体，最后得到形体完整的图形。

4. 读图时应注意以下几点：

(1) 必须将几个投影联系起来看。

前面讲过，物体的单面投影不能确定物体的准确形状。因此，看图时必须要把所有的投影图联系起来，进行反复地分析，构思，才能想象出空间形体的形状。如图 2.75 所示的三个形体的 V 面投影均相同，但从水平投影和侧面投影就会看出它们是完全不同的物体。

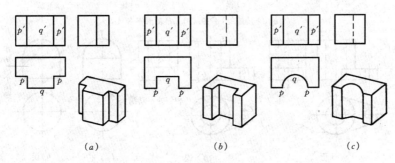

图 2.75　V 面投影相同的形体

(2) 利用虚、实线的变化分析形体。

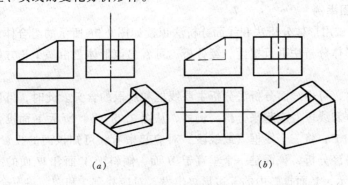

图 2.76　投影图中的虚线与实线

如图 2.76 (a) 和 (b) 所示的 H 和 W 面的投影均相同，只是 V 面投影中有虚线和实线的区别，经过读图分析，它们是 2 个完全不同的形体，一个有三角形筋板，一个有三角形槽。

(3) 注意形体之间的表面连接关系（见图 2.77）。

组合体是由基本形体组合而成的，由于基本形体之间的相对位置不同，它们之间的表面连接关系不同。形体之间的表面连接关系可分为四种：(1) 不平齐；(2) 平齐；(3) 相切；(4) 相交。看图时必须看懂形体之间的表面连接关系，才能看出形体表面的凸凹和层次，也才能彻底想清物体的形状。

总之，读图是一个复杂的思维过程，它需要抓住预想和投影图之间的矛盾，边对线框、边分析、边想象、边修正，从而做出科学的判断。这个基础是对投影法和正投影特性的理解，是对基本形体投影的熟悉，以及对形体分析法和线面分析法的掌握和熟练运用。

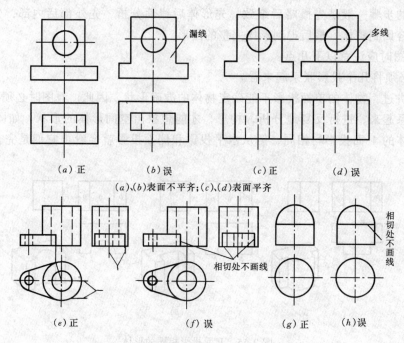

图 2.77　物体表面连接关系投影图

2.7.4　读图举例

【例 23】　试用形体分析法和线面分析法识读如图 2.78 所示的组合体的投影图。

（1）先用形体分析法进行粗读。经分析，可看出该形体是由一个长方体切割而成的组合体。

（2）精读时，可用线面分析法分析主要线框和线段的含义。此时，可用"三对等"关系将一个个线框和线段对应起来分析。例如，从图 2.78（b）所示 V 面投影中的三角形 1′ 出发，找到 1 和 1″，将三个线框（或线段）对应起来看，可知该面的投影一个有积聚性，两个有类似性，经分析，该面是一个垂直于 H 面，倾斜于 V 面和 W 面的三角形平面。从图 2.78（c）所示，V 面投影中的五边形 2′ 出发，对应找到 2 和 2″，将三个线框（或线段）对应起来看，可知该平面的两个投影积聚为平行于投影轴的线段，其中一个投影反映的是形体的实形，因此可以断定，该平面平行于 V 面，并且在形体的最前面。再从图 2.78（d）所示，H 面投影中的六边形 3 出发找到 3′ 和 3″，经分析，该平面的 H 面投影反映实形，由此可断定该平面平行于 H 投影面，并在形体的最上面……如此细细分析下去，就不难想象出该组合体的空间形状如图 2.78（a）所示。

【例 24】　识读如图 2.79 所示组合体的投影图。

（1）分析投影图抓住特征。从具有反映形体特征的正面投影和另两个投影可以概略看出，该组合体的下面是一个长四棱柱体，上面由一个半圆柱和四棱柱组成，中间有一孔。

（2）分析线框（或线段）。在形体的投影图中，凡是封闭的线框，它可表示形体上一个面的投影或一个基本体的投影，所以在读图时，应该先在一个投影图上划分线框，然后再应用"三对等"关系找出各线框所对应的另外两个投影。如图2.79(a)所示。先把正面投影分为3个线框1、2、3,然后按照"长对正、宽相等、高平齐"的规律,分别在水平投影、侧面投影中找出这些线框的对应投影,如图2.79(b)、(c)、(d)所示,粗线所表示的线框(或线段)。

(3) 对照投影确定各部分的形体。分清线框后,再根据各种基本体的投影特点,确定各线框表示的是什么形状的几何体。例如,矩形线框1的另两个投影也是矩形,可见它是长方体,见图2.79(b)。线框2的V面投影,其上部为半圆,下部为矩形,H和W面的投影分别为矩形,可见它是由半圆柱和四棱柱所组成的形体,见图2.79(c)。线框图3的V面投影是圆,H和W面的投影各是由实、虚线组成的矩形,可见它是个圆柱形通孔,见图2.79(d)。

(4) 综合起来想整体。确定了各线框所表示的几何形体后,再分析各几何形体的相对位置。分析各几何形体的相对位置时,要注意它们上下、左右和前后的位置关系在投影中的反映。从投影图中可知,线框1所指的是一个四棱柱底板,位置在下;线框2所指的是半圆柱和四棱柱的结合块,处于底板上部后方中央;线框3所指的圆柱孔是在组合块的上方中线处,整体形状见图2.79(e)。

【例25】 识读如图2.80所示涵洞出入口外形的三面投影图。

(1) 如图2.80(a)所示为涵洞出入口外形的三面投影图。其V面投影的下部是一个矩形线框,上部外围是梯形线框,线框内包含2个小的梯形线框,1个矩形线框和1个圆。H面投影的外形是1个矩形线框,线框内包含4个梯形线框,2个矩形线框(其中1个又被虚线分隔为3个小矩形线框)。W面投影的下部是1个矩形线框,上部外围是梯形线框,线框内包含有由虚线与粗实线组成

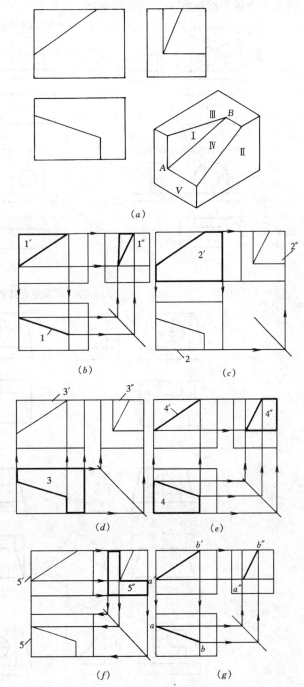

图2.78 识读组合体的投影图

的 3 个小矩形线框和 1 个三角形线框。

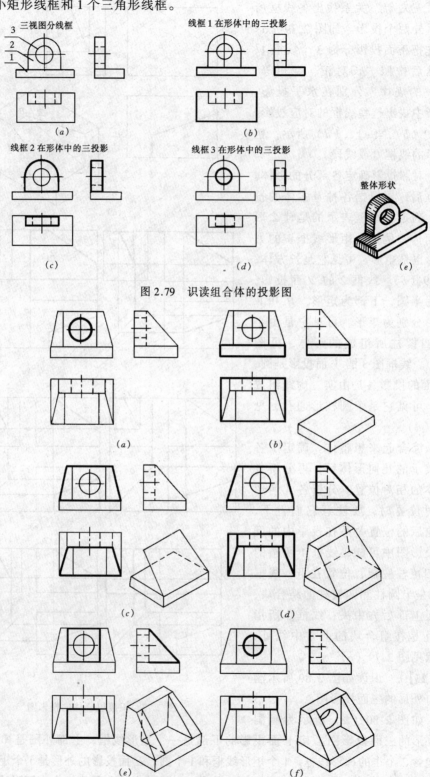

图 2.79　识读组合体的投影图

图 2.80　识读涵洞出入口外形的投影图

（2）如图 2.80（b）所示，V 面投影的下部为矩形线框，在 H 面上所对应的投影是外围矩表线框，在 W 面上所对应的投影是下部矩形线框。从而可以断定，这一部分是一块四棱柱体。

（3）如图 2.80（c）所示，V 面投影的上部是外围梯形线框，在 H 面上所对应的投影也是梯形线框，在 W 面上所对应的投影是一个直线。这样，只能断定它们所表示的是一个侧垂面。但是，由图 2.80（d）可以看出，与 V 面梯形线框对应的 W 面投影，不只是一条直线，而是整个外围梯形线框，而且与这两个梯形线框的每一条边所对应的 H 面投影都是一个面。从而可以断定这一部分，是一块截面为梯形的斜截四棱柱体。

（4）如图 2.80（e）所示，V 面投影中的矩形线框，在 H 面上所对应的投影也是矩形线框，在 W 面上所对应的投影是由一条虚线和两条粗实线组成的三角形线框。从而可以断定这一部分是挖去一个三棱柱体的凹槽。

（5）如图（f）所示，V 面投影中间的圆，在 H 面和 W 面上所对应的投影均是由虚线和粗实线围成的矩形线框。从而可能断定这一部分的中间必有 1 个圆孔。涵洞出入口外形的整体形状见图（f）所示。

2.7.5 根据二视图求作第三视图

根据二视图求第三视图，是根据二视图所确定的物体，用读图方法，首先建立起组合体的立体概念，然后再依据想象出的组合体形状，运用组合体的作图方法，补画出第三视图。

由二个视图求第三视图，其关键是要读懂二视图。读图时，可运用形体分析法和线面分析法。

因此，补画第三视图的过程，就是一个读图与作图相结合的过程。是帮助我们继续学习组合体，达到巩固和加深掌握读图技巧的好方法。

下面通过实例，介绍由二视图求第三视图的步骤与方法。

【例 26】 如图 2.81 所示，已知桥台的二个投影，要求补出它的侧面图。

解：先要读懂它的形体，才能补全它的侧面图，其步骤如下：

（1）形体分析

如图 2.81（b）所示，根据投影图想象它的立体图，又如图 2.82（a）、（b）所示，把桥台分成两大部分，一部分为基础，另一部分为台身。台身部分又可分解为前墙、翼墙和台帽三部分。

（2）线面分析

从图中可以看出基础、台帽都是棱柱体，投影较简单，台身较为复杂，而台身又以后墙的 P 面和翼墙的三对对称面 Q、R、S 较为复杂（见图 2.81）。所以只要分析出 P、Q、R、S 面的投影位置，桥台的投影关系就清楚了。

如图 2.81 所示，把 P、Q、R、S 面的投影进行编号，定出 p（p'），q（q'），r、(r')、(s) s'。P 面是正垂面，(p') 积聚成一直线；Q 面中有二条侧垂线，故 Q 面为侧垂面，q'' 积聚成一直线；R 为侧平面，r 与 r' 均积聚成一直线，r'' 显示实形；S 面中有二条正垂线，即 S 面为正垂面，则 s' 积聚成一直线，s'' 为四边形。

P、Q 面和 Q、S 面的交线都是一般位置线，三个投影都倾斜。

（3）作图步骤（见图 2.83）

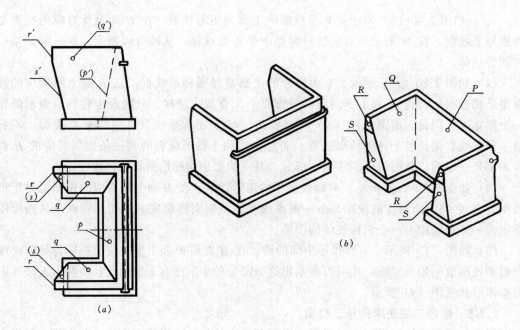

图 2.81 桥台
(a) 桥台二个投影；(b) 立体图

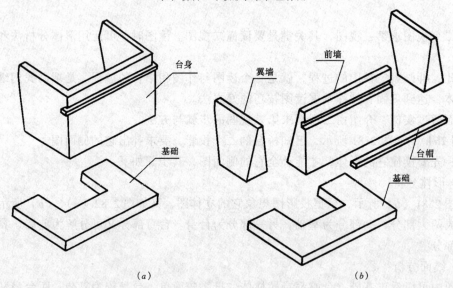

图 2.82 桥台立体图的形体分析
(a) 台身和基础；(b) 形体分析

1) 画基础：在侧面图中画出中心线后，根据基础的二个投影画出它的侧面投影，见图 2.83 (a)。

2) 画台身外框及 p 和 q 面：在画出台身的外框线后，根据 p 和 (p') 画出 p″（仍是四边形），q″ 也积聚在四边形的边线上，(见图 2.83 (b))。

3) 画 R、S 面及台帽：r″ 显示实形，r″ 与 s″ 的交线是由正面作水平线定出，水平线定出后，s″ 面也完成了。在作台帽的侧面投影时，注意台帽与台身重影部分是虚线，见图

76

2.83（c）。

4）加深：擦去作图线并加深，即完成它的侧面投影，见图 2.83（d）。

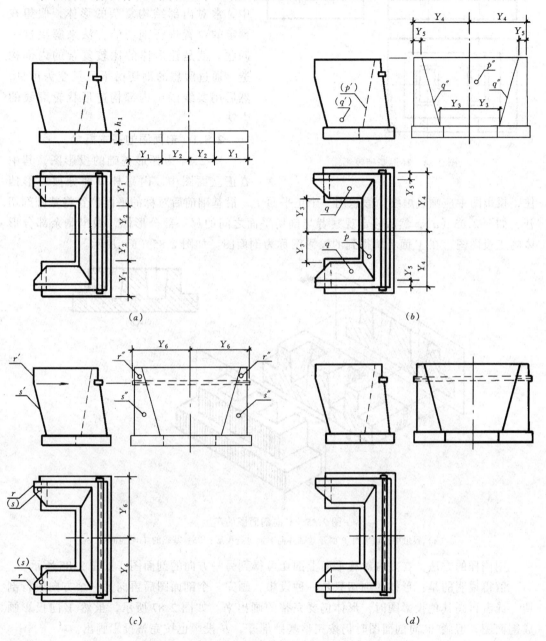

图 2.83 桥台的画图步骤

第 8 节 剖 面 图

在画形体的投影图时，形体上可见的轮廓线用实线表示，不可见的轮廓线用虚线表示。当形体内部构造比较复杂时，投影图上就会出现许多虚线，以至于虚实图线重叠交错，

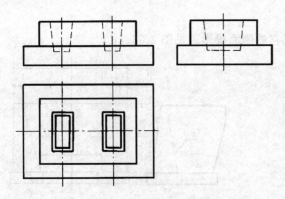

图 2.84 杯形基础投影图

使投影很不清晰,难于识读,更不便于标注尺寸,如图 3.1 所示。在工程制图中,常对内部结构复杂的形体,假想在预定的位置进行剖切的方法来解决这一问题。就是让形体的比较复杂的内部构造,通过假想的剖切由不可见变为可见,然后用实线画出内部构造形状轮廓线的方法。

2.8.1 剖面图的基本概念

图 2.84 为杯形基础的投影图,其中在正立面图中,内部杯口部分被外形挡住,投影图中应画成虚线。假想用一个正平面 P,沿基础前后对称的平面位置将基础剖切开,如图 2.85(a),然后移走观察者与剖切平面之间的那一部分形体,做出剩余部分形体的正投影图,在 V 面上所得到的投影图称为剖面图。如图 2.85(b)所示。

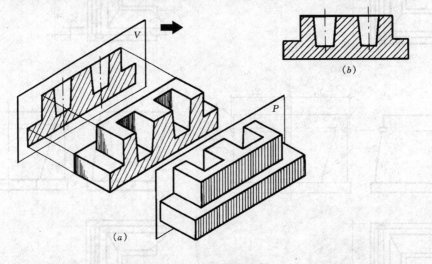

图 2.85 V 向剖面图的产生
(a)假想用剖切平面 P 剖开基础并向 V 面进行投影;(b)基础的 V 向剖面图

用同样的方法,在左右对称平面上剖切可得到另一方向的剖面图,如图 2.86 所示。

值得说明的是:形体的剖切只是一种设想,画完一个剖面图后再向另一个方向进行剖切,或者再画其他投影图时,形体仍要完整的画出来。如图 2.87 所示,虽然 V 向投影画成剖面图,但画 W 向剖面图时仍按完整基础剖开,H 投影也按完整投影画出。

2.8.2 剖面图的画法及标注

1. 确定剖切面的位置

作剖面图时,所选的剖切面一般都是平行面,特殊情况下,也可选择垂直面。剖切位置尽量通过形体的对称平面,或通过形体的孔、槽、洞口中心线及反映形体全貌、构造特征以及有代表性的部位剖切,从而将形体内部结构完全表示清楚。

2. 画出剖切符号并标注

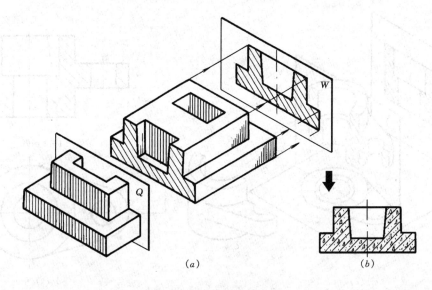

图 2.86 W 向剖面图的产生
(a) 假想用剖切平面 Q 将基础剖开并向 W 面进行投影；(b) 基础的 W 向剖面图

由剖切位置线及表示投影方向的剖视方向线所组成的剖切符号，均用粗实线绘制。剖切位置线（即剖切平面迹线的两段）的长度为 6～10mm，剖视方向线应垂直画在剖切位置线的两端，其长度短于剖切位置线，宜为 4～6mm。剖切符号应尽可能不与图形的轮廓线相交，并要留有适当的空隙，如图 2.88 所示。剖切符号的编号要用数字或字母按顺序由左至右，由下至上注写在剖视方向线的端部，并在对应的剖面图下方标出剖面图的编号名称且下画粗实线，如图 2.87 所示的 1—1、2—2 剖面图。需要转折的剖切位置线，在转折处如与其他图线发生混淆，应在转角的外侧加注与该符号相同的编号，如图 2.88 所示的 1—1 剖切符号。

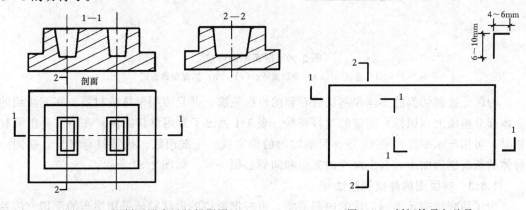

图 2.87 用剖面图表示的投影图　　　　图 2.88 剖切符号与编号

3. 画剖面图及剖面符号

画剖面图时，凡被剖切到的轮廓线用粗实线画出，沿投影方向看到的部分，其轮廓线一般应用中实线画出。值得注意的是：有些表达内部形状的图线，如孔与孔的交线的投影等，不要遗漏，如图 2.89（c）所示。

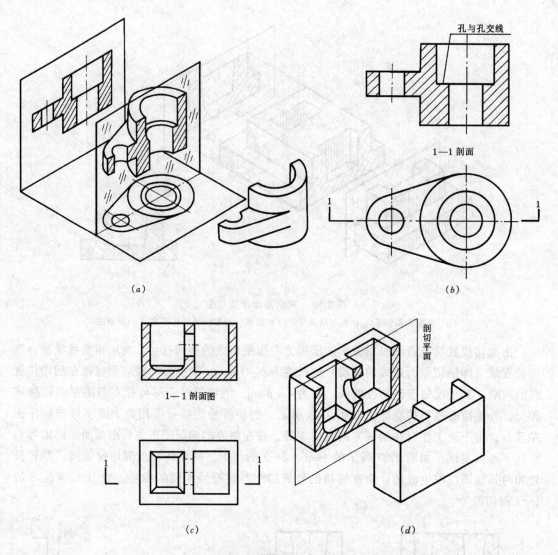

图 2.89 剖面图的形成
（a）直观图；（b）全剖面图；（c）、（d）剖面图的形成

为区分被剖切到的实体和剖切后看到的投影轮廓，并且表明形体的材质，在剖切到的实体部分应画上《国标》规定的材料符号，表 3.1 列出了常用材料图例。在不需要指明材料时，可用与水平方向成 45°角、间隔均匀的细实线——剖面线，代替材料符号。在同一形体的所有剖面图中，其剖面线的方向和间隔必须一致，如图 2.87 所示。

2.8.3 剖面图的种类和画法

为了清晰地表示不同形体的内部形状，可根据形体的形状特征采用适当的剖切方法及剖切位置的剖面图。

1. 全剖面图

用一个剖切平面把形体全部剖开后得到的剖面图称为全剖面图。图 2.89（c）、（d）所示的投影图均为全剖面图，它清楚地表达了形体的内部构造。

当形体在某个方向上的投影图不对称，且外形简单内部结构较复杂，或形体的内外形状都比较复杂而又不对称,但其外形可另用投影表达清楚时,常采用全剖面图。此外,对于一些空心回转体也可用全剖面图,如图2.90所示钢筋混凝土圆管洞身的1—1剖面图。

2. 半剖面图

形体的投影图和剖面图各占一半组合成的图形,称为半剖面图。

当形体左右对称或前后对称而外形较为复杂时,可以形体的对称中心线为界,一半画出表示外部形状的投影图,另一半画出表示形体内部形状的剖面图,如图2.91所示,半剖面图位于正面投影和侧面投影,半剖面图可不予标注。

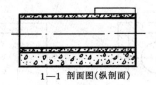

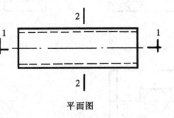

图2.90 全混凝土圆管洞口洞身剖、断面图

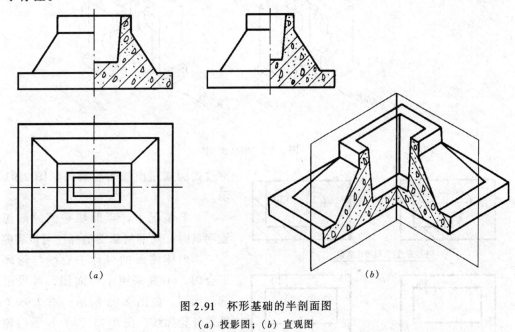

图2.91 杯形基础的半剖面图
(a)投影图;(b)直观图

画半剖面图时须注意:半个外形投影图和半个剖面图的分界线应画成细点划线,并且半剖面图中的剖面部分,一般画在图形垂直对称线的右侧或水平对称线的下侧。由于图形对称,在外形投影部分不画剖面中已表示出的内部轮廓的虚线,在剖面部分不画投影中已表示出的外部轮廓线。如图2.92所示。

3. 局部剖面图

用剖切平面局部地剖开形体所得的剖面图,称为局部剖面图。

局部剖面图适用于内外形状均需表达的不对称形体,如图2.93所示,也适用于仅有一小部分需要用剖面表示的场合,如图2.94中的水平投影。局部剖面图用波浪线与投影图分界。波浪线不应与图样上其他图线重合,波浪线应只画在形体的实体表面上,而不能

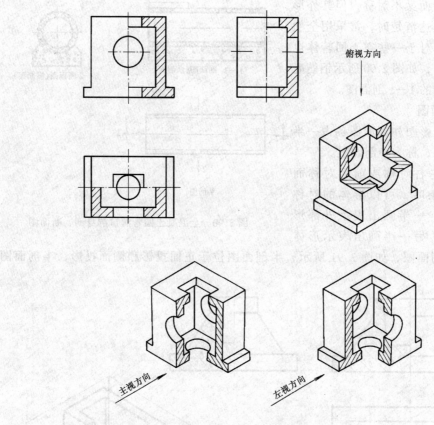

图 2.92 半剖面图

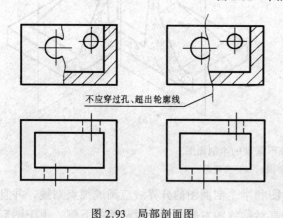

图 2.93 局部剖面图

穿过孔洞或超出投影轮廓，如图 2.93 所示。

一般情况下，当剖切平面的剖切位置明显时，局部剖面图的标注可以省略。

当形体图形的对称中心线与轮廓线重合时，不宜采用半剖面图，可采用局部剖面图，如图 2.95 所示。图 2.95（a）保留外轮廓线，图 2.95（b）显示内轮廓线，图 2.95（c）同时表示内、外轮廓线。

专业图中常用局部剖面图来表示多层结构所用的材料和构造做法，按结构层次逐层用波浪线分开，又称为分层局部剖面图。如图 2.96、图 2.97 所示。

4. 阶梯剖面图

当形体上有较多层次的内部孔槽时，用单一的剖切平面无法都切到，这时可用两个或两个以上相互平行的剖切平面联合剖切形体，所得到的剖面图称为阶梯剖面图，如图 2.98（a）所示。

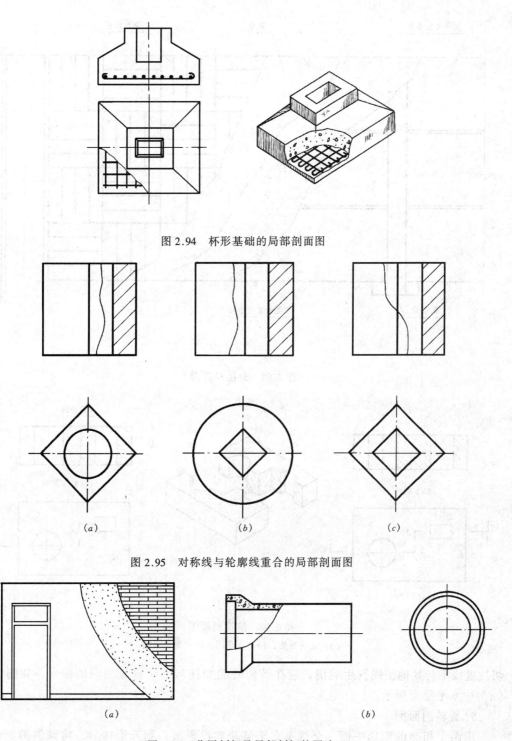

图 2.94 杯形基础的局部剖面图

图 2.95 对称线与轮廓线重合的局部剖面图

图 2.96 分层剖切及局部剖切的画法
(a) 分层剖切剖面图；(b) 局部剖面图

在画阶梯剖面图时，不应画出剖切平面转折处的界限，剖切平面的转折处也不应与图中轮廓线重合，而且在图形内不应出现不完整形，如图 2.98（c）所示。为使转折处的剖

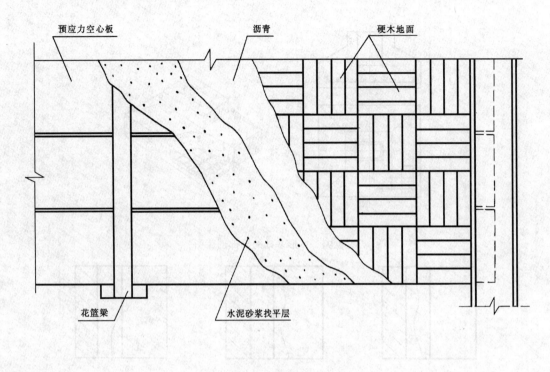

图 2.97 分层局部剖

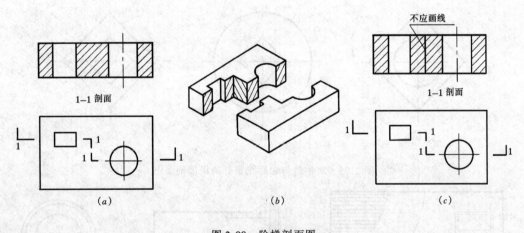

图 2.98 阶梯剖面图
(a) 正确画法;(b) 直观图;(c) 错误画法

切位置线不与其他图线发生混淆,应在转角外侧加注与剖切符号相同的编号,如图 2.98 (a) 中水平投影所示。

5. 旋转剖面图

用两个相交的剖切平面(交线垂直于某基本投影面)剖开形体后,将倾斜的剖面绕交线旋转到平行于基本投影面后得到的剖面图,称为旋转剖面图。如图 2.99a、图 2.99b 所示。

旋转剖面图的标注与阶梯剖面图相同,但在剖面图的图名后应加注"展开"两字。

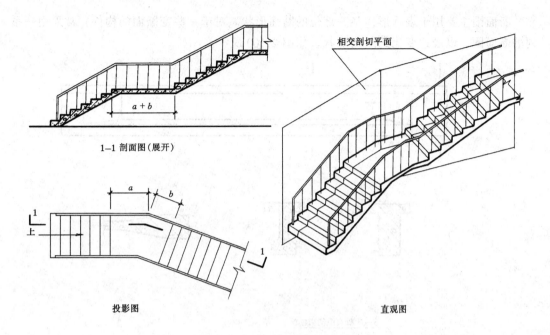

图 2.99a　楼梯的展开剖面图

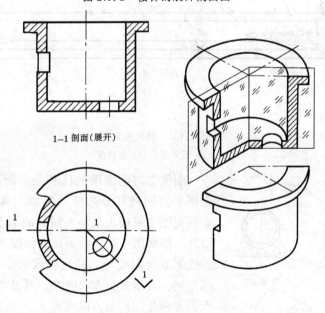

图 2.99b　旋转剖面图

第 9 节　断　面　图

2.9.1　断面图的基本概念

假想用剖切平面将形体剖开后,仅画出剖切面与形体接触部分的投影,称为断面图(或称截面图)。在断面图上也要画出材料符号。

断面图主要用于表示形体某一部位的断面形状。对于一些变断面的构件,常采用一系列的断面图,以表达变化的断面形状,如图2.100所示。

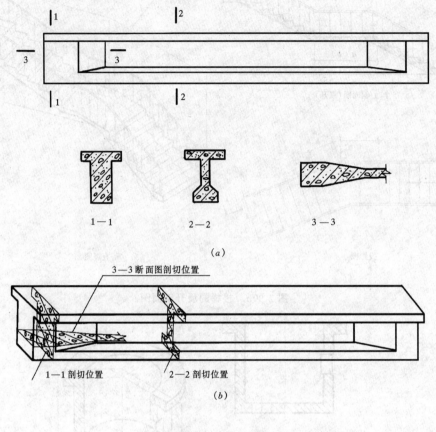

图 2.100 移出断面图
(a) 投影图;(b) 直观图

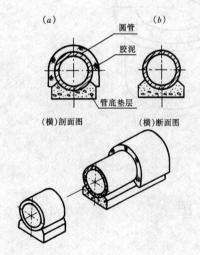

图 2.101 剖面图、断面图区别

断面图与剖面图的区别是:断面图仅画出形体被剖切平面剖到部分的断面形状,实际上是面的投影,而剖面图还要画出剖切平面后的剩余部分形体的投影。因此,剖面图中包含断面图,如图2.101所示。断面图的投影方向用编号的注写位置表示(注写在剖切位置线左侧,表示投影方向向左,其余类同),而剖面图的投影方向是用剖视方向线表示。

2.9.2 断面图的种类和画法

断面图根据绘制位置的不同,分为移出断面,中断断面和重合断面三种类型。

1. 移出断面

画在投影图之外的断面图称为移出断面图。当形体断面形状较复杂时常采用移出断面。一个形体需要画几个断面图时,应把断面图整齐地排列在投影图的附近,必要时可采用较大比例绘制。

移出断面的轮廓线要用粗实线绘制,并进行标注。如图2.100所示。

2. 重合断面图

画在投影图轮廓线之内的断面图称为重合断面图。

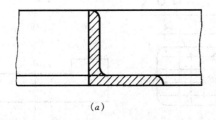

图2.102 重合断面图的画法

重合断面的轮廓线应与形体的轮廓线有所区别,当形体轮廓线为粗实线时,重合断面的轮廓线用细实线,反之则用粗实线。重合断面的断面轮廓有闭合的,如图2.102所示,也有不闭合的,如图2.103所示,但均在轮廓的内侧画上剖面线。当投影图中的轮廓线与重合断面的图形重叠时,投影图中的轮廓线仍应完整地画出,不可间断。

3. 中断断面图

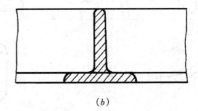

图2.103 重合断面

当形体较长而且断面形状相同时,也可把断面图画在投影图中间的断开处,称为中断断面图。如图2.104所示。

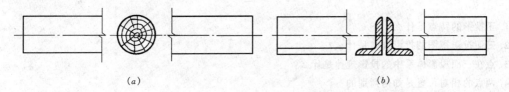

图2.104 中断断面图的画法

第10节 常用简化画法

为了提高画图速度,节约时间,建筑制图国家标准允许在必要时可以采用以下简化画法。

2.10.1 对称画法

对称形体的投影图可只画一半,但要加上对称符号,如图2.105(a)所示,有时也可稍稍超越对称线,此时不宜画对称符号,如图2.105(b)所示。

2.10.2 相同要素省略画法

构配件内如有多个完全相同而连续排列的构造要素,可仅在两端或适当位置画出其完整形状,其余部分以中心线或中心线交点表示,如图2.105(c)所示。

87

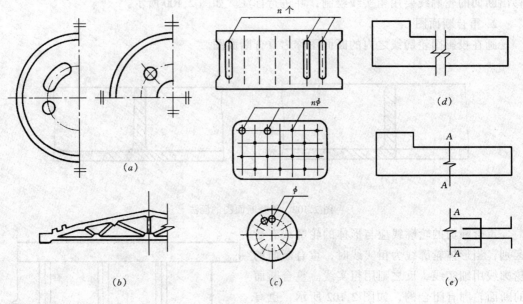

图 2.105 简化画法

2.10.3 折断省略画法

对细长的构件，如沿长度方向的形状相同或按一定规律变化，可折断省略绘制，折断处以折断线表示，如图 2.105（d）所示。若一个构配件与另一个构配件仅部分不相同，则该构配件可只画不同部分，但应在两构配件的相同部分与不同部分的分界线处，分别绘制连接符号，两连接符号应对准在同一线上，如图 2.105（e）所示。

习 题

1. 正投影的特点是什么？
2. 三面投影视图的投影规律是什么？
3. 点在三面投影体系中的投影规律是什么？
4. 两点的相对位置是如何判别的？
5. 投影面的一般直线、垂直线、平行线的定义及其投影特性是什么？
6. 投影面的垂直面、平行面的投影特性是什么？
7. 棱柱体的投影有何特性？
8. 棱锥体的投影有何特性？
9. 球体的各个投影图上的三个圆各有何意义？
10. 平面与圆锥体相交的截交线特性是什么？
11. 平面与圆柱体相交的截交线特性是什么？
12. 组合体的组合形式有哪几种？
13. 组合体表面的结合形式有哪几种？其投影各有何特性？
14. 什么是形体分析法和线面分析法？其读图关键是什么？
15. 标注组合体尺寸时，应注意些什么问题？
16. 什么是剖面图？画剖面图时应注意哪些问题？
17. 分别叙述在什么情况下使用全剖、半剖、局部剖和阶梯剖面图？
18. 什么是断面图？它与剖面图有哪些区别（画法与标注）？断面图的画法有哪几种？

19. 常用的简化画法有哪些？
20. 图 2.106、图 2.107 表示了窨井的几种剖面图的形式，请识读。

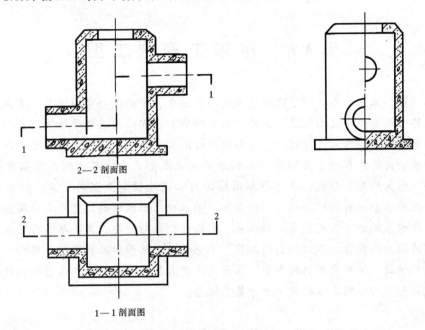

图 2.106 窨井的剖面图

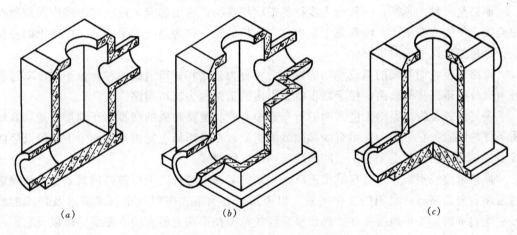

图 2.107 窨井各剖面图的剖切位置
(a) 全剖；(b) 阶梯剖；(c) 半剖

第3章 道路工程施工图

内容提要 本章主要介绍了道路平面线型的组成,平曲线要素的概念,超高及加宽的概念,道路平面有关的技术规定,道路平面图的基本内容以及道路平面图的识读。纵断面的主要概念及构成,竖曲线的概念,纵断面设计的有关规定,道路纵断面图的内容及其识读。道路横断面的基本概念及城市道路横断面的基本形式,道路横断面各组成部分的功能,路拱、路基的基本形式,道路横断面图的内容以及横断面图的识读。排水系统的体制、类型及排水系统的布置。管渠、检查井、雨水口及出水口的构造组成以及挡土墙的构造形式。排水系统的平面布置图和剖面图。路面的分级与分类,各类路面的特点及适用范围,路面结构层的构造,各结构层的功能,水泥混凝土路面和沥青混凝土路面以及路面结构施工图的识读。道路交叉口的类型、立面构成型式及其平面图和立面图的识读要求,交叉口的视距和交叉口的缘石转角半径等基本概念。

第1节 道路平面线型设计概述

道路是一种供车辆行驶和行人步行的带状构筑物,它由起点、终点和一些中间控制点相连接。使路线在平面、纵断面上发生方向转折的点,称为路线在平面、纵断面上的控制点,是道路定线的重要依据。

道路根据它们不同的组成和功能特点,可分为公路和城市道路两种。位于城市郊区和城市以外的道路称为公路;位于城市范围以内的道路称为城市道路。

道路路线是指道路沿长度方向的行车道中心线。道路路线的线型由于地形、地物和地质条件的限制,在平面上是由直线和曲线段组成,在纵断面上是由平坡和上下坡段及竖曲线组成。因此从整体上来看,道路路线是一条空间曲线。

城市道路线型设计,系在城市道路网规划的基础上进行。根据道路网规划已大致确定的道路走向、路与路之间的方位关系,以道路中心为准,按照行车技术要求及详细的地形、地物资料,工程地质条件,确定道路红线范围在平面上的直线、曲线路段以及它们之间的衔接,具体确定交叉口的型式,桥涵中心线的位置,以及公共交通停靠站台的位置与部署等。

道路路线设计的最后结果是以平面图、纵断面图和横断面图来表达。由于道路建筑在大地表面狭长地带上,道路竖向高差和平面的弯曲变化都与地面起伏形状紧密相关。因此,道路路线工程图的图示方法与一般工程图不同。它是以地形图作为平面图,以纵向展开断面图作为立面图,以横断面作为侧面图,并且大都各自画在单独的图纸上。利用这三种工程图来表达道路的空间位置、线型和尺寸。

3.1.1 道路平面线型设计的内容与要求

城市道路平面设计位置的确定,涉及到交通组织、沿街建筑、地上和地下管线、绿化、照明等的经济合理布置。设计中既要依据道路网拟定的大致走向，又要从现场实际详细勘测资料出发，结合道路的性质、交通要求，辩证地确定交叉口的形式、间距以及相交道路在交叉口处的衔接。当有必要时，也可提出修改规划走向、道路路幅的建议。

道路平面设计的主要内容是根据路线的大致走向和横断面，在满足行车技术要求的情况下结合自然地理条件与现状，考虑建筑布局的要求，因地制宜地确定路线的具体方向，选定合适的平曲线半径，合理解决路线转折点之间的线型衔接，辩证地设置必要的超高、加宽和缓和路段，验算必须保证的行车视距，并在路幅内合理布置沿路线的车行道、人行道、绿化带、分隔带以及其他公用设施等。

3.1.2 平曲线要素

车辆在道路上行驶有着复杂的运动。它包括在路段上的直线运动，在弯道或交叉口上的曲线运动，以及由于路面纵横坡与不平整引起的纵横向滑移和振动等。对这些运动中的车辆与道路之间作用力的分

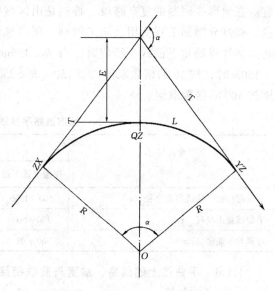

图 3.1 圆曲线的几何要素计算

析，是拟定各类道路线型、路面结构技术要求的重要理论依据。

道路平面线型，由于受地形、地物的限制和工程经济、艺术造型方面的考虑，直线段之间总是要用曲线段来连接。道路上的曲线段一般采用圆弧曲线，其几何要素之间的关系，可参照图 3.1 所示，按下列各式计算。

$$T = R\text{tg}\frac{\alpha}{2} \quad E = R\left(\sec\frac{\alpha}{2} - 1\right)$$
$$L = \frac{\pi}{180}R\alpha \quad R = T\text{ctg}\frac{\alpha}{2} \tag{3.1}$$

式中 T——切线长；

E——外矩；

R——平曲线半径；

L——曲线长。

3.1.3 平曲线半径的选择

在城市道路中，除快速或高速道路外，一般车速都不高。同时考虑到沿街建筑布置和地下管网敷设的方便，宜选用不设超高的平曲线。还可以综合考虑运营经济和乘客舒适要求所确定的 μ 值与行车速度，来确定平曲线半径。

对于不设超高的平曲线容许半径，是指保证车辆在曲线外侧车道上按照计算行车速度安全行驶的最小半径，通常称为推荐半径。

各类城市道路的平曲线最小半径及不设超高的平曲线容许半径，目前尚未作统一的规定。根据部分城市资料，经归纳整理后的建议值列为表 3.1，供选用参考。对城郊道路可

参照交通部颁布的《公路工程技术标准》有关规定选用。

城市道路平面设计中，对于曲线半径的具体选定应根据道路类别实际地形、地物条件来考虑。原则上应尽可能选用较大的半径，一般不小于表3.1所列不设超高的半径数值为宜。在地形受限制的复杂路段，特别是山区城镇，通过技术经济比较，采用不设超高的半径，如过分增加工程费用及施工困难，则可选用该表所列的最小半径数值，并设置超高。在具体计算确定平曲线半径值时，当 $R < 125$m 时，可按5的倍数确定选用值，当 $125 < R < 150$m 时，按10的倍数取值，当 $150 < R < 250$m 时，按50的倍数取值，若 $R > 1000$m 时，则按100的倍数取值。

城市道路平曲线半径参考值　　　　表 3.1

平曲线半径及车速	道 路 类 别			
	快速交通干道	主要及一般交通干道	区干道	支路
不设超高的平曲线容许半径（m）	500～1500	250～500	150～250	100～125
平曲线最小半径（m）	150～500	60～150	40～60	15～25
计算行车速度（km/h）	60～80	40～60	30～40	15～25

3.1.4 平曲线上的超高、加宽与曲线衔接

1. 超高的计算

当曲线受地形、地物的限制，选用不设超高的平曲线不能满足设计要求时，就需设置超高。超高横坡度 $i_{超}$ 可根据下式计算。

$$i_{超} = \frac{V^2}{127R} - \mu \tag{3.2}$$

由上式可知：当一条道路的计算行车速度与横向力系数确定后，$i_{超}$ 的大小，取决于平曲线半径的大小。我国超高横坡度一般规定为2%～6%。至于高速公路为了克服行车中较大的离心力，超高横坡度尚可较一般规定值略予提高。英法等国对高速公路超高横坡度容许最大达7%，日美等国在不考虑冰雪影响的路段容许用到8%。

当通过公式计算所得的路拱要求超高横坡度小于路拱横坡时，亦应选用等于路拱横坡的超高，以利于测设。

2. 超高缓和段的设置

为使道路从直线段的双坡横断面转变到曲线段具有超高的单坡倾斜横断面，需要有一个逐渐变化的过渡段，称为超高缓和段。如图3.2所示。城市中非主要交通道路，以及三、四级公路常采用简便的直线缓和段。直线缓和段的长度 L 按下式计算。

$$L = \frac{Bi_{超}}{i_2} \tag{3.3}$$

式中　B——路面宽度（m）；

　　　$i_{超}$——路面超高横坡度（%）；

　　　i_2——超高缓和段路面外侧边缘纵坡与道路中线设计纵坡之差（%）。

i_2 值不宜大于0.5%～1%，在地形复杂以及山城道路中，可容许到1%～2%。超高缓和段的长度不宜过短，不宜小于15～20m。

3. 平曲线上的路面加宽

汽车在平曲线上行驶，靠曲线内侧的后轮行驶的曲线半径最小，而靠曲线外侧的前轮行驶的曲线半径最大。因此，汽车在曲线路段上行驶时，所占有的行车部分宽度要比直线路段大，为了保证汽车在转弯中不得占相邻车道，曲线路段的行车道就需要加宽。

曲线上车道的加宽，系根据车辆对向行驶时两车之间的相对位置和行车侧向摆动幅度在曲线上的变化综合确定的。它与平曲线半径、车型尺寸、计算行车速度等有关。图3.3为双车道路面，两对向同型汽车在曲线上行驶中的位置关系。

图中 l 为汽车后轮轴至前挡板之间的距离，K 为汽车的车厢宽度，在行驶中实

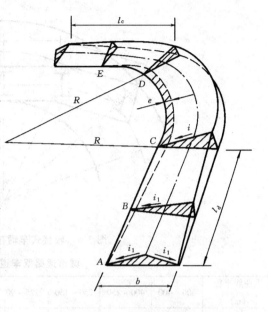

图3.2 超高缓和段

际占用的路面宽度为双车道直线段上行车部分宽度的一半，e_1、e_2 分别为两条车道所需的安全行车加宽值。在此未考虑车辆沿路面内侧横向滑移的影响。

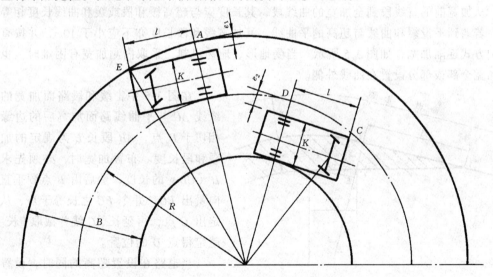

图3.3 汽车对向行驶时、双车道加宽值计算示意

图3.4为铰接式车辆行驶的位置关系。图中 R 为双车道中线平曲线半径，即为车身前挡板外侧的运动轨迹，R' 为外侧的转弯半径，l_1 为中轴至车身前挡板的距离，l_2 为后轴至中轴的距离，e_1、e_2 分别为前后车身的加宽值，b 为一条车道宽度。

在城市道路中，当机动车、非机动车混合行驶时，一般不考虑加宽。加宽通常仅用于快速交通干道、山城道路和郊区道路。双车道曲线段路面加宽建议值可参考表3.2确定。郊区道路也可参考《公路工程技术标准》的有关规定选用。

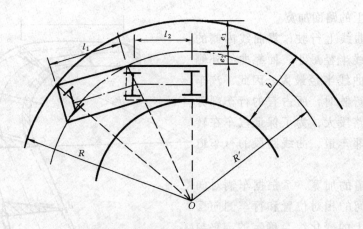

图 3.4 铰接式车辆在平曲线上的加宽

城市道路双车道路面加宽值 表 3.2

平曲线半径 (m)	500~400	400~250	250~150	125~90	80~70	60~50	45~30	25	20
加宽值 (m)	0.50	0.60	0.75	1.00	1.25	1.50	1.80	2.00	2.20

曲线上的路面加宽，一般系利用减少内侧路肩宽度来设置。但当加宽后路肩剩余宽度不足一半时，则路基亦应加宽，以策安全。

从加宽前的直线段到全加宽的曲线段，其长度应与超高缓和段或缓和曲线长度相等。

若遇到不设缓和曲线与超高的平曲线，其加宽缓和段长度亦不应小于 10m，并按直线比例方式逐渐加宽，如图 3.5 所示。当受地形、地物限制，采取内侧加宽有困难时，也可将加宽全部或部分设置在曲线外侧。

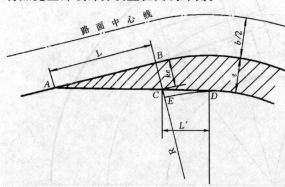

图 3.5 加宽缓和段的计算

在图 3.5 中，缓和段路面加宽的边缘线 AC 与平曲线路面加宽后的边缘弧相切于 D 点，AB 段长 L 为规定的加宽缓和段长度。布置加宽时，必须先求出 L'（CD）的长度，然后由 B 点顺垂直方向量出 BC，并令 BC 之长等于 ke，从而定出 C 点，再延长 AC 线并截取 L' 长度，就定得点 D 的位置。

当道路在设置超高的同时，设置加宽，则缓和路段长度应在超高缓和段必要长度与加宽缓和段长度（$L + L'$）两者之间选用较大值作为设计依据

4．缓和曲线

在城市快速、高速道路以及一、二级公路中，为了缓和行车方向的突变和离心力的突然发生，使汽车从直线段安全、迅速驶入小半径的弯道，在平曲线两段的缓和路段上，需要采用符合汽车转向行驶轨迹和离心力逐渐增加的缓和曲线来连接。较理想的缓和曲线是使汽车从直线段驶入半径为 R 的平曲线时，既不降低车速又能徐缓均衡转向。即是使汽

车回转的曲半径能从直线段的 $\rho = a$ 有规律地逐渐减小到 $\rho = R$ 进入圆曲线段，如图 3.6 所示。合适的缓和曲线多采用辐射螺旋线（或称回旋线），如图 3.7 中所示的 AB 段。

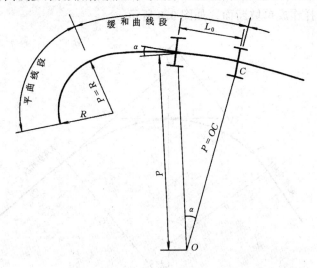

图 3.6　汽车在缓和曲线上行驶情况

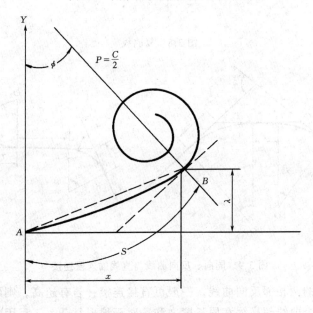

图 3.7　辐射螺旋线示意

5. 平曲线间的衔接

在受地形、地物限制较多的地段，路线在较短距离内往往要连续转折。为保证汽车安全与平稳需要妥善解决好曲线之间的衔接。一般转向相同的曲线，称为同向曲线，转向相反的曲线，称为反向曲线。前后两个半径大小不同的曲线紧相连接的，则称为复曲线。如图 3.8 所示。

对于不设超高或超高横坡度相同的同向曲线，起终点一般可直接衔接。若两相邻曲线的超高度不同，仍可将两曲线直接相连成复曲线，不过须在半径较大的那一曲线段内设置从一个超高横坡度过渡到另一个超高横坡度的缓和段。若两曲线间的直线段除设超高缓和过渡段外,尚余有过短直线距离,则宜采取改变曲线半径的方法来使两曲线直接连通,或将剩余直线段也同样作成单坡断面,如图3.9所示。

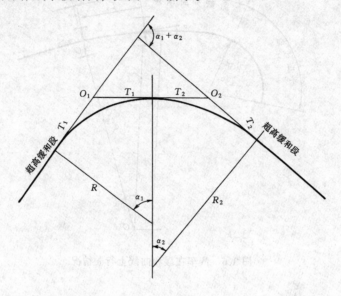

图 3.8 复曲线

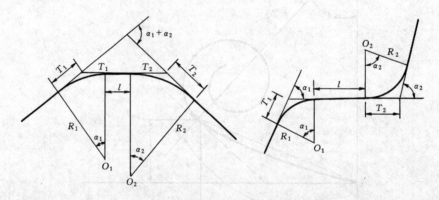

图 3.9 同向、反向曲线与直线插入段连接

对于不设超高的两相邻反向曲线,一般可直接连接;若有超高,则两曲线之间的直线段长至少应等于两个曲线超高缓和段长度之和。对于地形复杂,工程困难的次要道路,两反向曲线间的插入段直线长亦不得小于20m。

遇到连续弯道的路段,应特别慎重选择相邻曲线的半径,通常其半径相差值不要超过一倍,并注意加设交通标志。此外,对位于平原或下坡的长直线段尽头,必须尽可能采用较大半径的平曲线衔接转折,在一条不长的路段上,最好避免采用半径大小悬殊相间的设计,以免造成事故。

3.1.5 行车视距

在道路设计中,为了行车安全,应保持驾驶人员在一定的距离内能随时看到前面的道路和道路上出现的障碍物,或迎面驶来的其他车辆,以便能当即采取应急措施,这个必不可少的通视距离，称为安全行车视距（或称安全视距）。有关这方面的内容请详看城市与交通有关书籍，在此不详讲。

3.1.6 道路平面线型设计步骤

道路平面设计包括试定道路中心线，平面位置，选择并计算平曲线要素，编排路线桩号以及确定路界，绘制平面图等步骤。有关交叉口平面设计、路面排水设施布置等将在后续章节介绍。

第2节 道路平面图的内容与识读

3.2.1 道路平面图的基本概念

道路路线平面图就好像人在飞机上向下俯视大地所能看到的道路路线、河流、桥梁、房屋等地形、地物的缩影而绘成的一张平面图形，它表示路线的曲折顺直及附近的地形地物情况，为了把能看到的地形地物能清楚地反映在图上，通常采用一定的比例、等高线、地形地物的图例及指北针来绘成道路工程图。

道路路线的特点是狭长，平面图不可能在一张图纸中全包括，所以把路线分段画在图纸上，在应用时按正北方向以路线中心为准、拼凑起来如图 3.10 所示，图中路线表示路面中心线位置。

道路路线平面图的作用是表达路线的方向、平面线型（直线和左右弯道）和车行道布置以及沿线两侧一定范围内的地形、地物情况，包括地形、地物两部分内容。如图 3.11 表示某公路从 $K0+000$ 至 $K1+700$ 段的路线平面图和纵断面图。其内容包括地形、路线和资料表。

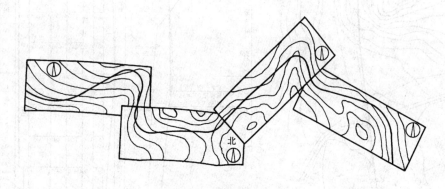

图 3.10 路线图幅拼接

1. 指北针：道路路线平面图通常以指北针表示方向，有了方向指标，就能表明公路所在地区的方位与走向，并为图纸拼接校核作依据。本公路走向大体为东西走向，路线前进方向从左向右。

2. 比例：公路路线平面图所用比例，一般为 1∶5000（平原区）~ 1∶2000（山岭区），城市道路路线平面图比例一般为 1∶500 ~ 1∶1000。

3. 图线桩号：为了能清楚地看出路线总长与各路段之间的长度，一般在公路中心线上自路线起点到终点按前进方向编写里程桩和百米桩，通常以 ◐ 表示里程桩，如 ◐ 1K 即该处的位置距路线起点距离为 1km（参见图例）。

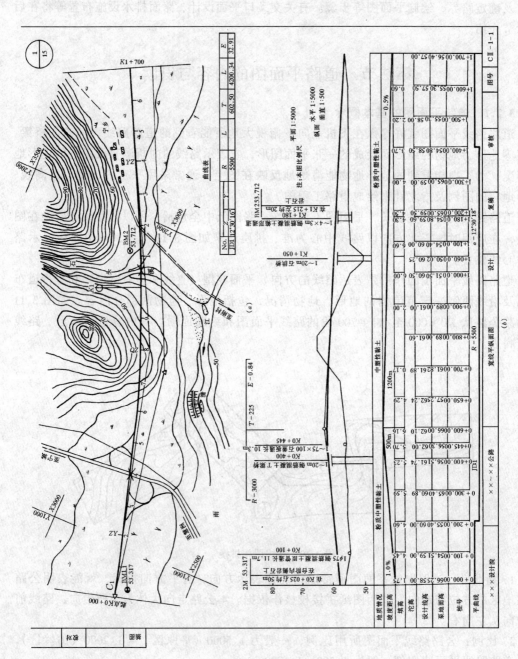

图 3.11 路线平面图和纵断面图（一）

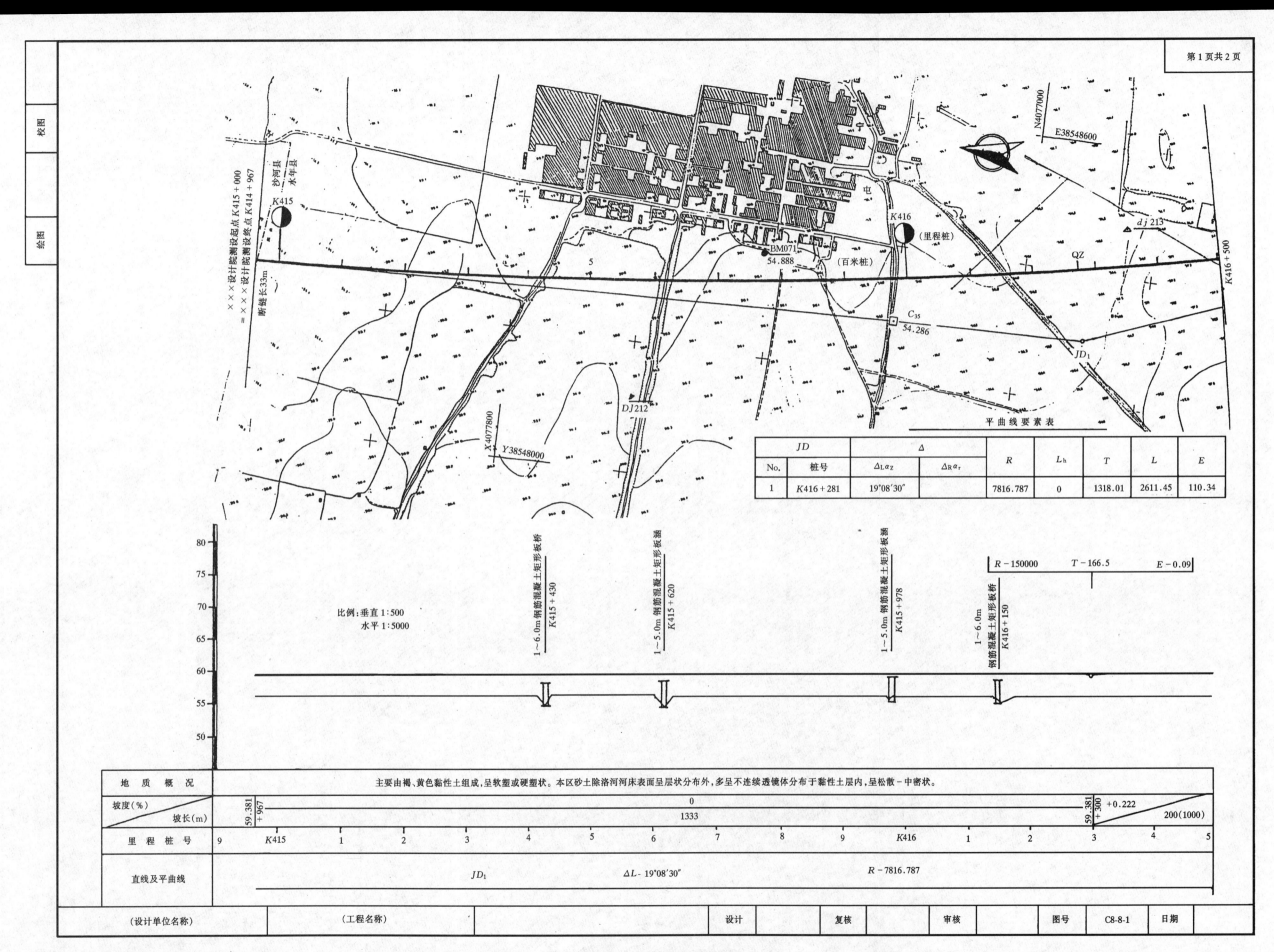

图 3.11 路线平面图和纵断面图（二）

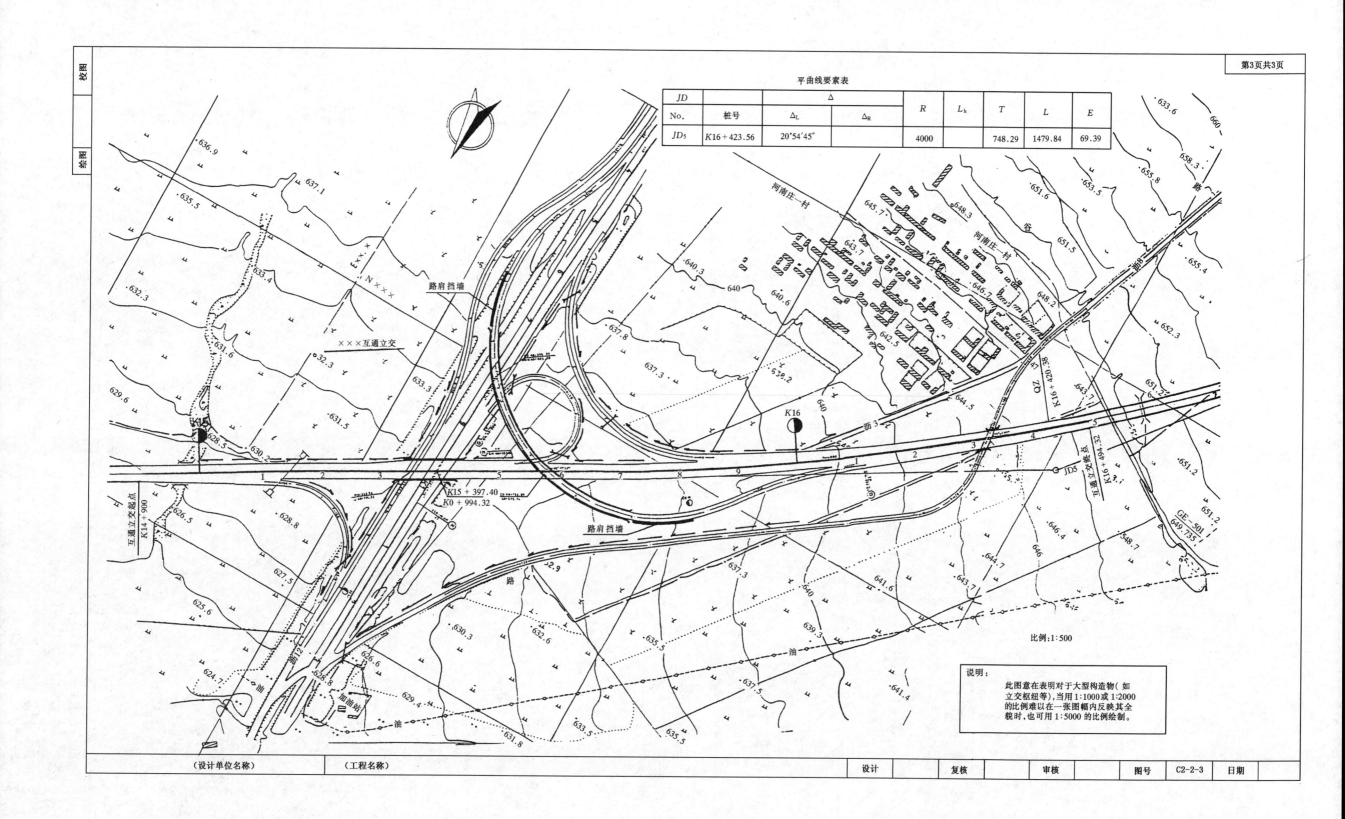

图 3.16 公路平面总体设计图

4. 地形地物：在平面图上除了表示路线本身的工程符号外，还应绘出沿线两侧的地形地物。所谓地形系指地面的高差起伏情况，可用等高线表示；地物系指各种建筑物如电杆、桥涵、挡土墙、铁路、房屋村庄等，均以各种简明图例表示（如表 1.7 所示），在图中可了解路线与附近的地形地物之间的关系。此外，还应在图框边缘沿图线方向用箭头注明所连接的城镇对道路的改建，需拆除的各种建筑物如电杆、房屋、果树、渠道等，均需在图上清楚的表示。道路沿线每隔一定距离设有水准点，如图 3.11 所示。⊕ 为水准点符号，画在水准点所在的位置上。

道路平曲线要素：道路的平面线型有直线型和曲线型。对于曲线型路线的道路转弯处，在平面图中是用交角点编号来表示，如图 3.11 所示。JD_1 表示为第 1 号交角点，α 为偏角，它是沿路线前进方向向左或向右偏移的角度，交点间距是指交点与交点间的直线段长度。还有圆曲线设计半径 R、切线长 T、曲线长 L、外矢距 E 以及设有缓和曲线段路线的缓和曲线长 l 都可在路线平面图中的曲线表中查得，

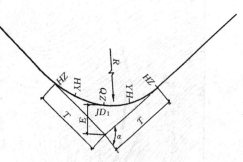

图 3.12　平曲线要素

如图 3.11 中曲线表。道路平面图中对曲线还需要标出曲线起点 ZY（直圆）、中点 QZ（曲中）和曲线终点 YZ（圆直）的位置。对带有缓和曲线的路线则需标出 ZH（直缓）、HY（缓圆）和 YH（圆缓）、HZ（缓直）的位置。如图 3.12 所示。

为保证车在弯道上的行车安全，在公路弯道处一般应设计超高、缓和曲线、加宽等，如图 3.13 所示。

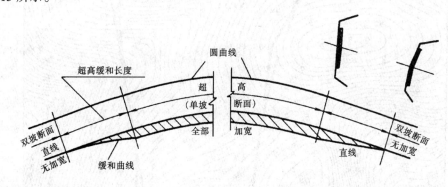

图 3.13　超高、缓和曲线、加宽示意

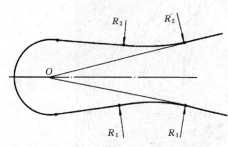

图 3.14　道路回头曲线示意

5. 道路回头曲线：对公路而言，为了展伸路线而在山坡较缓的开阔地段上设置的形状与发夹针相似的曲线为道路回头曲线，如图 3.14 所示。

6. 路线方案比较线：有时为了对路线走向进行综合分析比较，常在图线平面图上同时绘出路线方案比较线（一般用虚线表示）以供选线设计比较。

3.2.2　道路平面图的绘制

1. 先在现状地物、地形图上画出道路中心线

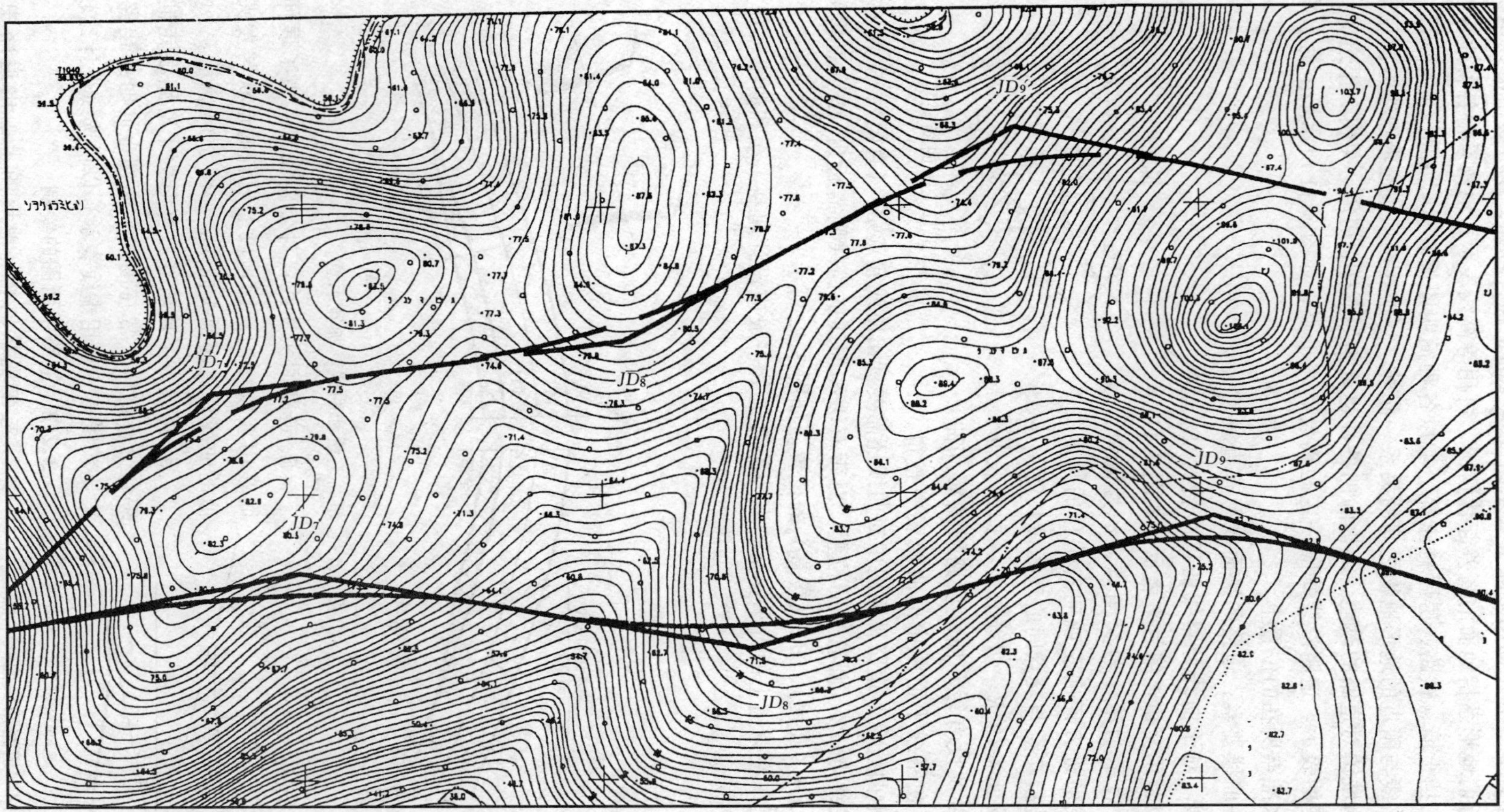

图 3.15 公路路线平面图 (1:2000)

(用细的点划线)。等高线按先粗后细步骤徒手画出,要求线条顺滑。

2. 绘出道路红线、车行道与人行道的分界线(用粗实线)。

3. 进一步绘出绿化分隔带以及各种交通设施,如公共交通停靠站台、停车场等的位置及外形部署。

4. 应标出沿街建筑主要出入口、现状管线及规划管线如检查井、进水口以及桥涵等的位置,交叉口尚需标明路口转弯半径、中心岛尺寸和护栏、交通信号设施等的具体位置。

平面图绘制范围:在建成区一般要求宜超出红线范围两侧各约 20m,其他情况约为道路中线两侧各 50~150m,在平面图上应绘出指北方向。

3.2.3 画平面图应注意问题

1. 路线平面图应从左向右绘制,桩号为左小右大。
2. 路线中心线用绘图仪器按先曲线后直线的顺序画出,为了使中心线与等高线有显著的区别,一般以两倍左右于计曲线(粗等高线)的粗度画出。
3. 平面图的植物图例,应朝上或向北绘制,每张图纸的右上角应有角标(亦可用表格形式)注明图纸序号及总张数。
4. 平面图中字体的方向,应根据图标的位置来定。

3.2.4 道路平面图示例

【例1】 图 3.15 为某公路路线平面图,比例为 1:2000,公路基本为东西走向。粗实线表示公路路线的中心线,虚线表示公路路线方案比较线,细实线为邮电部门设的电干线。

【例2】 图 3.16 为某城市道路平面图,比例 1:1000。

第 3 节 道路纵断面设计概述

沿着道路中线竖直剖切然后展开即为路线纵断面。由于自然因素以及经济性要求,路线纵断面总是一条有起伏的空间线。

图 3.17 为路线纵断面示意图。纵断面图是道路纵断面设计的主要结果。把道路的纵

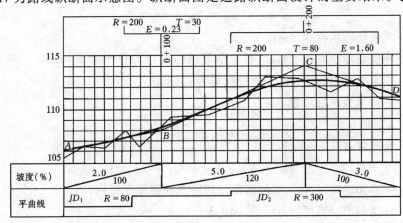

图 3.17 路线纵断面图

断面图与平面图结合起来，就能准确地定出道路的空间位置。

在纵面图上有两条主要的线：一条是地面线，它是根据中线上各桩点的高程而绘制的一条不规则的折线，反映了沿着中线地面的起伏变化情况，地面上各点的标高称为地面标高；另一条是设计线，它是经过技术上、经济上以及美学上等多方面比较后定出的一条具有规则形状的几何线，反映了道路路线的起伏变化情况。纵断面设计线是由直线和竖曲线组成的。纵断面设计线上的各点标高称为设计标高；路线任一横断面上的设计标高与地面标高之差值称为施工高度，它表示该横断面是填方还是挖方，当设计线高出地面线时为填土，即为填方路段，反之则为挖方路段，设计线与地面线重合则为没有填挖。在设计路基的填挖高度时，需要加减路面的结构层厚度。

3.3.1 道路纵坡

道路的纵断面是由直线和竖曲线组成的，直线有上坡和下坡，其坡度是用高差和水平长度之比来表示的。纵坡度的大小和坡线的长短对汽车行驶的速度、运输的经济和行车的安全影响很大。

在直线的坡度转折处为了平顺过渡要设置竖曲线，按坡度转折形式的不同，竖曲线有凹型和凸型之分，其大小用半径和水平长度来表示。

1. 城市道路控制标高

影响城市道路中线设计标高的因素之一是道路中线的控制标高，城市道路中的控制标高主要有以下几种：

(1) 城市桥梁桥面标高 $H_桥$：

$$H_桥 = h_水 + h_浪 + h_净 + h_桥 + h_面 (\text{m}) \tag{3.4}$$

式中 $h_水$——河道设计水位标高（m）；

$h_浪$——浪高（m），一般取为 0.50m；

$h_净$——河道通航净空高度（m），视通航等级而定；

$h_桥$——桥梁上面建筑结构高度（m）；

$h_面$——桥上路面结构厚度（m），应包括预留的路面补强厚度在内。

(2) 立交桥桥面标高 $H_桥$：

1) 桥下为铁路时

$$H_桥 = h_轨 + h_净 + h_桥 + h_面 + h_沉 (\text{m}) \tag{3.5}$$

式中 $h_轨$——铁路轨顶标高（m）；

$h_净$——铁路净空高度（m），视铁路等级与通行的机车类型而定，一般蒸汽机车、内燃机车为 6.00m，电气机车为 6.55m；

$h_沉$——桥梁预估沉降量（m）；

$h_桥$、$h_面$ 同上。

2) 桥下为道路时

$$H_桥 = h_路 + h_净 + h_面 + h_桥 (\text{m}) \tag{3.6}$$

式中 $h_路$——路面标高（m），应包括预留的路面补强厚度在内；

$h_净$——道路净空高度（m），见表 3.3；

$h_桥$、$h_面$ 同上。

道路净空高度（m） 表3.3

车行道种类	机动车道			非机动车道	
行驶车辆种类	各种汽车	无轨电车	有轨电车	自行车、行人	其他非机动车
最小净高（m）	4.5	5.0	5.5	2.5	3.5

（3）铁路道口应以铁路轨顶标高为准。
（4）相交道路交叉点应以交叉点中心规划标高为准。
（5）沿街两侧建筑物前地坪标高如图3.18。

为了保证道路及两侧街坊地面水的排除，一般应使侧石顶面标高 $h_{顶}$ 低于两侧街坊或建筑物前的地坪标高 $h_{地}$。

2．最大纵坡

（1）纵坡坡度

纵断面上每两个转坡点之间连线的坡度叫做纵坡坡度，如图3.19所示，计算公式为：

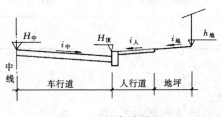

图3.18 标高关系图

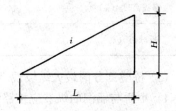

图3.19 纵坡度计算图式

$$i = H/L \tag{3.7}$$

式中 i——道路纵坡度（%或‰）；

H——转坡点之间的高差（m）；

L——转坡点之间的水平距离（m）。

城市道路的纵坡度通常以‰来表示，公路通常以%来表示，按行车方向规定：上坡为"+"、下坡为"-"。

（2）最大纵坡

最大纵坡是指纵坡设计时各级道路允许采用的最大坡度值。该值是汽车在道路上行驶时所能克服的坡度，也是该条道路的最大允许坡度值。我国《标准》在规定最大纵坡时，经过对交通组成、汽车性能、工程费用等综合分析研究后确定了最大坡度值。

城市道路最大坡度见表3.4。

各级公路最大坡度见表3.5。

城市道路最大纵坡度 表3.4

计算行车速度（km/h）	80	60	50	40	30	20
最大纵坡度推荐值（%）	4	5	5.5	6	7	8
最大纵坡度限制值（%）	6	7		8		9

各级公路最大纵坡度 表 3.5

公路等级	汽车专用公路						一般公路					
	高速公路			一		二		二		三		四
地 形	平原微丘	重丘	山岭	平原微丘	山岭重丘	平原微丘	山岭重丘	平原微丘	山岭重丘	平原微丘	山岭重丘	平原微丘	山岭重丘
最大纵坡（%）	3	4	5	5	4	6	5	7	5	7	6	8	6	9

高速公路受地形条件或其他特殊情况限制时经技术论证合理，最大纵坡可增加 1%。位于海拔 2000m 以上或严寒冰冻地区，四级公路山岭，重丘区的最大纵坡不应大于 8%。在高海拔地区，因空气密度下降而使汽车发动机的功率、汽车的驱动力以及空气阻力降低，导致汽车爬坡能力下降。基于上述原因，我国规范规定：位于海拔 3000 m 以上的高寒地区，各级公路的最大纵坡值应按表 3.6 的规定予以折减。最大纵坡折减若小于 4%，则仍采用 4%。

高原纵坡折减值 表 3.6

海拔高度（m）	3000～4000	4000～5000	5000 以上
折减值（%）	1	2	3

（3）桥隧部分的最大纵坡规定

1）小桥与涵洞的纵坡应按路线规定进行设置。

2）大、中桥上的纵坡不宜大于 4%，桥头引道纵坡不宜大于 5%。

3）紧接大、中桥桥头两端的引道纵坡应与桥上纵坡相同。

4）隧道内纵坡不应大于 3%，并不小于 0.3%，独立明洞和短于 50m 的隧道其纵坡不受此限。

5）紧接隧道洞口的路线纵坡应与隧道内纵坡相同。

在非机动车交通比例较大的路段，可根据具体情况将纵坡适当放缓，平原、微丘区一般不大于 2%～3%，山岭重丘区一般不大于 4%～5%。

3．最小纵坡规定

为了使道路上行车快速、安全和畅通，希望道路纵坡设计得小一些为好，但对两侧布满建筑物的城市道路和各级公路的长路堑、低填土以及其他横向排水不通畅地段，为了保证排水要求，防止积水渗入路基而影响路基的稳定性，一般以采用不小于 0.3% 的纵坡，作为最小纵坡控制值，一般情况下以不小于 0.5% 为宜。

平均坡度是指一定长度的路段纵向所克服的高差与路线长度之比，即两控制点之间纵坡度的平均值，以百分率（%）来表示，即

$$i_{平均} = H/L \tag{3.8}$$

式中 H——两控制点之间高差（m）；

L——两控制点之间的水平距离（m）。

道路纵坡即使完全符合最大坡度、坡长和坡段的规定，还不能保证有良好的使用性能。不少路段，虽然单一陡坡并不长，甚至也有缓坡段，但由于平均纵坡太长，导致发动

机和制动器过分发热,降低工作效率或制动失效而发生事故。为了保证车辆安全顺利行驶,二、三、四级公路越岭线的平均纵坡,一般要求接近 5.5%(相对高差为 200~500m 时)和 5%(相对高差大于 500m 时)为宜,并注意任何相连的 3km 路段的平均坡度不宜大于 5.5%。

城市道路的平均纵坡按上述规定减少 1%,对于海拔 3000m 以上的高原地区,平均纵坡应较规定值减少 0.5%~1.0%。

4. 合成坡度

合成坡度是指由路线纵坡和弯道超高横坡或路拱横坡组合而成的坡度,又叫做流水线坡度。如图 3.20。

合成坡度计算公式:

$$i_H = \sqrt{i_h^2 + i_z^2} \tag{3.9}$$

式中 i_H ——合成坡度(%);

 i_h ——超高坡度或路面横坡(%);

 i_z ——纵坡坡度(%)。

汽车在有合成坡度的地段行驶,若合成坡度过大,当车速较慢或汽车停在合成坡度上,汽车可能沿合成坡度的方向产生侧滑或打滑,同时若遇到急弯陡坡,对行车来说,可能会短时间在合成坡度方向下坡,因合成坡度比纵坡和横坡均大,所以速度会突然加快,使汽车沿合成坡度冲出弯道之外而产生事故;此外在合成坡度上行车还会造成汽车倾斜,货物偏重,致使汽车倾倒。因此对合成坡度也应加以限制。我国《标准》对公路的最大允许合成坡度规定如表 3.7。对城市道路最大允许合成坡度的规定如表 3.8 所示

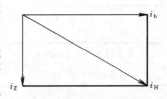

图 3.20 合成坡度示意图

公路最大允许合成坡度 表 3.7

公路等级	汽车专用公路					一般公路						
	高速公路			一		二		二		三		四	
地形	平原微丘	重丘	山岭	平原微丘	山岭	平原微丘	山岭	平原微丘	山岭	平原微丘	山岭	平原微丘	山岭
合成纵坡(%)	10.0	10.0	10.5	10.5	10.0	10.5	9.0	10.0	9.0	10.0	9.5	10.0	9.5	10.0

城市最大允许合成坡度 表 3.8

计算行车速度(km/h)	80	60	50	40	30	20
合成坡度(%)	7	6.5	7	8		

当陡坡与小半径平曲线相重叠时,在条件许可的条件下,可采用较小的合成坡度为宜。特别是下述情况,其合成坡度必须小于 8%。

(1)冬季路面有积雪、结冰的地区。

(2)自然横坡较陡峻的傍山路段。

(3)非汽车交通比较高的路段。

从排水的角度考虑,道路的最小合成坡度不宜小于 0.5%,在超高过渡的变化处,合

成坡度不应设计为0%。当合成坡度小于0.5%时，则应采取综合排水措施，保证路面排水畅通。

5. 坡长限制

（1）最小坡长限制

道路线形中，如果坡长过短，使变坡点增多，汽车行驶在连续起伏地段，使乘客感觉不舒适，车速越高感觉越突出。从路容上看，为了使纵断面线形不致出现锯齿形崎岖的现象应考虑最小坡长的限制。各级公路的最小坡长见表3.9。城市道路的最短坡长规定见表3.10。在平面交叉口、立体交叉的匝道地段最短坡长可不受此限。

各级公路最小坡长　　　　　　　　　　　　　　　　表3.9

公路等级	汽车专用公路						一般公路					
	高速公路		一		二		二		三		四	
地形	平原微丘	重丘	山岭	平原微丘	山岭重丘	平原微丘	山岭重丘	平原微丘	山岭重丘	平原微丘	山岭重丘	平原微丘	山岭重丘
最小坡长（m）	300	250	200	150	250	150	200	120	200	120	150	100	100	60

城市道路最短坡长　　　　　　　　　　　　　　　　表3.10

计算行车速度（km/h）	80	60	50	40	30	20
坡段最小长度（m）	290	170	140	110	85	60

（2）最大坡长限制

大量调查资料表明，当纵坡较陡而坡段又较长时，对汽车行驶有很大影响。汽车因克服升坡阻力及其他阻力需要增加牵引力，因此，车速降低，汽车功率提高，从而热量大大增加使水箱开锅，产生气阻，致使汽车爬坡无力，甚至熄火；下坡时制动次数太多，使制动器发热而失效，造成车祸，所以《规范》对各级公路纵坡的坡长加以限制规定如表3.11。

城市道路的最大坡长限制见表3.12。

城市道路的非机动车车行道纵坡宜小于2.5%，否则按表3.13规定限制坡长。

各级公路纵坡长度限制（m）　　　　　　　　　　　　表3.11

公路等级		汽车专用公路						一般公路					
		高速公路		一		二		二		三		四	
地形		平原微丘	重丘	山岭	平原微丘	山岭重丘	山岭重丘	平原微丘	山岭重丘	平原微丘	山岭重丘	平原微丘	山岭重丘
纵坡坡度（%）	2	1500	—	—	—	—	—	—	—	—	—	—	—
	3	800	1000	—	1000	—	—	—	—	—	—	—	—
	4	600	800	900	700	800	700	1000	1000	—	800	800	—
	5	—	600	700	500	—	500	800	700	800	700	600	700	700	800
	6	—	—	500	300	—	300	—	500	—	500	400	700	500	700
	7	—	—	—	—	—	300	—	300	—	—	500	—	500
	8	—	—	—	—	—	—	—	—	—	300	—	300
	9	—	—	—	—	—	—	—	—	—	—	—	200

城市道路纵坡长度限制（m） 表 3.12

计算行车速度（km/h）	80			60			50			40		
纵坡度（%）	5	5.5	6	6	6.5	7	6	6.5	7	6.5	7	8
纵坡限制坡长（m）	600	500	400	400	350	300	350	300	250	300	250	200

城市道路非机动车纵坡长度限制（m） 表 3.13

坡度（%）	3.5	3	2.5
自行车	150	200	300

**6. 爬坡车道

爬坡车道是陡坡路段正线行车道外侧增设的供载重车行驶的专用车道。

（1）设置原因

在确定最大纵坡时，按小客车能以平均行车速度行驶顺利通过最大纵坡路段，载重汽车只能降低车速行驶才能通过最大纵坡路段考虑的。但载重汽车在道路上所占比率大时，小客车的行驶速度会受到影响。造成爬坡路段的通行能力下降，甚至产生堵塞交通的现象，在这种情况下，为了不让爬坡速度低的车辆影响爬坡速度高的车辆行驶，就要设置爬坡车道作为附加车道，来提高道路的通行能力。

（2）设置条件

我国规范规定：高速公路、一级公路纵坡长度受限制的路段，应对载重汽车上坡行驶速度的降低值和设计通行能力进行验算，符合下列情况之一者，在上坡方向行车道右侧设置爬坡车道。

1）沿上坡方向载重汽车的行驶速度降低至表 3.14 的允许最低速度以下时，可设置爬坡车道。

上坡方向允许最低速度 表 3.14

计算行车速度（km/h）	120	100	80	60
容许最低速度（km/h）	60	55	50	40

2）上坡路段的设计通行能力小于设计小时交通量时，应设置爬坡车道。

需设置爬坡车道的路段，应进行设置爬坡车道的方案与改善主线纵坡不设爬坡车道的方案进行技术经济比较，隧道、大桥、高架构筑物及深挖路段，当因设置爬坡车道使工程费用增大时，爬坡车道可以不设。设置爬坡车道时，应综合考虑它同线形设计的关系，其起、终点应在通视良好，便于辨认和过渡顺畅的地点。

（3）爬坡车道的构造

爬坡车道设置于上坡方向正线行车道右侧，其横断面的组成和尺寸见图 3.21。

由于爬坡车道上的车速比车行道上的低，故超高坡度比行车道可相应小些。爬坡车道的超高坡度值规定如表 3.15，超高坡度的旋转轴为爬坡车道内侧边缘线。

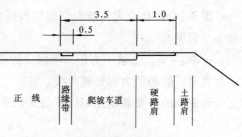

图 3.21 爬坡车道横断面组成（单位：m）

爬坡车道的超高坡度   表 3.15

主线的超高坡度（%）	10	9	8	7	6	5	4	3	2
爬坡车道的超高坡度（%）	5				4			3	2

爬坡车道的曲线加宽按行车道曲线加宽有关规定执行。长而连续的爬坡车道，其右侧应按规定设置紧急停车带。

爬坡车道的平面布置如图 3.22，其总长度由起点处渐变段长 L_1，爬车车道的长度 L 和终点处附加长度 L_2 组成。

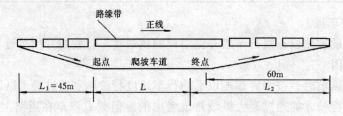

图 3.22 爬坡车道平面布置

爬坡车道的起点处渐变段长度为 45m，爬坡车道的附加长度规定如表 3.16，此长度包括终点渐变段长度 60m。

爬坡车道的附加长度   表 3.16

附加段纵坡（%）	下坡	平坡	上坡			
			0.5	1.0	1.5	2.0
附加长度（m）	150	200	200	250	300	400

3.3.2 竖曲线

纵断面上两个坡段的转折处，为了便于行车用一段曲线来缓和，称为竖曲线，竖曲线的形式可采用抛物线或圆曲线，竖曲线又分为凸形和凹形竖曲线两种，见图 3.23 所示。

图 3.23 两种竖曲线示意图

1. 竖曲线的要素

图 3.24 中 O 点为转坡点，前坡段纵坡为 i_1，后坡段为 i_2，i_1 和 i_2 在 O 点处的转坡角为 w（弧度）。

$w = i_1 - i_2$，上坡 i 为正，下坡 i 为负，因此当 w 为正时，竖曲线为凸形竖曲线，当 w 为负时，竖曲线为凹形竖曲线。

竖曲线的各要素及近似计算公式如下：

$$w = i_1 - i_2 \tag{3.10}$$

$$T = R \cdot w/2 \tag{3.11}$$

$$L = 2T \tag{3.12}$$
$$E = T^2/2R \tag{3.13}$$

式中 R——竖曲线半径（m），$R = 2h/l^2$；

T——竖曲线切线长度（m）；

i_1 i_2——相邻纵坡度；

w——相邻纵坡的代数差，即转坡角；

L——竖曲线切线计算长度（m）；

E——竖曲线外矩（m）；

l——竖曲线上任一点距起点或终点的水平距高（m）；

h——竖曲线上任一点距切线的纵距（m），称为切线支距，$h = l^2/2R$。

曲线上设计标高，是根据切线上设计标高，用切线支距 h 值修正。即：

在凸形竖曲线内：

设计标高 = 切线上的设计标高 − h
(3.14)

在凹形竖曲线内：

设计标高 = 切线上的设计标高 + h
(3.15)

当路线控制点标高和设计线确定以后,即可计算出全线各里程桩的设计标高,计算方法：

升坡： $H = H_0 + Li$ (m) (3.16)

降坡： $H = H_0 - Li$ (m) (3.17)

式中 H——某里程桩的设计标高（m）；

H_0——控制点的已知标高（m）；

L——计算桩号距离控制点水平距离；

i——路段的设计纵坡度。

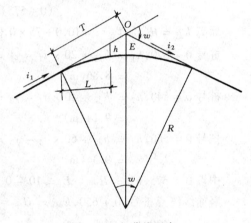

图 3.24 竖曲线要素

设计标高确定后，根据原地面标高，即可求出各里程桩的填挖高度（又称施工高度），并标在纵断面图上。

填土高度 = 设计标高 − 原地面标高（m）
(3.18)

挖土高度 = 原地面标高 − 设计标高（m）
(3.19)

【**例3**】 已知某Ⅰ级城市主干道，其计算行车速度为60km/h，设计纵坡分别为 $i_1 = +2\%$，$i_2 = -1\%$，转折点桩号为 0 + 575，设计标高为 $H_4 = 10.0$m，半径 $R = 5000$m，试计算竖曲线各要素以及竖曲线上各点标高（如图 3.25）。

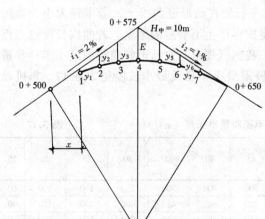

图 3.25 竖曲线上各点标高计算图

解:
(1) 计算各要素:
$$w = i_1 - i_2 = 0.02 + 0.01 = 0.03$$
所以:
$$L = Rw = 5000 \times 0.03 = 150(\text{m})$$
$$T = L/2 = 75(\text{m})$$
$$E = T^2/2R = 75^2/2 \times 5000 = 0.56(\text{m})$$

(2) 计算各点标高:
为了便于施工,在竖曲线上一般每隔20m设一整桩,各桩号的设计标高计算如下:
竖曲线起点桩号为:
$$(0+575) - T = 0+500$$
标高 $h_起 = H_中 - T_起 \cdot i = 10.0 - 75 \times 0.02 = 8.5 \text{m}$。

桩号 $0+520, h_1 = h_起 + 20 \times i_1 - y_1 = 8.5 + 20 \times 0.02 - 20^2/(2 \times 5000) = 8.9 - 0.04 = 8.86(\text{m})$

桩号 $0+540, h_2 = h_起 + 40 \times i_1 - y_2 = 8.5 + 40 \times 0.02 - 40^2/(2 \times 5000) = 9.3 - 0.16 = 9.14(\text{m})$

桩号 $0+560, h_3 = h_起 + 60 \times i_1 - y_3 = 8.5 + 60 \times 0.02 - 60^2/(2 \times 5000) = 9.7 - 0.36 = 9.34(\text{m})$

中点 $0+575, h_4 = H_中 - E = 10 - 0.56 = 9.44(\text{m})$

竖曲线终点桩号:$0+650, h_终 = H_中 - T \times i_2 = 10.0 - 75 \times 0.01 = 9.25(\text{m})$

桩号 $0+630, h_7 = h_终 + 20 \times i_2 - y_7 = 9.25 + 20 \times 0.01 - 20^2/(2 \times 5000) = 9.41(\text{m})$

桩号 $0+610, h_6 = h_终 + 40 \times i_2 - y_6 = 9.25 + 40 \times 0.01 - 40^2/(2 \times 5000) = 9.49(\text{m})$

桩号 $0+590, h_5 = h_终 + 60 \times i_2 - y_5 = 9.25 + 60 \times 0.01 - 60^2/(2 \times 5000) = 9.49(\text{m})$

曲线上的各桩点标高确定后,再根据控制点标高计算全线各里程桩的设计标高以及填挖高度。

2. 竖曲线的最小半径和最小长度:
(1) 凸形竖曲线最小长度和最小半径 汽车行驶在凸形竖曲线上,若半径太小,会阻碍驾驶员视线,而且产生较大的径向离心力使旅客产生不舒适的感觉。若曲线长度过短汽车倏忽而过,旅客也有不舒服的感觉,因此,我国《规范》对凸形竖曲线的最小半径和最小长度作了规定,城市道路的凸形竖曲线上极限最小半径及最小长度见表3.17,非机动车车行道的竖曲线的最小半径为500m。

城市道路竖曲线最小半径和最小长度 (m)   表 3.17

项目	计算行车速度 (km/h)	80	60	50	45	40	35	30	25	20	15
凸形竖曲线	极限最小半径	3000	1200	900	500	400	300	250	150	100	60
	一般最小半径	4500	1800	1350	750	600	450	400	250	150	90
凹形竖曲线	极限最小半径	1800	1000	700	550	450	350	250	170	100	60
	一般最小半径	2700	1500	1050	850	700	550	400	250	150	90
竖曲线最小长度 (m)		70	50	40	40	35	30	25	20	20	15

桥梁引道设竖曲线时，竖曲线切点距桥端应保持适当距离，大、中桥为 10～15m，工程困难地段可减为 5m，隧道洞口应保持一段与隧道内相同的纵坡，其长度见表 3.18。

桥、隧引道与桥隧轴线线形，保持一致的最小长度　　　　　表 3.18

计算行车速度（km/h）	80	60	50	40	30	20
最小长度（m）	60	40	30	20	15	10

各段公路凸形竖曲线的半径及其最小长度规定如表 3.19。

竖曲线半径一般情况下应大于表 3.19 所列的"一般最小值"，当不得已时方可采用小于表 3.19 所列"一般最小值"以至极限最小值。

各段公路竖曲线的半径及其最小长度　　　　　表 3.19

公路等级		汽车专用公路				一般公路						
		高速公路		一		二		二		三		四	
地形		平原微丘	重丘	山岭	平原微丘	山岭重丘	平原微丘	山岭重丘	平原微丘	山岭重丘	平原微丘	山岭重丘	平原微丘	山岭重丘
竖曲线半径(m)	凸形 一般最小值	17000	10000	4500	2000	10000	2000	4500	700	4500	700	2000	400	700	200
	凸形 极限最小值	11000	6500	3000	1400	6500	1400	3000	450	3000	450	1400	250	450	100
	凹形 一般最小值	6000	4500	3000	1500	4500	1500	3000	700	3000	700	1500	400	700	200
	凹形 极限最小值	4000	3000	2000	1000	3000	1000	2000	450	2000	450	1000	250	450	100
竖曲线最小长度（m）		100	85	70	50	85	50	70	35	70	35	50	25	35	20

（2）凹形竖曲线的最小半径和最小长度

汽车行驶在凹形竖曲线上，同样产生径向离心力，此力在凹形竖曲线上是增重，使乘客不舒服，对汽车悬挂系统也不利，为保证车辆行驶安全和舒适，一般应控制最小半径。

其次，对夜间行车较稠密的路线，还应当考虑汽车头灯照射在凹形竖曲线上的距离是否能保证安全视距，因此对凹形竖曲线的最小长度加以限制。

再次，当凹形曲线半径较大，但长度较小时，汽车在凹形竖曲线上倏然而过，冲击增大，乘客不适；从视觉上考虑也会感觉线形突然转折。因此，汽车在竖曲线上行驶时间不宜太短。

基于上述原因，我国规范对凹形竖曲线的半径和最小长度作了规定。城市道路的凹形竖曲线的最小半径和最小长度见表 3.17。

各级公路的凹形竖曲线的最小半径和最小长度见表 3.19。

3．纵断线形应注意问题

（1）在回头曲线段不宜设竖曲线。

（2）大、中桥上不宜设置竖曲线，桥头两端竖曲线的起、终点应在桥头 10m 以外见图 3.26（a）。

（3）小桥涵允许在斜坡地段或竖曲线上，为保证行车平顺，应尽量避免在小桥涵处出现"驼峰式"纵坡，见图 3.26（b）。

（4）道路与道路交叉时，一般宜设在水平坡段，其长度应不小于最短坡长规定。两端

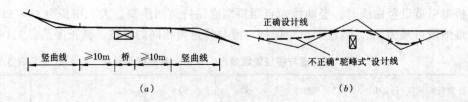

图 3.26 桥涵纵坡处理

接线纵坡应不大于 3%，山区工程艰巨地段不大于 5%。

**第 4 节 平面线形与纵断面线形的组合和锯齿形街沟

一个良好的线形，要求平、纵、横三方面进行综合设计，其中平面线形和纵断面线形的协调，对行车安全舒适，符合驾驶员视觉和心理要求以及与周围环境相协调，具有更加重要的作用。

因此道路线形组合应满足行车安全，舒适以及与沿线环境、景观协调的要求，并保持平面、纵断面两种线形的均衡，保证路面排水畅通。在条件允许的情况下力求做到各种线形要求的合理组合，并尽量避免和减轻不利组合。

3.4.1 平纵线型组合的原则

1. 在视觉上能自然地诱导驾驶员的视线，并保持视觉的连续性。

2. 平、纵断面线形的技术指标应大小均衡，使线形在视觉上、心理上保持协调，一般取竖曲线半径为平曲线半径的 10~20 倍。

3. 合理选择道路的纵坡度和横坡度，以保持排水畅通，而不形成过大的合成坡度。一般最大合成坡度不宜大于 8%，最小合成坡度不小于 0.5%。

4. 平纵断面线形组合设计应注意线形与自然环境和景观的配合与协调。

3.4.2 平曲线与竖曲线的配合

1. 平曲线与竖曲线半径均大时，平、竖曲线宜重合，但平曲线与竖曲线半径均小时，不得重合。

2. 平曲线与竖曲线重合时，平曲线应比竖曲线长（俗称"平包竖"），它们合适与否见图 3.27。

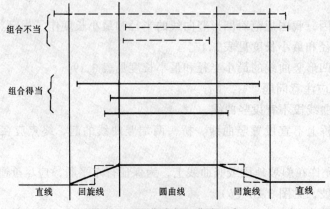

图 3.27 平曲线与竖曲线组合

3.4.3 平曲线与竖曲线应避免的几种组合

1. 在凸形竖曲线的顶部或凹形竖曲线的底部插入急转的平曲线或与反向曲线拐点重合。
2. 在一个长平曲线内设两个或两个以上的竖曲线,或在一个长竖曲线内设有两个和两个以上的平曲线。
3. 小半径竖曲线与缓和曲线相互重叠。
4. 在长直线段内,插入小于一般最小半径的凹形竖曲线。
5. 直线上的纵断面线形应避免出现驼峰、暗凹、跳跃等使驾驶者视觉中断的线形。
6. 避免在长直线上设置陡坡及曲线长度短半径小的凹形竖曲线。

3.4.4 锯齿形街沟

1. 路缘石

路缘石是设在路面边缘的界石,也称为道牙或缘石。它在路面上是区分车行道、人行道、绿地、隔离带和道路其他部分的界线,起到保障行人,车辆交通安全和保证路面边缘齐整的作用。

路缘石可分为侧石、平石、平缘石三种。侧石又叫立缘石,顶面高出路面的路缘石,有标定车行道范围和纵向引导排除路面水的作用;平缘石是顶面与路面平齐的路缘石,有标定路面范围,整齐路容、保护路面边缘的作用。采用两侧明沟排水时,常设置平缘石,以利排水;平石铺筑在路面与立缘石之间,常与侧石联合设置,是城市道路最常见的设置方式。特别是设置锯齿形边沟的路段。

路缘石可用不同的材料制作,有水泥混凝土、条石、块石等。缘石外形有直的、弯弧形和曲线形。应根据要求和条件选用。

2. 设置锯齿形街沟的原因

在平原区的城市道路,为了减少填、挖方工程量,保证道路中心标高与两侧建筑物前地坪标高的衔接关系,有时不得不采用很小的甚至是水平的纵坡度。这对行车十分有利,但对路面排水却不利。为了使路面水分快速排除,单靠路面设置的横坡排水是不够的,特别是在下暴雨或多雨季节,将会造成路面局部积水甚至大面积积水,这样就使路面的稳定性受到破坏,又影响交通。所以《城规》规定:道路中线纵坡度小于0.3%时,可在道路两侧车行道边缘1~3m宽度范围内设置锯齿形街沟。

3. 锯齿形街沟的构造

街沟是指城市道路上利用高出路面的侧石与路面边缘(或平石)地带作为排除地面水的沟道。

在纵断面图上,正常设计时道路中线纵坡设计线、侧石顶面线和街沟设计线是三条相互平行的线。锯齿形街沟就是保持侧石顶面线与道路中心纵坡设计线平行的条件下,交替地改变侧石顶面线与路面边缘(或平石)之间的高度,在最低处设置雨水进水口。使雨水口处锯齿形街沟范围的路面横坡度增大,两雨水口之间分水点处的路面横坡减小,从而使路面边缘(或平石)的纵坡度增大到0.3%以上,达到纵向排水要求。如图3.28所示,街沟变坡点的高点D、E点为分水点,低点A、B、C点设置雨水口。i为侧石顶面坡度,与道路纵断面的坡度相同。i_1和i_2分别为街沟的纵坡,两个进水口之间的距离为L。

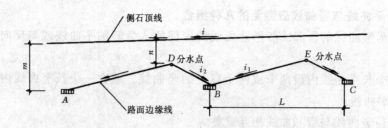

图 3.28 锯齿形街沟构造示意图
m—雨水口处侧石高度；n—分水点处侧石高度

第5节 道路纵断面图的识读

路线纵断面图是道路设计的重要文件之一，它反映了路线所经的中心地面起伏情况与设计标高之间的关系。把它与平面图结合起来，就能反映出道路线形在空间的位置。一般情况纵断面图和平面图分开绘制，但有时，为了进行比较，把纵面图和平面图放在一张图上，见图 3.35 此图上方为平面图，下方为纵断面图。

3.5.1 道路纵断面图图示的一般规定

1. 道路设计线采用粗实线表示，原地面线应采用细实线表示；地下水位线应采用细双点划线及水位符号表示；地下水位测点可仅用水位符号表示如图 3.29。

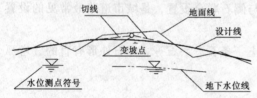

图 3.29 道路设计线、原地面线、地下水位线的标注

2. 关于短链、长链的标注

在道路测量过程中，有时因局部改线或事后发现量距或计算有错误，以及在分段测量中，由于假定起始量程不符而造成全线或全段接线里程不连续，以致影响路线的实际长度，这种里程不连续的现象称为"断链"。断链有长链和短链之分。当原路线记录桩号的里程长于地面实际里程时称为短链，反之则称之为长链。在纵断面图上关于短链与长链的标注有如下规定。

(1) 当路线短链时，道路设计线应在相应桩号处断开，并按图 3.30（a）标注。

(2) 路线局部改线而发生长链时，为利用已绘制的纵断面图，当高差大时，宜按图 3.30（b）标注；当高差较小时宜按图 3.30（c）标注。

(3) 长链较长而不能利用原纵断面图时，应另绘制长链部分的纵断面图。

3. 变坡点的标注

当路线坡度发生变化时，变坡点应用直径为 2mm 中粗线圆圈表示；切线应采用细虚线表示；竖曲线应采用粗实线表示。

见图 3.31 所示，标注竖曲线时，中间竖直细实线应对准变坡点所在桩号，线左侧标注桩号，线右侧标注变坡点高程。水平细实线两端应对准竖曲线的始、终点。两端的短竖直细实线在水平线之上为凹曲线；反之为凸曲线，竖曲线要素（半径 R、切线长 T、外矩 E）的数值均应标注在水平细实线上方。

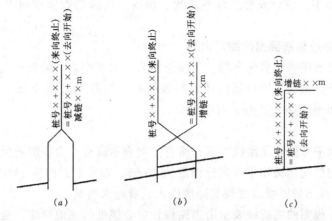

图 3.30 断链的标注

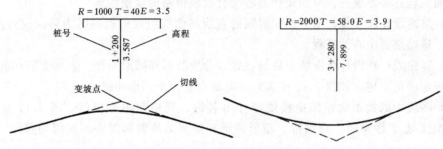

图 3.31 竖曲线的标注

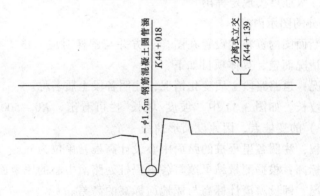

图 3.32 沿线构造物及交叉口的标注

4. 道路中沿线的构造物、交叉口,可在道路设计线的上方,用竖直引出线标出。竖直引出线应对准构造物或交叉口中心位置。线左侧标注桩号,水平线上方标注构造物名称、规格,交叉口名称。见图 3.32 所示。

5. 纵断面图中,给排水管涵应标注规格及管内底的高程。地下管线横断面应采用相应图例。无图例时可自拟图例,并应在图纸中说明。

6. 水准点宜按图 3.33 所示标注,竖直引出线应对准水准桩号,线左侧标注桩号,水平线上方标注编号及高程,线下方标注水准点的位置。

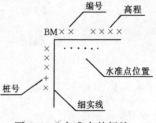

图 3.33 水准点的标注

7. 在测设数据中，设计高程、地面高程、填高、挖深的数值应对准其桩号，单位为 m。

3.5.2 道路路线纵断面图的图示内容

道路路线纵断面图采用直角坐标，以横坐标表示水平距离，纵坐标表示垂直高程，纵断面图主要由两部分组成，图样部分和资料表部分。如图 3.11 的下部为某道路 $K0+000$ 至 $K1+700$ 段的纵断面图，其图示内容如下。

1. 图样部分

（1）图样中水平方面表示路线长度，垂直方向表示高程，为了清晰反映垂直方向的高差，规定垂直方向的比例按水平方向比例放大 10 倍，如水平方向为 1:1000，则垂直方向为 1:100，图上所画出的图线坡度较实际坡度大，看起来明显。

（2）图样中不规则的细折线表示沿道路设计中心线处的原地面线，是根据一系列中心桩的地面高程连接形成的，可与设计高程结合反映道路的填挖状态。

（3）路面设计高程线，图上比较规则的直线与曲线组成的粗实线为路面设计高程线，它反映了道路路面中心的高程。

（4）竖曲线：在设计线纵坡变更处设置，分为凸形和凹形两种，表示方法在前面的图示一般规定中已讲述。如图 3.11 在 $K0+500$ 处设有一个凸形曲线。

（5）路线中的构筑物在图中按规定标出名称、规格和中心里程。图 3.11 分别标出了立体交叉处 T 性梁桥、石拱桥、箱形通道和涵洞的位置和规格，涵洞用符号"O"表示。

（6）交叉口，水准点按规定标出。

2. 资料表部分的图示内容

道路路线纵断面图的资料表设置在图样下方并与图样对应，格式有多种，有简有繁，视具体道路路线情况而定，具体项目如下：

（1）地质情况：道路路段土质变化情况，注明各段土质名称。

（2）坡度与坡长。如图 3.11 中，"坡度/坡长"栏可看出，$K0+500$ 处为上坡（1.0%）与下坡（-0.5%）的变坡点，因此设凸形曲线一个。

（3）设计高程：注明各里程桩的路面中心设计高程，单位为 m。

（4）原地面标高：根据测量结果填写各里程桩处路面中心的原地面高程，单位为 m。

（5）填挖情况：即反映设计标高与原地面标高的高差。

（6）里程桩号：由左向右排列，应将所有固定桩及加桩桩号示出。桩号数值的字底应与所表示桩位置对齐。一般设公里桩号标注"K"，百米桩号，构筑物位置桩号及路线控制点桩号等。

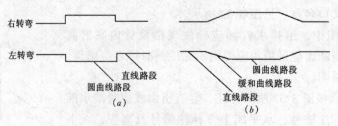

图 3.34 平曲线的标注

理论上机动车道的宽度等于所需车道数乘一条车道所需的宽度。

一条车道所需的宽度是指单向一条行车线所需的宽度,它取决于车辆的车身宽度以及车辆在横向的安全距离。机动车每条车道宽度一般为 3.0~3.75m。

车道数主要取决于道路等级和该道路规划期的高峰小时机动车交通量。我国大、中城市的主干路,除具有特殊要求以外,一般均宜采用四车道(双向),次干路则采用双车道(双向),对于交通量不大的小城镇的主干路可采用双车道(双向)。

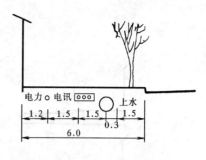

图 3.39 人行道上绿化、管线所占的宽度

根据道路建设的经验,对双车道多用 7.5~8.0m,三车道用 10~11m,四车道用 13~15m,六车道用 19~22m。

(2)非机动车道宽度的确定

一般是根据各种非机动车辆行驶要求和实际观测的数据,直接进行横向的排列组合来确定,而通行能力仅作为核算时参考。

单一非机动车道的宽度主要考虑各类非机动车的总宽度和超车、并行时的横向安全距离确定。非机动车每条车道宽度一般为 1.0~2.5m,根据实际经验,非机动车道的基本宽度可采用 5.0m(或 4.5m),6.5m(或 6.0m),8.0m(或 7.5m)。如考虑在远景规划中非机动车道多发展为自行车道或机动车道,如有过渡的可能,则以 6.0~7.5m 为宜。

3. 人行道宽度

人行道的主要功能是满足行人步行交通的需要,还要供植树、地上杆柱、埋设地下管线以及护栏、交通标志宣传栏、清洁箱等交通附属设施之用。人行道总宽度既要考虑道路功能、沿街建筑性质、人流密度、地面上步行交通、种植行道树、立电线杆,还要考虑地下埋设工程管线所需要的密度。如图 3.39 所示。

根据实践经验,一侧人行道宽度与道路路幅宽度之比大体上在 1:7~1:5 范围内是比较合适的。如图 3.40 所示。常采用的人行道宽度数据见表 3.20 所示。

确定人行道宽度的参考数据　　　　表 3.20

项　　目	最小宽度(m)	铺砌的最小宽度(m)
设电线杆与路灯杆地带	0.5~1.0	—
种植行道树的地带	1.25~2.0	—
火车站、公园、城市交通终点站与其他行人聚集地点	7.0~10.0	6.0
市干道有大型商店及公共文化机构的地段	6.5~8.5	4.5
区干道有大型商店及公共文化机构的地段	4.5~6.5	3.0
住宅区街巷	1.5~4.0	1.5

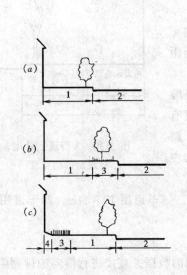
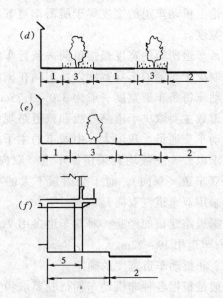

图 3.40 人行道的布置

4. 分车带宽度

分车带是分隔车行道的。有时设在路中心，分隔两个不同方向行驶的车辆；分隔两种不同的车行道，设在机动车道和非机动车道之间。分车带最小不宜小于 1.0m 宽度，如在分车带上考虑设置公共交通车辆停车站台时，其宽度不宜小于 1.5~2.0m。

3.6.2 车行道的横坡及路拱

1. 道路横坡

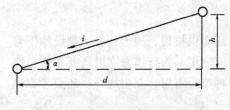

图 3.41 横坡

人行道、车行道、绿带，在道路横向单位长度内升高或降低的数值称为它们的横坡度，用 i 表示，$i = \mathrm{tg}\alpha = h/d$，如图 3.41 所示。

横坡值以 %、‰ 或小数值表示。

为了使人行道、车行道及绿化带上的雨水通畅地流入街口，必须使它们都具有一定的横坡。横坡大小取决于路面材料与道路纵坡度，也应考虑人行道、车行道、绿带的宽度及当地气候条件的影响。

道路横坡度的数值可参考表 3.21。

不同路面类型的路拱横坡度　　　　表 3.21

路面面层类型	路面横坡度（%）	路面面层类型	路面横坡度（%）
水泥混凝土路面	1.0~1.5	半整齐和不整齐石块路面	2.0~3.0
沥青混凝土路面	1.0~1.5	碎、砾石等粒料路面	1.5~4.0
其他黑色路面	1.5~2.5	加固土路面	2.0~4.0
整齐石块路面	1.5~2.5	低级路面	3.0~5.0

非机动车道、人行道横坡度一般采用单面坡。横坡度为 1.0%～2.5%。

2. 路拱

车行道路拱的形状，一般多采用凸形双向横坡，由路中央向两边倾斜，拱顶高出路面边缘的高度称为路拱高度。

路拱曲线的基本形式有抛物线型、直线接抛物线型和折线型三种。

抛物线型路拱常为城市道路和公路所用。其特点是路拱上各点横坡度是逐渐变化，比较圆顺，形式美观。如能根据路面宽度、横坡度等，选用不同层次的抛物线型路拱，对行车和排水都有利。其缺点是：车行道中部过于平缓，易使车辆集中在路中行驶，造成中间路面损坏较快。如图 3.42 所示。

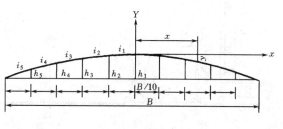

图 3.42 抛物线型路拱

直线接抛物线型路拱为在单折线型路拱中部接入一段抛物线，能改善行车条件，排水效果也较好。如图 3.43 所示。

折线型路拱包括单折线型及多折线型两种，其特点是直线段较短，施工时容易碾压得平顺，但其缺点则是在转折点处有尖峰凸出，不利于行车，设计时应考虑补救。折线型路拱适用于水泥混凝土路面。如图 3.44 所示。

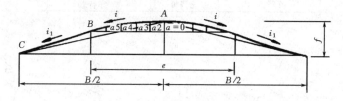

图 3.43 插入抛物线的直线型路线

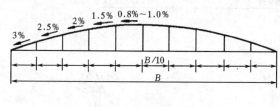

图 3.44 折线型路拱

3.6.3 城市道路横断面的布置形式

1. 城市道路横断面的基本形式

（1）"一块板"断面：把所有车辆都组织在同一车行道上行驶，规定机动车在中间，非机动车在两侧，按靠右侧规则行驶，如图 3.45（a）所示。这种横断面型式又称单幅路或混合式断面。

（2）"两块板"断面：用一条分隔带或分隔墩从道路中央分开，使往返交通分离，同向交通仍在一起混合行驶，如图 3.45（b）所示。这种横断面型式又称双幅路或分向式断面。

（3）"三块板"断面：用两条分隔带或分隔墩把机动车或非机动车交通分离，把车行道分隔成三块，中间为双向行驶的机动车道，两侧为方向彼此相反的单向行驶非机动车道，如图 3.45（c）所示。这种横断面型式又称三幅路或分车式断面。

（4）"四块板"断面：在三块板断面的基础上增设一条中央分隔带，使机动车分向行驶，各车道均为单向行驶，如图 3.45（d）所示。这种横断面又称四幅路或分车分向式断面，是最理想的道路横断面布置形式。

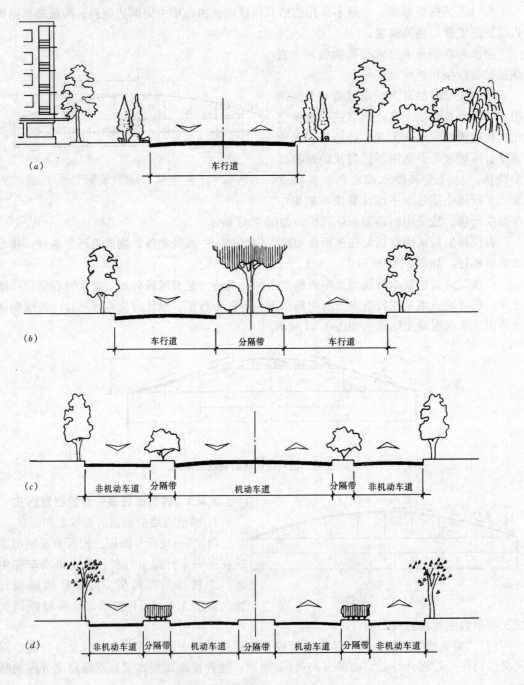

图 3.45 一、二、三、四块板断面
(a) 一块板；(b) 两块板；(c) 三块板；(d) 四块板

2. 郊区道路横断面的基本形式

郊区道路主要是市区通往近郊工业区、文教区、风景区、机场、铁路站场和卫星城镇等的道路。

道路两侧多是菜地、仓库、工厂、住宅等，以货运交通为主，行人与非机动车很少。其断面特点是：明沟排水，车行道为2~4条，路面边缘不设边石，路基基本处于低填方或不填不挖状态，无专门人行道，路面两侧设一定宽度的路肩，用以保护和支撑路面铺砌层或临时停车或步行交通用。其组成如图3.46所示。

郊区道路的横断面形式如图3.47所示。

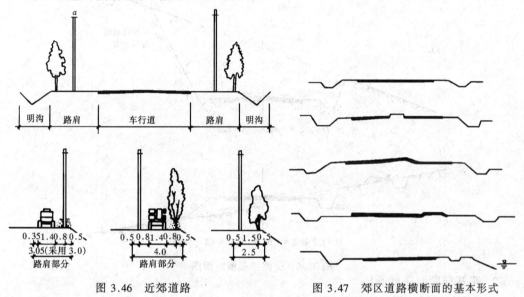

图3.46 近郊道路　　　　　图3.47 郊区道路横断面的基本形式

第7节 道路横断面图的内容与识读

3.7.1 公路路基横断面图

公路路基横断面图是在路线中心桩处作一垂直于路线中心线的断面图。它的作用是为了表达各中心桩处横向地面起伏以及路基形状、尺寸、边坡、边沟及截水沟等。工程上要求在每一中心桩处根据测量资料和设计要求顺次画出每一个路基横断面图，用来计算公路的土石方量和作为路基施工的依据。

1. 公路路基横断面图的形式基本上有三种

（1）路堤：即填方路基如图3.48（a）所示。在图下注有该断面的里程桩号、中心线处的填方高度以及该断面的填方面积。

图中边坡1:m可根据岩石、土壤的性质而定。1:m表示边坡的倾斜程度，m值越大，边坡越缓；m值越小边坡越陡。

路堤边坡坡度对一般土壤可采用1:1.5。路堤浸水侧的边坡，应考虑到浸水影响。

（2）路堑：即挖方路基如图3.48（b）所示。在图下注有该断面的里程桩号、中心线处的挖方高度以及该断面的挖方面积。

路堑边坡一般土壤为1.0:0.5~1.0:1.5。一般岩石为1.0:0.1~1.0:0.5。

（3）半填半挖路基：是前两种路基的综合，如图3.48（c）所示。图下仍注有该断面的里程桩号、中心线处的填（挖）方高度以及该断面的填（挖）方面积。

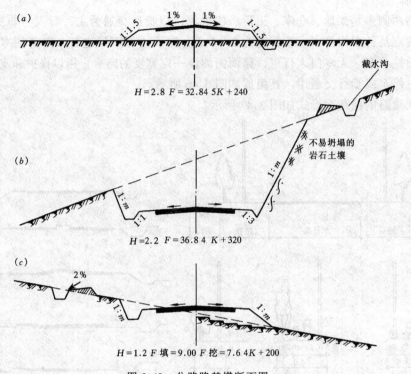

图 3.48 公路路基横断面图

2. 路基横断面图的画法

路基横断面图的画法步骤如下：

(1) 使用透明方格纸画图，便于计算断面的填挖面积，给施工放样带来方便。

(2) 路基横断面图应顺序沿着桩号从下到上，从左至右画出。

(3) 横断面的地面线一律画细实线，设计线一律画粗实线。

(4) 每张路基横断面图的右上角应写明图纸序号及总张数，在最后一张图纸的右下角绘制图标。路基横断面图如图 3.49 所示。

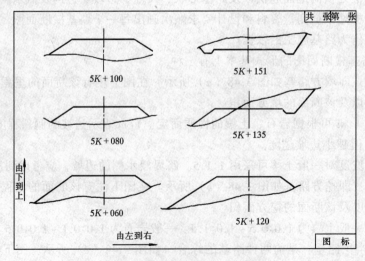

图 3.49 路基横断面

3.7.2 城市道路横断面图

城市道路横断面图是道路中心线法线方向的剖面图。它是由车行道、绿化带、分隔带和人行道等几部分组成，地上有电力、电讯等设施，地下有给水管、污水管、煤气管和地下电缆等公用设施。如图 3.50 所示。图中要表示出横断面各组成部分及其相互关系。

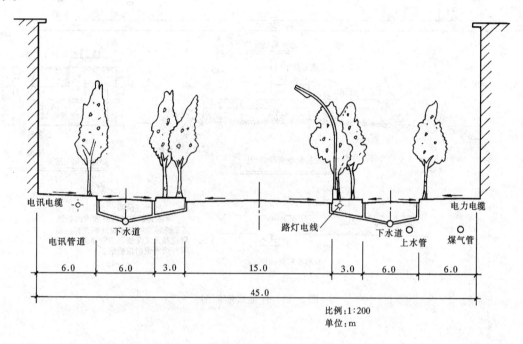

图 3.50 城市道路横断面图

公路路基及城市道路横断面图的比例，一般视等级要求及路基断面范围而定。一般采用 1∶100 或 1∶200。

设计时除了绘制近期设计横断面图之外，对分期修建的道路还要画出远期规划设计横断面图。如图 3.51 所示。为了计算土石方工程量和施工放样，与公路横断面图相同，需绘出各个中心桩的现状横断面，并加绘设计横断面图，标出中心桩的里程和设计标高，即所谓的施工横断面图。图 3.52 为城市道路标准横断面图。

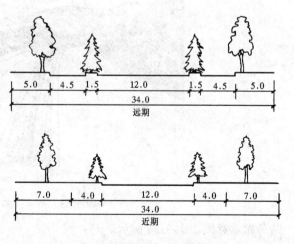

图 3.51 横断面远近结合示例

3.7.3 高速公路横断面图

随着交通量及车速的提高，高速公路的修建已经越来越多，发展也越来越快。高速公路的特点是：车速高，通行能力大，有四条以上车道并设中央分隔带，采用立体交叉，全部或局部控制出入，有完备的现代化交通管理设施等，它是高标准的现代化公路，高速公

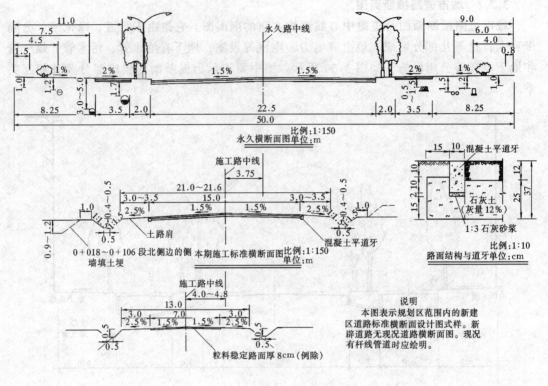

图 3.52 标准横断面图

图 3.53 高速公路鸟瞰示意图

路鸟瞰示意图如图 3.53 所示。

高速公路横断面是由中央分隔带、行车道、硬路肩和土路肩组成。设置中央分隔带以分离对向的高速行车车流，并用以设置防护栅、隔离墙、标志和植树。路绿带起视线诱导作用，有利于安全行车。中央分隔带常用的形式有三种，如图 3.54 所示，用植树图 3.54 (a) 防眩板、图 3.54 (b) 防眩网、图 3.54 (c) 来防止眩光。

高速公路横断面宽度应依据公路性质、车速要求、交通量而定。如图 3.55 所示。

图 3.54 中央分隔带的常见形式

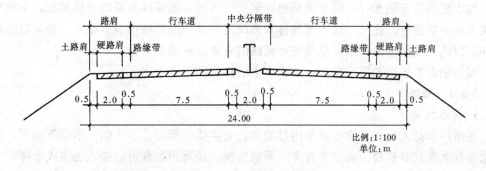

图 3.55 高速公路横断面图

3.7.4 城市道路横断面图示例

图 3.56 为某城市道路横断面图,比例为 1:150,为四块板断面,还表示了管线电缆线

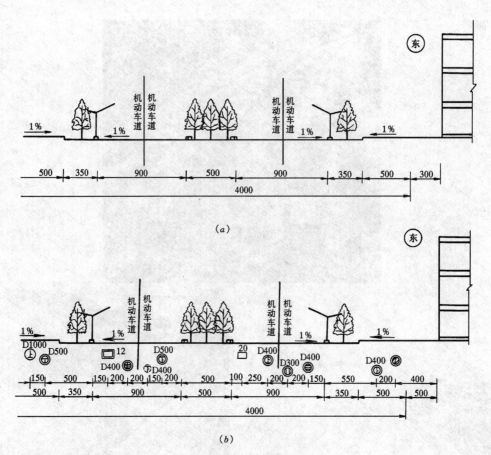

图 3.56 城市道路横断面图
（a）道路规划横断面图 1:150；（b）管线、电缆线布置图 1:150

的布置。

第 8 节 城市道路排水系统施工图

城市道路是车辆和行人的交通通道，但是没有城市道路排水系统予以保证，车辆和行人将无法正常通行。此外，城市道路排水系统还有助于改善城市卫生条件、避免道路过早损坏。因此，城市道路排水系统是城市道路的重要组成部分。

城市中需要排除的污水有雨、雪水、生活污水和工业废水。

3.8.1 概述

1. 排水体制

生活污水是人们在日常生活中用过的水。它主要由厨房、卫生间、浴室等排出。生活污水含有大量的有机物，还带有许多病源微生物，经适当处理可以排入土壤或水体。

工业废水是工业生产过程中所产生的废水。它的水质、水量随工业性质的不同差异很大：有的较清洁，称为生产废水；如冷却水。有的污染严重含有重金属、有毒物质或大量有机物、无机物，称为生产污水，如炼油厂、化工厂等生产污水。

雨水、雪水在地面、屋面流过，带有城市中固有的污染物：如烟尘、有害气体等。此外，雨、雪水虽较清洁，但初期雨水污染较重。

由于各种污水水质不同，我们可以用不同的管道系统来排除，这种将各种污水排除的方式称为排水体制。排水体制分为分流制和合流制。

（1）分流制

用两个或两个以上的管道系统来分别汇集生活污水、工业废水和雨、雪水的排水方式称为分流制。（如图3.57）在这种排水系统中有两个管道系统，污水管道系统排除生活污水和工业废水。雨水管道系统排除雨、雪水。当然有些分流制只设污水管道系统，不设雨水管道系统，雨、雪水沿路面、街道边沟或明渠自然排放。

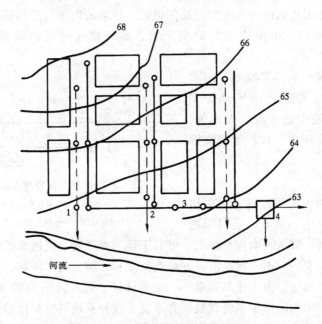

图3.57 分流制排水系统示意图
1—雨水管道；2—污水管道；3—检查井；4—污水处理厂

分流制排水系统可以做到清、浊分流，有利于环境保护，降低污水处理厂的处理水量，便于污水的综合利用。但工程投资大、施工较困难。

（2）合流制

用一个管道系统将生活污水、工业废水、雨、雪水统一汇集排除的方式称为合流制。这种排水系统虽然工程投资较少、施工方便，但会使大量没经过处理的污水和雨水一起直接排入水体或土壤，造成了环境污染。

排水体制的应用应适合当地的自然条件、卫生要求、水质水量、地形条件、气候因素、水体情况及原有的排水设施、污水综合利用等条件。

2．道路雨水排水系统的分类

根据构造特点的不同，城市道路雨、雪水排水系统可分为以下几类。

（1）明沟系统

在街坊出入口、人行过街等地方增设一些沟盖板、涵管等过水结构物，使雨、雪水沿道路边沟排泄。

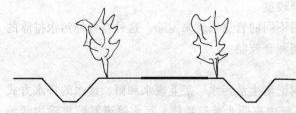

图 3.58 明沟排水示意图

纵向明沟可设在路面的一边或两边，也可以设在车行道的中间。在干旱少雨的地区可以将道路边的绿化带与排泄雨、雪水的明沟结合起来，这样既保证了路面不积水又利用雨水进行了绿化灌溉（如图 3.58）。

（2）暗管系统

包括街沟、雨水口、连接管、干管、检查井、出水口等部分。

道路上及其相邻地区的地面水顺道路的纵坡、横坡流向车行道两侧的街沟，然后沿街沟的纵坡流入雨水口，再由连接管通向干管，最终排入附近的河滨或湖泊中（如图3.59）。

雨水排除系统一般不设泵站，雨水靠重力排入水体。但某些地区地势平坦、区域较大的城市如上海、天津等，因为水体的水位高于出水口，常需设置泵站抽升雨水。

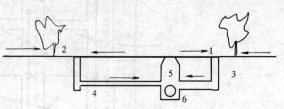

图 3.59 暗管排水示意图
1—街沟；2—进水孔；3—雨水口；
4—连结管；5—检查井；6—雨水干管

（3）混合系统

城市中排除雨水可用暗管，也可用明沟，在一个城市中，也不一定只采用单一系统来排除雨、雪水。明沟造价低，但对于建筑密度高、交通繁忙的地区，采用明沟需增加大量的桥涵费，并不一定经济，并影响交通和环境卫生。因此，这些地区采用暗管系统。而在城镇的郊区，由于建筑密度小、交通稀疏，应首先采用明沟。在一个城市中，即采用暗管又采用明沟的排水系统就是混合系统。这种系统可以降低整个工程的造价，同时又不至于引起城市中心的交通不便和环境卫生。

山区和丘陵地带的防洪沟应采用明沟。若采用暗管，由于地面坡度大、水流快，往往迅速越过暗管的雨水口，使暗管失去作用。另外，当洪流超过雨水管道的排水能力时，不能及时泄洪。

3.8.2 雨水管渠及其附属构筑物沿道路的布置

1. 雨水口的布置要求

雨水口是雨水管道或合流管道上汇集雨水的构筑物。街道上的雨、雪水首先进入雨水口，再经过连接管流入雨水管道。因此雨水口的位置是否正确非常重要，如果雨水口不能汇集雨、雪水，那么雨水管道就失去了作用。

雨水口的设置应根据道路（广场）情况、街坊及建筑情况、地形情况（应特别注意汇水面积大、地形低洼的积水点）、土壤条件、绿化情况、降雨强度，以及雨水口的泄水能力等因素确定。

雨水口宜于设置在汇水点（包括集中来水点）上和截水点上，前者如道路的1汇水点、街坊中的低洼处等。后者如道路上每隔一定距离处、沿街各单位出入口及人行横道线上游（分水点情况除外）等。

道路交叉口处，应根据雨水径流情况布置雨水口（如图 3.60）。

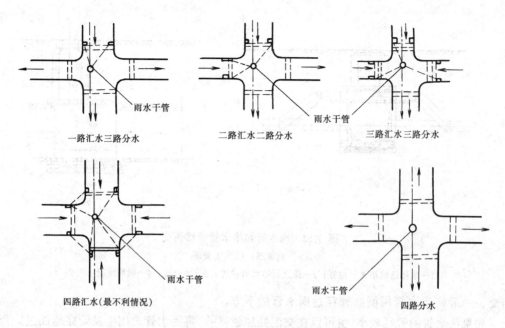

图 3.60 路口雨水口布置

2．检查井的布置要求

检查井是雨水管道系统中用来检查、清通排水管道的构筑物，要求在排水管线的一定距离上设置检查井。此外，在排水管道的交汇处、转弯处、管径变化处、管道高程变化处都应设置检查井（检查井的间距应符合给排水设计规范的要求）。

3．雨水管道的布置要求

城市道路的雨水管线一般平行于道路中心线或规划红线。雨水干管一般设置在街道中间或一侧（如图 3.61），并宜设在快车道以外，在个别情况下亦可以双线分置于街道的两侧（如图 3.62）。

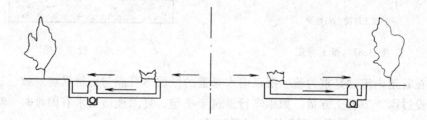

图 3.61 双线雨水管布置示意图

在交通量大的干道上，雨水管也可以埋在街道的绿地下和较宽的人行道下，以减少由于管道施工和检修对交通运输产生较大的影响。但不可埋设在种植树木的绿带下和灯杆线下。

雨水管应尽可能避免或减少与河流、铁路以及其他城市地下管线的交叉，否则将施工复杂以致增加造价。在不能避免相交处应以直交，并保证相互之间有一定的竖向间隙。雨水管道与房屋及其他管道之间的最小距离应满足给排水设计规范的要求。

雨水管与其他管线发生平交时，其他管线一般可用倒虹管的办法，如雨水管与污水管

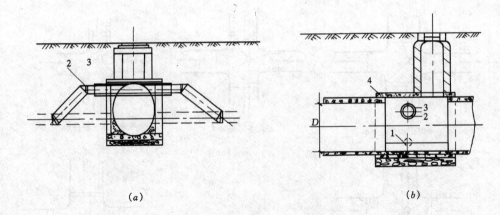

图 3.62 雨水管和给水管管线相交
(a) 侧面图；(b) 正面图
1—未搬迁前给水管位置；2—搬迁后给水管位置；3—钢套管；4—钢筋混凝土盖板

相交，一般将污水管用倒虹管穿过雨水管的下方。

如果污水管的管径较小，也可以在交汇处加建窨井，将污水管改用生铁管穿越而过。当雨水管与给水管相交时，可以把给水管向上做成弯头，用铸铁管穿过雨水窨井（如图3.63）。

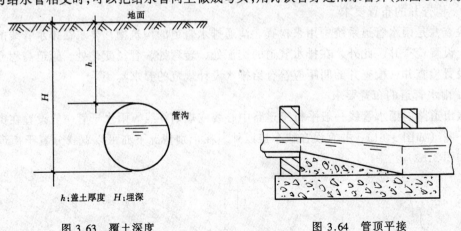

h:盖土厚度　H:埋深

图 3.63　覆土深度　　　　图 3.64　管顶平接

雨水在管道内流动是重力流，所以雨水管道的纵坡尽可能与街道纵坡一致。这样不致使管道埋设过深，节省土方量。如果车行道过于平坦，排除地面雨水有困难时，应使街沟的纵坡大于0.3%，并用锯齿形街沟，以保证排水。

管道埋深不宜过大，一般在干燥土壤中，管道最大埋深不超过 7~8m。当地下水位较高，可能产生流砂的地区，不超过 4~5m。否则埋深过大将增加施工难度及工程造价。

管道的最小埋设深度决定于管道上面的最小覆土深度（如图3.64）。

《城市排水设计规范》（以下简称《规范》）规定：在车行道下，管顶最小覆土深度一般不小于0.7m。在管道保证不受外部荷载损坏时，最小覆土深度可适当减小。

不同直径的管子在检查中内的衔接，根据规范要求，应使上下游管段的管顶等高，称为管顶平接（如图3.64），这样可避免在上游管中形成回水。

3.8.3 雨水管道及其附属构筑物的构造

1. 雨水口的形式及构造

雨水口,一般由基础、井身、井口、井箅等部分组成。其水平截面一般为矩形(如图3.65)。

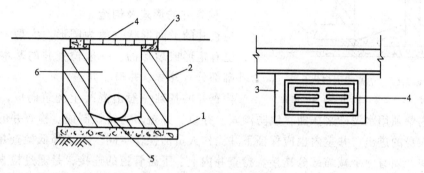

图 3.65 雨水口基本构造

1—基础;2—井身;3—井箅圈;4—井箅;5—支管;6—井室

按照集水方式的不同,雨水口可分为平箅式、立箅式与联合式。

平箅式就是雨水口的收水井箅呈水平状态设在道路或道路边沟上,收水井箅与雨水流动方向平行。平箅式雨水口又分成单箅和双箅。(构造如图3.66)。

立箅式就是雨水口的收水井箅呈竖直状态设在人行道的侧缘石上。井箅与雨水流动方

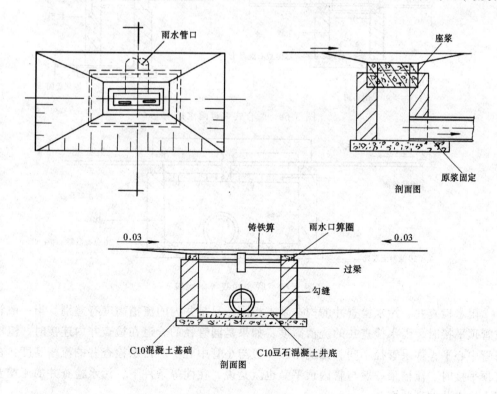

图 3.66 平箅雨水口

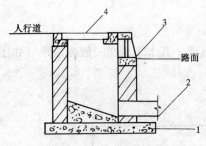

图 3.67 立算式雨口水

1—基础；2—支管；3—井算；4—井盖

向呈正交。构造图（如图 3.67）。

联合式就是雨水口兼有上述两种吸水井算的设置方式，其两井算成直角。联合式雨水口又分成单算式双算式。构造图（如图 3.68、图 3.69）。

2. 检查井的形式及构造

检查井的平面形状一般为圆形。大型管渠的检查井，也有矩形或扇形的。一般检查井的基本构造可分为基础部分、井身、井口、井盖。

检查井的基础一般由混凝土浇筑而成，井身多为砖砌，内壁须用水泥砂浆抹面，以防渗漏。井口、井盖多为铸铁制成。检查井的井口应能够容纳人身的进出。井室内也应保证下井操作人员的操作空间。为了降低检查井的井室和井口之间，须有一个减缩部分连接。检查井内上、下游管道的连接，是通过检查井底的半圆形或弧形流槽，按上下游管底高程顺接。这样，可以使管内水流在过井时，有较好的水力条件。流槽两侧与检查井井壁画间的沟肩宽度，一般不应小于20cm，以便维护人员下井时立足。设在管道转弯或管道交汇处的检查井，其流槽的转弯半径，应按管线转角的角度及管径的大小确定，以保证井内水流通顺。一般检查井内的流槽型式（如图 3.70）。

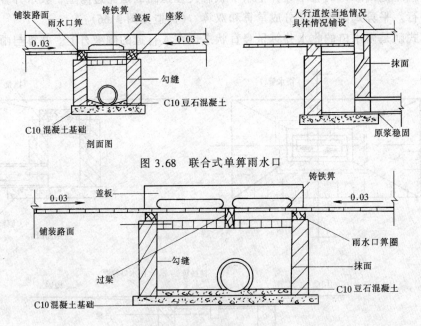

图 3.68 联合式单算雨水口

图 3.69 联合式双算雨水口

雨水检查井、污水检查井的构造基本相同，只是井内的流槽高度有差别。当一般管道按管顶平接时，雨水检查井的流槽高度：如果是同管径的管道在检查井内连接时，流槽顶与管中心平；如果管径不同，则流槽顶一般与小管中心平。污水检查井的流槽高度：在按管顶平接时，流槽顶一般与管内顶平。也就是说，在同等条件下，污水检查井的流槽要比雨水检查井的高些。

下面是几种常用检查井的构造图（如图 3.71、图 3.72、图 3.73、图 3.74）。

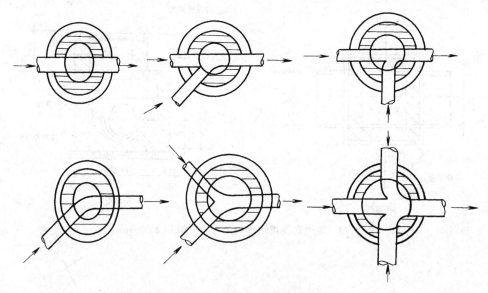

图 3.70 检查井内流槽形式

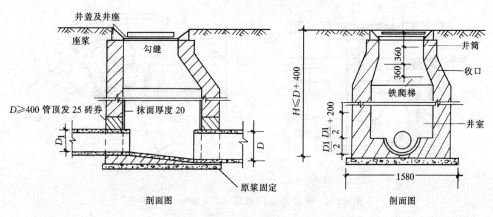

图 3.71 φ1000mm 圆形雨水检查井（$D = 200 \sim 600$mm）

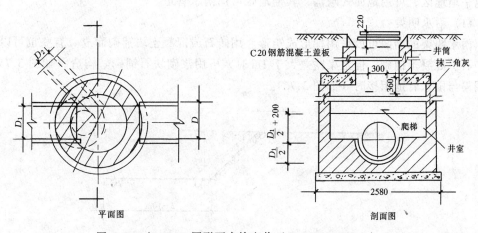

图 3.72 φ1500mm 圆形雨水检查井（$D = 800 \sim 1000$mm）

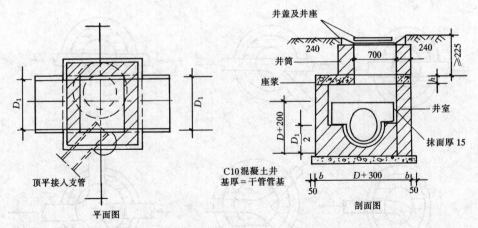

图 3.73 矩形直线雨水检查井（$D = 800 \sim 2000$mm）

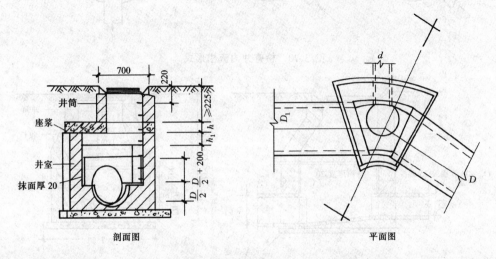

图 3.74 扇形雨水检查井（$D = 800 \sim 2000$mm）

3. 雨水管道的构造组成

雨水管渠系统在郊区可用雨水明渠，在城市中的雨水管渠系统中的高程控制点地区或其他平坦地区，可用地面式暗沟，其他地区可用雨水管道。

（1）雨水明渠

雨水明渠的断面可以采用梯形或矩形。用砖石或混凝土块铺砌而成。有些也可以不用砖、石、混凝土铺砌，但土渠跌差大于 1m 时，可用浆砌块石铺砌。构造（如图 3.75）雨水明渠与雨水管道衔接时（如图 3.76）。

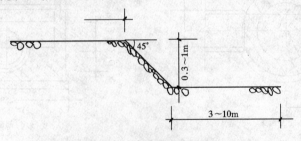

图 3.75 土明渠跌水示意

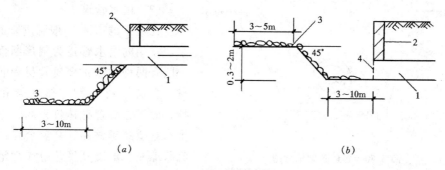

图 3.76 排水管道与明渠连接
(a) 暗管接入明渠；(b) 明渠接入暗管
1—管道；2—挡土培；3—明渠；4—格栅

(2) 地面式雨水暗沟

地面式暗沟是一种无覆土的盖板渠。地面式暗沟的全部或大部分处于冻层之内，因此应考虑冻害问题。一般防冻做法是：施工时尽量开小槽，在侧墙（砖墙或块石墙或装配式钢筋混凝土构件）外肥槽中回填焦渣或混渣等材料以保温，并破坏毛细作用。有条件处宜尽量用块石。我国南方温暖地区采用问题不大，华北大部分地区按上述做法亦能大大减轻冻害，寒冷地区采用时则应慎重。此外，对浅埋的地下管线增加了交叉的机会，须做妥善规划和处理。沟盖板兼做步道时，在构造上应考虑启盖后便于复原，板面应光滑耐磨。

地面式暗沟在道路断面内布置示例（图 3.77、图 3.78、图 3.79）。

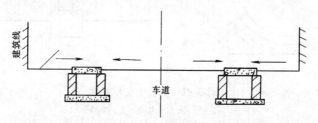

图 3.77 地面式暗沟在道路断面内布置示例（一）

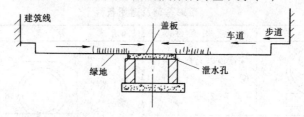

图 3.78 地面式暗沟在道路断面内布置示例（二）

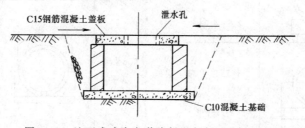

图 3.79 地面式暗沟在道路断面内布置示例（三）

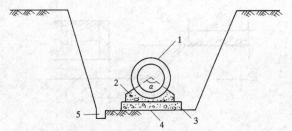

图 3.80 管道基础示意图

1—管道；2—管座；3—管基；4—地基；5—排水沟

（3）雨水管道

在城市的市区，一般利用管道排除雨水。常用的雨水管道为圆形断面，管材一般有两种类型：金属管材和非金属管材。金属管材一般有铸铁管和钢管两种，由于金属管材造价很高，一般只在排水管道穿越铁路、高速公路以及严重流砂地段、地震烈度超过 8 度地区或者如倒虹管等特殊要求的工程项目中才考虑采用。非金属管材常用的有混凝土管、钢筋混凝土管、塑料管。

雨水管道常用的管道基础有混凝土基础。混凝土基础由管基和管座两部分组成（如图 3.80）。由于结构型式的不同，混凝土基础可分为枕形基础和带形基础两种。

1）枕形基础是仅设在管道接口处的局部管基与管座（如图 3.81）。

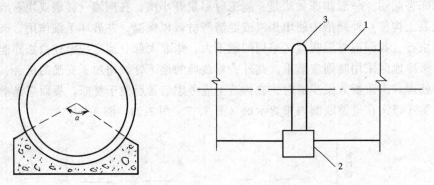

图 3.81 混凝土枕形基础

1—管道；2—基础；3—接口

2）带形基础是一种沿管线全长敷设的管基与管座（如表 3.22）。

带形基础及适用条件　　　　　表 3-22

基础形式	示意图	适用条件	基础形式	示意图	适用条件
C9 基座		管顶以上覆土层厚度 0.7～2.5m	C36 I 型基座		管顶以上覆土层厚度小于 0.7m 或需要加固处管径 1000mm 以下
C13.5 基座		管顶以上覆土层厚度 2.6～4.0m	C36 II 型基座		条件同上管径大于 1000mm
C18 基座		管顶以上覆土层厚度 4.1～6.0m			

（4）雨水管道出水口

出水口是雨水管道将雨水排入池塘、小河的出口，一般是非淹没式的即出水管的管底高程，在排放水体常年水位以上，最好在常年最高水位以上，以防倒灌。出水口与河道连接部分应做护坡（如图3.82）或挡土墙，以保护河岸和固定管道出水口的位置。

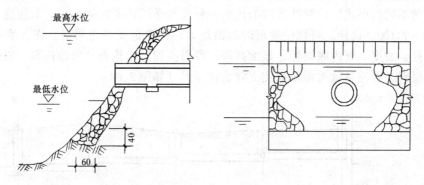

图 3.82 采用护坡的出水口（尺寸单位：mm）

3.8.4 道路排水系统施工图

1. 道路排水系统平面图

雨水管道的平面详图,一般比例为1∶200～1∶500,以布置雨水管线的道路为中心。图上注明:雨水管网干管、主干管的位置;设计管段起讫检查井的位置及其编号;设计管段长度、管径、坡度及管道的排水方向。此外,还注明了道路的宽度并绘出了道路边线及建筑物轮廓线等。还注明了设计管线在道路上的准确位置,以及设计管线与周围建筑物的相对位置关系;设计管线与其他原有或拟建其他地下管线的平面位置关系等(如图3.83)。

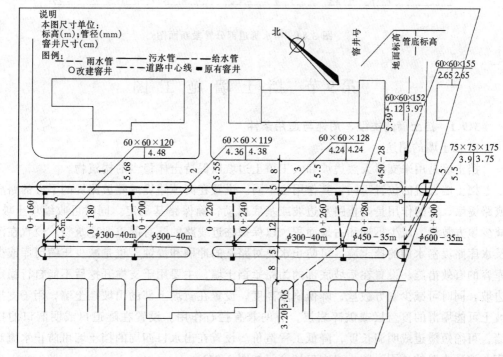

图 3.83 雨水管道部分管段平面图示例

2．道路排水系统断面图

雨水管道断面图，是与平面详图相互对应并互为补充的。管道的平面图，是着重反映设计管线在道路上的平面位置；断面图，则是重点突出设计管道在道路以下的状况。为了突出纵断面图的这个特点，一般将纵断面图绘成沿管线方向的比例与竖直方向（挖深方向）的比例不同的形式，沿管线方向的比例一般应与平面详图比例相同，而竖直方向通常采用1:50～1:100。这样，可以使管道的断面加大，位置也变得更明显。图上表明了设计管道的管径、坡度、管内底高程、地面高程、路面高程、检检查井修建高程、检查井编号以及管道材料、管道基础类型及旁侧支管的位等置（如图3.84）。

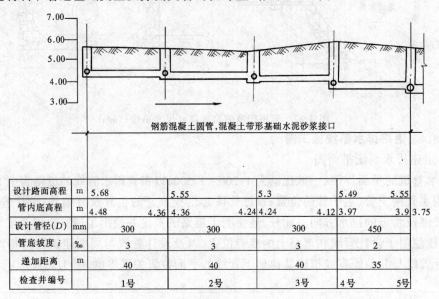

图3.84 雨水管道部分管段断面图

第9节 挡土墙施工图

3.9.1 挡土墙的类型、用途与适用条件

1．挡土墙的用途

挡土墙是用来支撑天然边坡和人工填土边坡以保持土体稳当的构筑物。

挡土墙设置的位置不同，其作用也不同。设置在高填路堤或陡坡路堤的下方的路肩墙或路堤墙，它的作用是防止路基边坡或基底滑动，确保路基稳定。同时可收缩填土坡脚，减少填方数量，减少拆迁和占地面积，以保护临近线路的既有重要建筑物。设置在滨河及水库路堤傍水侧的挡土墙，可防止水流对路基的冲刷和浸蚀，也是减少压缩河库或少占库容的有效措施。设置在堑坡底部的为路堑挡土墙，主要用于支撑开挖后不能自行稳定的边坡，同时可减少刷方数量，降低刷坡高度。设置在堑坡上部的山坡挡土墙，用于支挡山坡土可能塌滑的覆盖层或破碎岩层，有的兼有拦石作用。设置在隧道口或明洞口的挡土墙，可缩短隧道或明洞长度，降低工程造价。设置在出水口四周的挡土墙可防止水流对河床、池塘边壁的冲刷，防止出水口堵塞（如图3.85）。

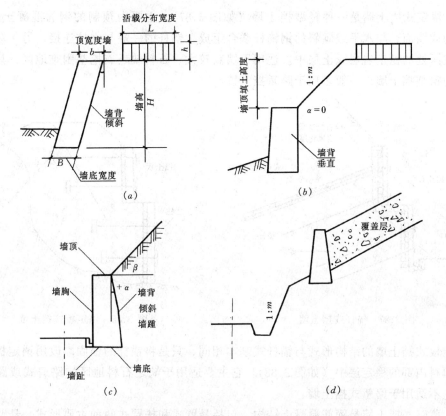

图 3.85 设置在不同位置的挡土墙
(a) 路肩挡土墙；(b) 路堤挡土墙；(c) 路堑挡土墙；(d) 山坡挡土墙

2. 挡土墙的类型与适用条件

按支撑土压力的方式不同挡土墙分为：重力式挡土墙、锚定式挡土墙、薄壁式挡土墙、加筋挡土墙。

(1) 重力式挡土墙依靠墙身自重支撑土压力来维持其稳定。一般多用片（块）石砌筑，在缺乏材料的地区有时也用混凝土修建。重力式挡土墙工程量大，但其型式简单、施工方便、可就地取材、适应性较强，故被广泛采用。

重力式挡土墙的墙背形式有普通式（如图 3.86(a)、(b)）；衡重式（如图 3.86(d)）；折线形（如图 3.86(c)）等四种形式，以适应不同的地形、地质条件和经济要求。

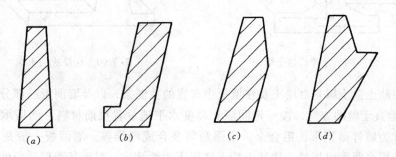

图 3.86 重力式挡土墙

（2）锚定式挡土墙是一种轻型挡土墙（如图3.87），主要由预制的钢筋混凝土立柱、挡土板构成墙面，与水平或倾斜的钢锚杆联合组成，锚杆的一端与立柱连接，另一端被锚固在山坡深处的稳定岩层或土层中。适用于墙高较大、石料缺乏或挖基困难地区，具有锚固条件的路基挡土墙，一般多用于路堑挡土墙。

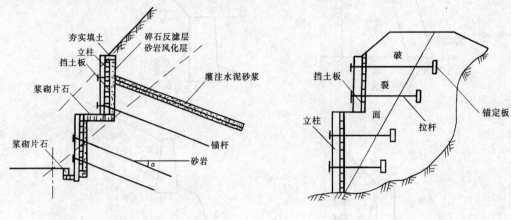

图3.87 锚杆式挡土墙　　　　图3.88 锚定板式挡土墙

锚定板式挡土墙的结构形式与锚杆式基本相同，只是将锚杆的锚固端改用锚定板，埋入墙后填料内部的稳定层中（如图3.88）。它主要适用于缺乏石料地区的路肩式或路堤式挡土墙，不适用于路堑式挡土墙。

（3）薄壁式挡土墙是钢筋混凝土结构，包括悬臂式和扶臂式两种主要形式。悬臂式挡土墙的一般型式（如图3.89），它是由立臂和底板组成，具有三个悬臂，即立臂、趾板和踵板。扶臂式挡土墙与悬臂式挡土墙基本相同，但一般用在墙身较高处，沿墙长每隔一定距离加筑肋板（扶臂）连接墙面板及踵板（如图3.90）。它们自重轻、圬工省，适用于墙高较大的情况，但须使用一定数量的钢材，经济效果较好。

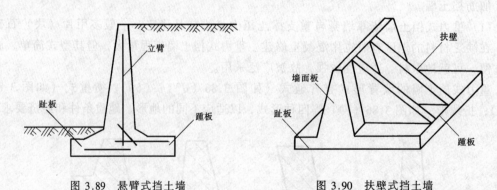

图3.89 悬臂式挡土墙　　　　图3.90 扶壁式挡土墙

（4）加筋土挡土墙是由填土及在填土中布置的拉筋条，以及墙面板三部分组成（如图3.91）。在垂直于墙的方向，按一定间隔和高度水平地放置拉筋材料，然后填土压实。拉筋材料通常为镀锌薄钢带，铝合金、增强塑料及合成纤维等。墙面板一般是用混凝土预制，也有采用半圆形铝板的。加筋挡土墙属于柔性结构，对地基变形适应性大，建筑高度大，适用于填土地基。

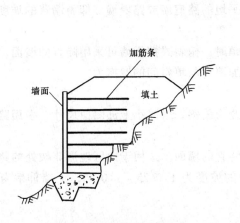

图 3.91 加筋土挡墙

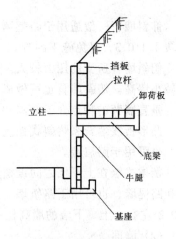

图 3.92 柱板式挡土墙

此外，尚有柱板式挡土墙、桩板式挡土墙和垛式（又称框架式）挡土墙（如图 3.92、图 3.93、图 3.94）。

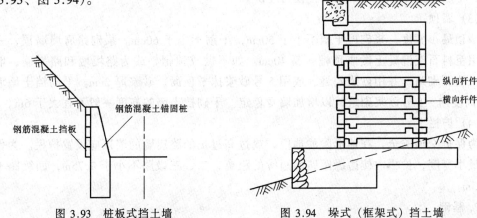

图 3.93 桩板式挡土墙　　　　图 3.94 垛式（框架式）挡土墙

3.9.2 挡土墙的构造

常用的挡土墙一般多为重力式挡土墙。现以重力式挡土墙为例介绍挡土墙的构造。

重力式挡土墙一般是由墙身、基础、排水设施和伸缩缝等部分组成。

1. 墙身构造

（1）墙背

重力式挡土墙的墙背，可以有仰斜、俯斜、垂直、凸形和衡重式等形式（如图 3.95）。常用砖、卵石、块石、片石等材料砌筑。

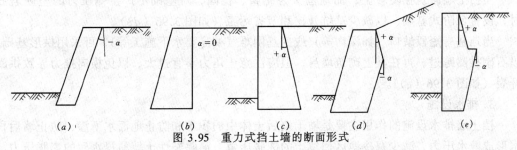

图 3.95 重力式挡土墙的断面形式
(a) 仰斜；(b) 垂直；(c) 俯斜；(d) 凸形折线式；(e) 衡重式

仰斜墙背一般适用于路堑墙及墙趾处地面平坦的路肩墙或路堤墙。仰斜墙背的坡度不宜缓于1:0.3，以免施工困难。

俯斜墙背所受的压力较大。在地面横坡陡峭时，俯斜式挡土墙可采用陡直的墙面，借以减小墙高。俯斜墙背也可做成台阶形，以增加墙背与填料间的摩擦力。

垂直墙背的特点介于仰斜和俯斜墙背之间。

凸形折线墙背系将斜式挡土墙的上部墙背改为俯斜，以减小上部断面尺寸，多用路堑墙，也可用于路肩墙。

衡重式墙在上下墙之间设衡重台，并采用陡直的墙面。适用于山区地形陡峻处的路肩墙和路堤墙，也可用于路堑墙。上墙俯斜墙背的坡度为1:0.25～1:0.45，下墙仰墙背在1:0.25左右，上、下墙的墙高比一般采用2:3。

(2) 墙面

墙面一般均为平面，其坡度与墙背坡度相协调。墙面坡度直接影响挡土墙的高度。因此，在地面横坡较陡时，墙面坡度一般为1:0.05～1:0.20，矮墙可采用陡直墙面，地面平缓时，一般采用1:0.20～1:0.35，较为经济。

(3) 墙顶

墙顶最小宽度，浆砌挡土墙不小于50cm，干砌不小于60cm。浆砌路肩墙墙顶，一般宜采用粗料石或混凝土做成顶帽，厚40cm。如不做成顶帽，或为路堤墙和路堑墙，墙顶应以大块石砌筑，并用砂浆勾缝，或用5号砂浆抹平顶面，砂浆厚2cm。干砌挡土墙墙顶50cm高度内，5号砂浆砌筑，以增加墙身稳定。干砌挡土墙的高度一般不宜大于6m。

(4) 护栏

为保护交通安全，在地形险峻地段，或过高过长的路肩墙的墙顶应设置护栏。为保护路肩最小宽度，护栏内侧边缘距路面边缘的距离，二、三级路不小于0.75m，四级路不小于0.5m。

2. 基础

绝大多数挡土墙，都修筑在天然地基上，但当地基承载能力较差时，则要设基础。

当地基承载力不足，地形平坦而墙身较高时，为减少基底应力和抗倾覆稳定性，常常采用扩大基础（如图3.96(a)）。

当地基压应力超过地基承载力过多时，需要加宽值较大，为避免部分的台阶过高，可采用钢筋混凝土底板（如图3.96(b)），其厚度由剪力和主拉应力控制。

当地基为软弱土层（如淤泥、软黏土等）时，可采用砂砾、碎石、矿渣或灰土等材料予以换填，以扩散基底应力，使之均匀地传递到下卧软弱土层中（如图3.96(c)）。

当挡土墙修筑在陡坡上，而地基又为完整、稳固，对基础不产生侧压力的坚硬岩石时，设置台阶式基础，以减少基坑开挖和节省圬工（如图3.96(d)）。

当地基有短段缺口（如深沟等）或挖基困难（如需要水下施工等），可采用拱形基础，以石砌拱圈跨过，再在其上砌筑墙身，但应注意土压力不宜过大，以免横向推力导致拱圈开裂（如图3.96(e)）。

3. 排水设施

挡土墙排水设施的作用主要是输干墙后土体中的积水和防止地面水下渗，防止墙后积水形成静水压力，减少寒冷地区回填土的冻胀压力，消除黏性土填料浸水后的膨胀压力。

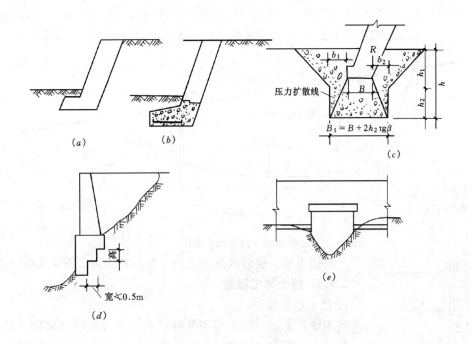

图 3.96 挡土墙的基础形式

(a) 加宽墙趾；(b) 钢筋混凝土底板；(c) 换填地基；(d) 台阶基础；(e) 拱形基础

排水措施主要包括：设置地面排水沟，引排地面水，夯实回填土顶面和地面松土，防止雨水及地面水下渗，必要时可加设铺砌；对路堑挡土墙墙趾前的边沟应予以铺砌加固，以防边沟水渗入基础；设置墙身泄水孔，排除墙后水。泄水孔的设置（如图 3.97）。干砌挡土墙因墙身透水，可不设泄水孔。

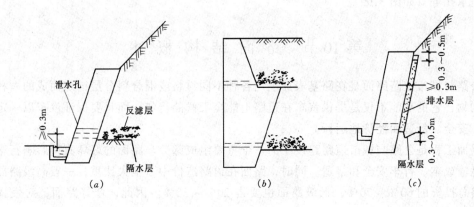

图 3.97 泄水孔及排水层

4. 沉降缝与伸缩缝

为避免因地基不均匀沉陷而引起墙身开裂，需根据地质条件的变异和墙高，墙身断面的变化情况设置沉降缝。为了防止圬工砌体因收缩硬化和温度变化而产生裂缝，应设置伸缩缝。伸缩缝和沉降缝可以合并设置。缝内一般可用胶泥，但在渗水量大填料容易流失或冻害严重地区，则宜用沥青麻筋或涂以沥青的木板等具有弹性的材料。

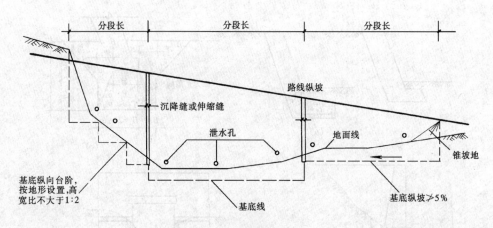

图 3.98 挡土墙正面图

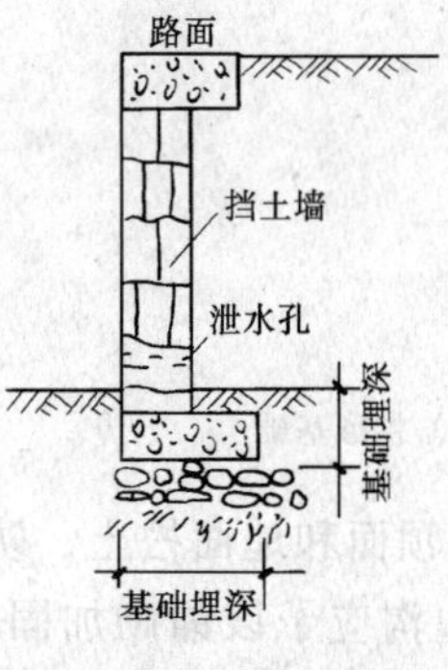

干砌挡土墙,缝的两侧应选用平整石料砌筑,使成垂直通缝。

3.9.3 挡土墙工程图

1. 挡土墙正面图

挡土墙正面图一般注明了各特征点的桩号,以及墙顶、基础顶面、基底、冲刷线、冰冻线、常水位线或设计洪水位的标高等。

挡土墙平面图还注明伸缩缝及沉降缝的位置、宽度、基底纵坡、路线纵坡等。

挡土墙还注明泄水孔的位置、间距、孔径等(如图3.98)。

2. 挡土墙横断面图

挡土墙横断面图一般要说明墙身断面形式、基础形式和埋置深度、泄水孔等(如图3.99)。

图 3.99 挡土墙断面图

第10节 路面结构概述

公路与城市道路路面是在路基表面上用各种不同材料或混合料分层铺筑而成的一种层状结构物,它的功能不仅是提供汽车在道路上能全天候的行使,而且要保证汽车以一定的速度,安全、舒适而经济地运行。

路面工程是公路与城市道路建设中的一个重要组成部分。路面的好坏直接影响行车速度、运输成本、行车安全和舒适。同时,路面在道路造价中占很大比重,一般高级路面要占道路总投资的60%~70%,低级路面也要占20%~30%。因此,修好路面,对发挥整个公路与城市道路运输的经济效益,具有十分重要的意义。

3.10.1 路面应满足的要求

为了保证公路与城市道路全年通车,提高行车速度,增强安全性和舒适性,降低运输成本和延长道路使用年限,要求路面应具有足够的使用性能。

1. 路面结构的强度和刚度

所谓强度是指路面结构抵抗行车荷载作用所产生的各种应力而不致破坏的能力。路面结构整体及其各组成部分必须具备足够的强度,以避免破坏。

所谓刚度是指路面结构抵抗变形的能力。路面结构整体或某一组成部分刚度不足，即使强度足够，在车轮荷载作用下也会产生过量变形，而构成车辙、沉陷或波浪等破坏。因此，整个路面结构及其各组成部分的变形量应控制在容许的范围之内。

2. 稳定性

路面结构袒露于大气之中，经常受到温度和水分变化的影响，其力学性能也随之不断发生变化，强度和刚度不稳定，路况时好时坏。因此，要研究路面结构的温度和湿度状况及其对路面结构性能的影响，以便于修筑在当地气候条件下有足够稳定性的路面结构。

3. 耐久性

路面结构必须具备足够的抗疲劳强度以及抗老化和抗形变累积的能力。

4. 表面平整度

为了减小动荷系数（冲击力），提高行车速度和增进行车舒适性、安全性，路面应保持一定的平整度。道路等级越高，设计车速越大，对路面平整度的要求也越高。

5. 表面抗滑性能

道路路面应具备足够的抗滑性能，特别是行车速度较快时，对抗滑性能的要求较高。

6. 少尘性

道路路面在行车过程中尽量减少扬尘，以保证行车安全和环境卫生。

3.10.2 路面结构及其层次划分

为了减小雨水对路面的浸湿和渗透入路基，从而降低路面结构的强度，道路表面应筑成直线形和抛物线形的路拱。等级较高的路面，其平整度和水稳性较好，透水性也小，可采用较小的路拱横坡度，反之则应采用较大的横坡度，见表3.21所示。

路肩横坡度应较路面横坡大1%，以利于迅速排水。路肩全宽或部分宽度表面最好用砂材料或再加结合料予以处治，形成平整、坚实不透水的表面。

根据使用要求、受力情况和自然因素等作用程度不同，把整个路面结构自上而下分成若干层次来铺筑，如图3.100所示。

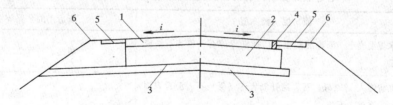

图3.100 路面结构层次划分示意图

i—路拱横坡度；1—面层；2—基层；3—垫层；4—路缘石；5—加固路肩；6—土路肩

1. 面层

面层是直接同行车和大气接触的表面层次，它承受行车荷载的垂直力、水平力和冲击力的作用以及雨水和气温变化的不利影响是最大的。面层应具备较高的结构强度、刚度和稳定性，且应当耐磨、不透水，表面还应有良好的抗滑性和平整度。

修筑面层所用的材料主要有：水泥混凝土、沥青混凝土、沥青碎（砾）石混合料、砂砾或碎石掺土或不掺土的混合料以及块石等。

2. 基层

基层主要承受由面层传来的车辆荷载垂直力，并把它扩散到垫层和土基中，故基层应有足够的强度和刚度。基层还应有平整的表面,以保证面层厚度均匀。基层遭受大气因素的影响较面层小,但难于阻止地下水的侵入,要求基层结构应有足够的水稳性。

修筑基层所用的材料主要有:各种结合料(如石灰、水泥或沥青等)稳定土或稳定碎(砾)石、贫水泥混凝土、天然砂砾、各种碎石或砾石、片石块石或圆石、各种工业废渣所组成的混合料以及它们与土、砂、石所组成的混合料等。

3. 垫层

垫层是设在土基与基层之间的构造层。其功能是改善土基的湿度和温度状况,以保证面层和基层的强度和刚度的稳定性和不受冻胀翻浆作用的影响。垫层常设在排水不良和冻胀翻浆路段。在地下水位较高地区铺设的垫层起隔水作用又称隔离层。在冻深较大地区铺设的垫层能起防冻作用又称防冻层。垫层还能扩散由面层和基层传来的车轮荷载垂直作用力,以减小土基的应力和变形,而且它能阻止路基土挤入基层中,影响基层结构的性能。

修筑垫层所用的材料要有较好的水稳定性和隔热性。常用的材料有两类:一类是用松散粒料,如砂、砾石、炉渣、片石或圆石等组成的透水性垫层;另一类是由整体性材料如石灰土或炉渣石灰土等组成的稳定性垫层。

图 3.100 所示为一个典型的路面结构示意图。值得注意的是:实际上路面并不一定都具有那么多的结构层次。此外,路面各结构层次的划分,也不是一成不变的。为保护沥青路面的边缘,其基层应较面层每边宽出约 0.25m,垫层也要较基层每边宽出约 0.25m。当不设横向盲沟时,应将垫层向两侧延伸直至路基边坡表面,以利于排水。如图 3.100 所示。

3.10.3 路面的分级与分类

1. 路面的分级

根据面层的使用品质、材料组成类型以及结构强度和稳定性的不同,将路面分成四个等级。见表 3.23。

各等级路面所具有的面层类型及其所适用的公路等级　　　　表 3.23

路面等级	面 层 类 型	所适用的公路等级
高级	水泥混凝土、沥青混凝土、厂拌沥青碎石、整齐石块或条石	高速、一级、二级
次高级	沥青灌入碎(砾)石、路拌沥青碎(砾)石、沥青表面处治、半整齐石块	二级、三级
中级	泥结或级配碎(砾)石、水结碎石、不整齐石块、其他粒料	三级、四级
低级	各种粒料或当地材料改善土:如炉渣土、砾石土、砾土和砂等	四级

(1) 高级路面

它的特点是强度和刚度高,稳定性好,使用寿命长,能适应繁重的交通量,平整无尘,能保证高速行车,其养护费用少,运输成本低。但其基建投资大,需要质量较高的材料来修筑。

(2) 次高级路面

它的特点是强度和刚度较高，使用寿命较长，能适应较大交通量，行车速度也较高，造价低于高级路面。但要求定期修理，养护费用和运输成本也相对较高。

(3) 中级路面

它的特点是强度和刚度较低，稳定性较差，使用期限较短，平整度较差，易扬尘，仅能适应一般的交通量，行车速度低，需要经常维修和补充材料，方可延长使用年限。造价虽低，但养护工作量大，运输成本也高。

(4) 低级路面

它的特点是强度和刚度低，水稳性和平整度均差，易生灰，只能保证低速行车，适应的交通量较小，雨季有时不能通车。造价虽低，但要求经常养护维修，而且运输成本很高。

2．路面的分类

(1) 根据路面的力学性能，一般将路面分为两种类型。

1) 柔性路面

是指各种基层（水泥混凝土除外）和各类沥青面层、碎（砾）石面层或块石面层所组成的路面结构。其特点是刚度小，在荷载作用下所产生的弯沉变形较大，路面结构本身抗弯拉强度较低。车轮荷载通过各结构层向下传递到土层，使土基受到较大的单位压力，因而土基的强度和稳定性，对路面结构整体强度有较大影响。如图 3.101 所示。

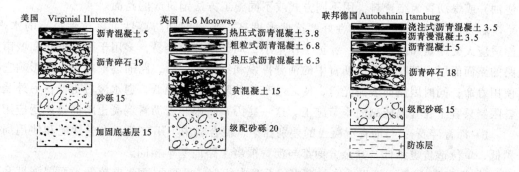

图 3.101 柔性路面 (cm)

2) 刚性路面

是指用水泥混凝土作面层或基层的路面结构。水泥混凝土的强度较高，其抗弯拉强度比各种路面材料要高得多，弹性模量也大很多，因而刚性很大。水泥混凝土路面板在车轮荷载作用下弯沉变形很小，荷载通过混凝土板体的扩散分布作用，传递到基础上的单位压力，较柔性路面小得多。如图 3.102 所示

(2) 按筑路材料划分

1) 以无机材料为结合料的路面：骨料为碎（砾）石和砂，黏结料以水泥、黏土为主，

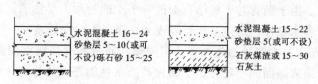

图 3.102 刚性路面 (cm)

也常用石灰作粘结料。

　　a) 水泥混凝土路面：以水泥为结合料的路面，力学特性好，具有耐风化和抵抗雨雪侵蚀能力强的优点，宜用于高级路面，可适合高速和大交通量的行车要求。但其须置于坚实的基层和土基之上。因水泥材料昂贵故工程造价很高，加上路面分块和接缝处理技术还未得到很好的解决，这一些不利因素，对水泥混凝土路面被广泛选用都起到一定的影响。

　　b) 泥结碎（砾）石和级配砾（碎）石路面：以碎石或砾石及砂为主要材料，黏土为结合料，经摊铺和辗压成形的一种路面。泥结碎（砾）石路面，先将骨料层铺再辗压，待灌注稠度适当的黏土浆并充满碎石中的孔隙以后，再辗压成型。上层可加铺级配砂土磨耗层或松散保护层。级配砾（碎）石路面，其施工方法与泥结碎石路面不同，先将合乎规格的级配料掺入一定量的黏土，经加水拌和后摊铺和辗压成型，上面也可加铺磨耗层或保护层。这一类路面的最大优点是就地取材，施工方法也比较简便。

　　c) 稳定土路面：以当地工程性质良好的普通土为主要材料，掺入一定量的石灰或水泥，加水拌和、摊铺和辗压成型的路面常称为石灰稳定土或水泥稳定土路面。如果以当地工程性质良好的黏性土为主要材料，适当掺入一些中粗砂，经洒水拌和、摊铺和辗压成型的路面称为砂土路面。这种路面结构类型属于低级路面，只能用于交通量小的四级以下公路，下雨天不宜通车，最好建于不潮湿地区。

　　2) 以有机材料为结合料的路面：以碎石或砾石及砂为主要材料，以石油沥青（包括渣油）或煤沥青为结合料，用不同方式或不同施工方法铺筑成的路面。

　　a) 沥青混凝土路面：弹性好、抗剪强度高，平整度和防震性可以达到很高的水平，能适应大交通量和高速行车，养护工作量小，局部修补很容易，多用于高速公路和城市道路的路面面层。其缺点在于沥青中的油分挥发和组分改变后，路面逐渐老化以致影响它的使用寿命；同时因路面表面光滑，使之与车轮的摩擦系数偏低，遇水湿后更低；另外受设备限制只宜在气温较高的季节施工。这一些因素，限制着沥青混凝土路面被广泛应用。

　　b) 沥青碎石：与沥青混凝土的差别在于，混合料中不用矿粉，力学性能和使用周期稍低，单位造价也稍低，其余方面都与沥青混凝土路面基本相同。

　　c) 沥青灌入式：工程性能与沥青碎石基本相似，沥青稠度要求较低。面层强度和耐久性以及工程造价都比沥青碎石低。

　　d) 沥青碎（砾）石表面处治：在坚实的路面基层上或者在中级路面的面层上，先在表面洒布沥青，然后铺撒粒径 0.5~1.5cm 的石屑，经碾压成为很薄的路面面层。沥青碎石表面处治既可独立地作为次高级路面面层，也可用做高级和次高级路面面层的保护层。因其结构层很薄，其力学强度和稳定性及耐久性都较差，只能适用于每昼夜 2000 辆以下的中等交通量。其优点是造价低、施工简便，对油料性能的要求也较低，常在一般干线公路上采用。

　　e) 沥青灰土表面处治：以当地工程性质良好的普通土掺和沥青，经拌和、摊铺和碾压成形的路面面层。由于沥青与土粒结合而改善了土的物理力学性质，这种路面结构层具有一定的力学强度和水稳性，可以适应每昼夜 400 辆以下的交通量。

　　f) 沥青砂：沥青与中粗砂加热拌和，可摊铺在高级和次高级路面面层上作保护层和磨耗层，也可作为沥青路面的上层，由于沥青砂防水性能好，热稳定性也比较好，故常在沥青路面施工和养护中采用。

3) 其他类型

a) 整齐料石或条石路面：其耐久性、耐磨性、抗弯强度和表面粗糙度都很好，可作为大交通量和汽车高速行驶的路面面层。由于平整度难以控制，不利于汽车高速行驶。加上料石加工费用高，施工不宜机械化等缺点，这一类型的路面面层很少被采用。

b) 半整齐块石路面面层：与整齐料石或条石路面面层相似，加工石料规格较低，工程条件也要求较差。由于上述缺点存在，也很少在次高级路面上采用。

c) 不整齐石块：用碎石或其他不规则石块（如片石），在路槽中铺筑并碾压成型的路面结构层，宜用于降雨量偏少地区做基层或作中级路面面层。在水稳性好的路基上，可浆砌为过水路面。

d) 其他材料：在缺乏石料地区，可以利用废砖渣、瓦砾加工成一定规格的骨料铺筑路面。在没有现成砖瓦废料的地区，也可选用黏土类土做原料，烧制成陶质或砖质碎块（类似碎石）作路面材料。另外，也可以选用山砂、河砂或工业废渣，如矿渣、炉渣和粉煤灰作路面材料。用这些材料铺筑路面，有的可做低级路面的面层，有的可做高级及次高级路面的底基层或基层。利用工业废料作路面材料，现在正在公路和城市道路建设中被广泛采用。

3. 路面结构层厚度

路面结构层总厚度是各结构层次厚度的和。各结构层厚度的选定，是根据车轮荷载、土基强度和路面材料强度等因素，经过设计计算所求得的技术条件和工程经济最佳的组合。同一路面的结构层中，各层次的材料强度及其结构厚度，都是相互关联、相互依存和相互补充的。例如，路面面层材料与其他各层比较，强度最高、料价也最高。在车轮荷载和土基强度已定的情况下，为求的工程经济合理，常选用较薄的路面面层。因之就得选用较强或较厚的基层、底基层或者再加上垫层。反过来说，如果因某种原因必须增厚面层时，相应的可以减薄基层或底基层的厚度，有时也可以不用垫层。在面层和土基强度一定的情况下，也可以加厚基层取消底基层。在实际设计中，不经过技术经济论证都不得采用过多或过少的层次构造。另一方面，基层或垫层的厚度也不能过多的增加，一则各层次的厚度要受最佳技术经济组合的制约，再则厚度过大的层次会增加施工方面的困难。因为较大的结构层厚度，常须分做两次以上的铺筑和碾压。从结构角度看，过多的结构分层会影响它的结构整体性，因此，设计路面各构造层次也不应太薄，必须具有一个最小厚度，小于这一最小厚度就不能形成一个结构层。例如有的规范规定，水泥混凝土结构层的最小厚度，应不小于碎石最大粒径的 4 倍并大于 16cm。兹将路面结构层常用最小厚度列入表3.24，供参考。

常用路面结构层的最小厚度 表 3.24

结构层名称		最小厚度（cm）	附　注
沥青混凝土 热拌沥青混合料	粗粒式	5.0	单层最小厚度，不包括连接层的组合厚度
	中粒式	4.0	
	细粒式	2.5	
沥青贯入式		4.0	
沥青碎（砾）石表面处治、沥青石屑		1.5	

续表

结构层名称	最小厚度（cm）	附 注
沥青灰土表面处治及沥青砂	2.0 及 1.0	
天然砂砾，级配砾（碎）石，泥结碎（砾）石，水结及干压碎石	8.0	
泥结碎（砾）石，级配砾（碎）石掺石灰	8.0	
铺砌片石，铺砌锥形块石	12.0	
砂姜石，碎砖等嵌锁型结构	6.0	
灰土类（石灰土，碎（砾）石灰土，煤渣灰土等）工业废渣类（二渣，三渣，二渣土等）	8.0	新路可增厚至 15
块石，圆石或拳石基层	10.0	
大块石基层	12.0	
水泥稳定砂砾	8.0	新路可增厚至 15

第 11 节　常见路面的构造

3.11.1　水泥混凝土路面的构造

水泥混凝土路面，包括素混凝土、钢筋混凝土、连续配筋混凝土、预应力混凝土、装配式混凝土、钢纤维混凝土和混凝土小块铺砌等面层板和基（垫）层组成的路面。目前采用最广泛的是就地浇筑的素混凝土路面，简称混凝土路面。

所谓素混凝土路面，是指除接缝区和局部范围（边缘和角隅）外，不配置钢筋的混凝土路面。它的优点是：强度高，稳定性好，耐久性好，养护费用少、经济效益高，有利于夜间行车。但是，对水泥和水的用量大，路面有接缝，养护时间长，修复困难。

1. 土基和基层

（1）土基

理论分析表明，通过刚性面层和基层传到土基上的压力很小，因此混凝土板下不需要有坚强的土支撑。然而，如果土基的稳定性不足，在水温变化的影响下出现较大的变形，特别是不均匀沉陷、不均匀冻胀、膨胀土等仍将给混凝土面层带来很不利的影响，以至于破坏。

控制路基不均匀支撑的最经济、最有效的方法是：把不均匀的土掺配成均匀的土；控制压实时的含水量接近于最佳含水量并保证压实度达到要求；加强路基排水设施，对于湿软地基，则应采取加固措施；加设垫层，以缓和可能产生的不均匀变形对面层的不利影响。

（2）基层

除了混凝土面层下的土基本身是有良好级配的砂砾类土，而且是良好排水条件的轻交通之外，都应设置基层。理论计算和实践都已证明，采用整体性好的材料修筑基层，可以确保混凝土路面良好的使用特性和延长路面的使用寿命。

基层厚度以 0.2m 左右为宜。基层宽度宜较路面两边各宽出 0.2m，以供施工时安装模板并防止路面边缘渗水至土基而导致路面破坏。

在冰冻深度大于0.5的季节性冰冻地区，为防止路基可能产生的不均匀冻胀对混凝土面层的不利影响，路面结构应有足够的总厚度，以便将路基的冰冻深度约束在有限的范围之内。路面结构的最小总厚度，随冰冻线深度、路基的潮湿状况和土质状况而异，其数值可参照表3.25选定。超出面层和基层厚度的总厚度部分可用基层下的垫层（防冻层）来补足。

水泥混凝土路面结构最小厚度（m） 表3.25

冰冻深度（m）	路基潮湿类型	对冻胀敏感的土类	对冻胀不敏感的土类
0.5~1.0	中湿	0.4~0.5	0.3~0.4
	潮湿	0.5~0.7	0.4~0.5
1.0~2.0	中湿	0.5~0.7	0.4~0.6
	潮湿	0.7~1.0	0.6~0.7
>2.0	中湿	0.7~1.0	0.6~0.7
	潮湿	1.0~1.2	0.7~0.9

2. 面板的横断面形式

理论分析表明，轮载作用于板中部时板所产生的最大的应力约为轮载作用于板边部时的2/3。因此，面层板的横端面应采用中间薄两边厚的形式，以适应荷载应力的变化。一般边部厚度较中部大约25%，是从路面最外两侧板的边部，在0.6~1.0m宽度范围内逐渐加厚，如图3.103所示。但是厚边式路面对土基和基层的施工整型带来不便；而且使用经验也表明，在厚度式路面变化转折处，易引起板的折裂。因此，目前国内外常采用等边厚式断面，或在等中厚式断面板的最外两侧板边部配置钢筋予以加固。

3. 接缝的构造与布置

混凝土面层是由一定厚度的混凝土板所组成，它具有热胀冷缩的性质。由于一年四季气温的变化，混凝土板会产生不同程度的膨胀和收缩。而在一昼夜中，白天气温升高，混凝土板顶面温度较底面为

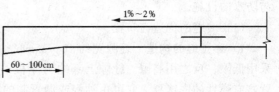

图3.103 厚边式断面

高，这种温度坡差会造成板的中部隆起。夜间气温降低，板顶的温度较底面为低，会使板的周边和角隅翘起，如图3.104（a）所示。这些变形会受到板与基础之间的摩阻力和粘结力以及板的自重和车轮荷载等的约束，致使板内产生过大的应力，造成板面断裂（图3.104（b））或拱胀等破坏。

从图3.104可见，由于翘曲而引起的裂缝，则在裂缝发生后被分割的两块板体尚不致

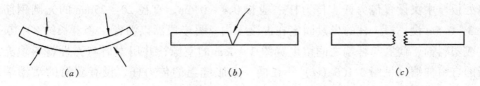

图3.104 混凝土由于温度坡差引起的变形

完全分离，倘若板体温度均匀下降引起收缩，则将使两块板体被拉开（图3.104（c）），从而失去荷载传递作用。

为避免这些缺陷，混凝土路面不得不在纵横两个方向建造许多接缝，把整个路面分割成为许多板块（图3.105）。

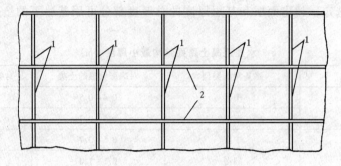

图3.105 板的分块与接缝
1—横缝；2—纵缝

横向接缝是垂直于行车方向的接缝，共有三种：收缩缝、膨胀缝和施工缝。收缩缝保证板因温度和湿度的降低而收缩时沿该薄弱端面缩裂，从而避免产生不规则的裂缝。膨胀缝保证板在温度升高时能部分伸张，从而避免产生路面板在热天的拱胀和折裂破坏，同时膨胀缝也能起到收缩缝的作用。另外，混凝土路面每天完工以及因雨天或其他原因不能继续施工时，应尽量做到膨胀缝处。如不可能，也应做至收缩缝处，并做成施工缝的构造形式。

在任何形式的接缝处板体都不可能是连续的，其传递荷载的能力总不如非接缝处。而且任何形式的接缝都不免要漏水。因此，对各种形式的接缝，都必须为其提供相应的传荷与防水的设施。

(1) 横缝的构造与布置

1) 膨胀缝的构造　缝隙宽约18～25mm。如施工时气温较高，或膨胀缝间距较短，应采用低限；反之用高限。缝隙上部约为厚板的1/4或5mm深度内浇灌填缝料，下部则设置富有弹性的嵌缝板，它可由油浸或沥青制的软木板制成。胀缝缝隙宽度（以mm计）的理论值 b 按下式确定：

$$b = 1000 a_c \cdot a \cdot \Delta t \cdot L \tag{3.20}$$

式中　a_c——填缝材料的压缩系数；

a——混凝土温度膨胀系数，约为10（1/℃）；

Δt——混凝土的最高平均温度同施工时温度的差值（℃）；

L——考虑伸长影响的计算板长，(m)。

对于交通繁忙的道路，为保证混凝土板之间能有效地传递载荷，防止形成错台，可在胀缝处厚中央设置传力杆。传力杆一般长0.4～0.6m，直径20～25mm的光圆钢筋，每隔0.3～0.5m设一根。杆的半段固定在混凝土内，另半段涂以沥青，套上长约8～10cm的铁皮或塑料筒，筒底与杆端之间留出宽约3～4cm的空隙，并用木屑与弹性材料填充，以利板的自由伸缩（见图3.106（a））。在同一条胀缝上的传力杆，设有套筒的活动端最好在缝的两边交错布置。

由于设置传力杆需要钢材，故有时不设传力杆，而在板下用C10混凝土或其他刚性较大的材料，铺成断面为矩形或梯形的垫枕（见图 3.106（b））。当用炉渣石灰土等半刚性材料作基层时，可将基层加厚形成垫枕（见图 3.106（c）），结构简单，造价低廉。为防止水经过胀缝渗入基层和土层，还可以在板与垫枕或基层之间铺一层或两层油毛毡或 2cm 厚沥青砂。

2）收缩缝的构造 缩缝一般采用假缝形式（见图 3.107（a）），即只在板的上部设缝隙，当板收缩时将沿此最薄弱断面有规则地自行断裂。收缩缝缝隙宽约 5~10mm，深度约为板厚的 1/3~1/4，一般为 4~6cm，近年来国外有见效假缝宽度与深度的趋势。假缝缝隙内亦需浇灌填缝料，以防地面水下渗及石砂杂物进入缝内。但是实践证明，当基层表面采用了全面防水措施（下封闭或沥青表处方式）之后，收缩缝缝隙宽度小于 3mm 时（用锯缝法施工）可不必浇灌填缝料。

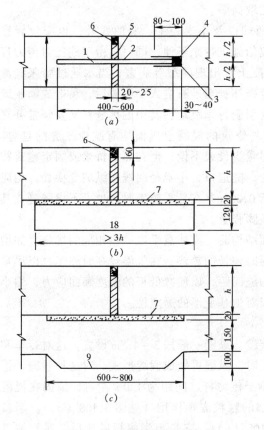

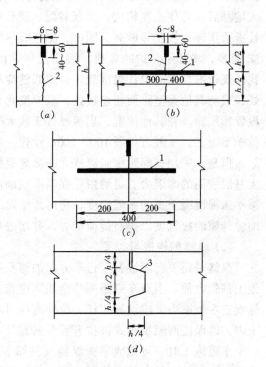

图 3.106 膨胀缝的构造形式
（a）传力杆式；（b）枕垫式；（c）基层枕垫式
1—传力杆固定端；2—传力杆活动端；3—金属套筒；
4—弹性材料；5—软木板；6—沥青填缝料；7—沥青砂；
C8~C10 水泥混凝土预制枕垫；9—炉渣石灰土

图 3.107 收缩缝的工作缝的构造形式
（a）无传力杆的假缝；（b）有传力杆的假缝；
（c）有传力杆的工作缝；（d）企口式工作缝
1—传力杆；2—自行断裂缝；3—涂沥青

由于收缩缝缝隙下面板断裂面凹凸不平，能起一定的传荷作用，一般不必设置传力杆，但对交通繁忙或地基水文条件不良路段，也应在板厚中央设置传力杆。这种传力杆长度约为 0.3~0.4m，直径 14~16mm，每隔 0.30~0.75m 设一根（见图 3.107（b）），一般全部锚固在混凝土内，以使缩缝下部凹凸面的传荷作用有所保证；但为便于板的翘曲，有时也将传力杆半段涂以沥青，称为滑动传力杆，而这种缝成为翘曲缝。

应当补充指出，当在膨胀缝或收缩缝上设置传力杆时，传力杆与路面边缘的距离，应较传力杆间距小些。

3) 施工缝的构造　施工缝采用平头缝或企口缝的构造形式。平头缝上部应设置深为板厚 1/3~1/4 或 4~6cm，宽为 8~12mm 的沟槽，内浇灌填缝料。为利于板间传递荷载，在板厚的中央也应设置传力杆（见图 3.107（c））。传力杆长约 0.40m，直径 20mm，半段锚固在混凝土中，另半段涂沥青或润滑油，亦称滑动传力杆。如不设传力杆，则需要专门的拉毛模板，把混凝土接头处做成凹凸不平的表面，以利于传递荷载。另一种形式是企口缝，如图 3.107（d）所示。

4) 横缝的布置　收缩缝间距一般为 4~6m（即板长），在昼夜气温变化较大的地区，或地基水文情况不良的路段，应取低值，反之取高限。

膨胀缝间距过去取为 20~40m，在桥涵两端以及小半径平、竖曲线处，也应设置胀缝。膨胀缝是混凝土路面的薄弱环节，它不仅给施工带来不便，同时，由于施工时传力杆设置不当（未能正确定位），使膨胀缝处的混凝土常出现碎裂等病害；当水通过膨胀缝渗入地基后，易使地基软化，引起唧泥、错台等破坏；当砂石进入膨胀缝后，易造成膨胀缝处板边挤碎，拱胀等破坏。同时，膨胀缝容易引起行车跳动，其中的填缝料又要经常补充或更换，增加了养护的麻烦。因此近年来国外修筑的混凝土里面均有减少胀缝的趋势。我国现行刚性路面设计规范规定，膨胀缝应尽量少设或不设；但在邻近桥梁或固定建筑物处，或与其他类型路面相连接处，板厚变化处，隧道口，小半径曲线和纵坡变换处，均应设置膨胀缝。在其他位置，当板厚等于或大于 0.20m 并在夏季施工时，也可不设胀缝；其他季节施工，一般可每隔 100~200m 设置一条膨胀缝。

但是，采用长间距膨胀缝或无膨胀缝路面结构时，需注意采取一些相应的措施，如增大基层表面的摩阻力，可约束板在高温或潮湿时伸长的趋势；在气温较高时施工，以尽量减小水泥混凝土板的胀缩幅度；相对地缩短缩缝间距，以便减低板的温度翘曲应力，缩小缩缝缝隙的拉宽度以提高传荷能力，并增进板对地基变形的适应性。

(2) 纵缝的构造与布置

纵缝是指平行于混凝土行车方向的那些接缝。纵缝一般按 3~4.5m 设置，这对行车和施工都较方便。当双车道路面按全幅宽度施工时，纵缝可做成假缝形式。对这种假缝，国外规定在板厚中央应设置拉杆，拉杆直径可小于传力杆，间距为 1.0m 左右，锚固在混凝土内，以保证两侧板不致被拉开而失掉缝下部的颗粒嵌锁作用（见图 3.108（a））。当按一个车道施工时，可做成平头纵缝（见图 3.108（b）），它是当半幅板做成后，对板侧壁涂以沥青，并在其上部安装厚约 0.01m，高约 0.04m 的压缝板，随即浇筑另半幅混凝土，待硬结后拔出压缝板，浇灌填缝料。为利于板间传递荷载，也可采用企口式纵缝（见图 3.108（c）），缝壁应涂沥青，缝的上部也应留有宽 6~8mm 的缝隙，内浇灌填缝料。为防止板沿两侧拱横坡爬动拉开和形成错台，以及防止横缝搓开，有时在平头式及企口式纵缝上设置拉杆（见图 3.108（c），（d）），拉杆长 0.5~0.7m，直径 18~20mm，间距 1.0~1.5m。

对多车道路面，应每隔 3~4 车道设一条纵向膨胀缝，其构造与横向膨胀缝相同。当路旁有路缘石时，缘石与路面板之间也应设膨胀缝，但不必设置传力杆或垫枕。

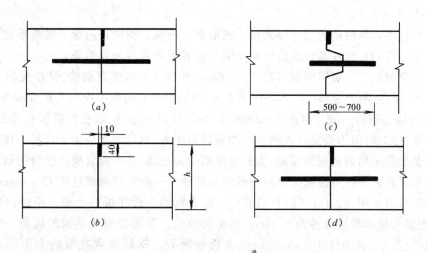

图 3.108 纵缩缝的构造形式
(a) 假缝带拉杆；(b) 平头缝；(c) 企口缝加拉杆；(d) 平头缝加拉杆

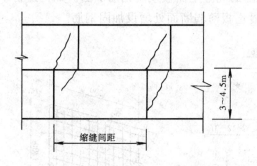

图 3.109 横缝错开时引起的裂缝

（3）纵横缝的布置

纵缝与横缝一般作成垂直正交，使混凝土板具有 90°的角隅。纵缝两旁的横缝一般成一条直线。实践表明，如横缝在纵缝两旁错开，将导致板产生从横缝延伸出来的裂缝（见图 3.109）。在交叉口范围内，为了避免板形成较锐的角并使板的长边与行车的方向一致，大多采用辐射式的接缝布置形式（见图 3.110）。

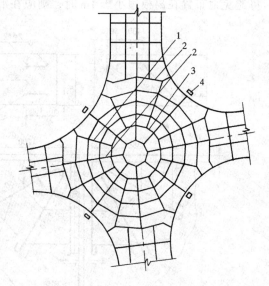

图 3.110 交叉口接缝布置
1—纵缝（企口式）；2—胀缝；3—缩缝；4—进水口

应当补充指出，目前在国外流行一种新的混凝土路面接缝布置形式，即胀缝甚少，缩缝间距不等，按 4、4.5、5、5.5 和 6m 的顺序设置，而且横缝与纵缝交成 80°左右的斜角，如设传力杆，则传力杆与路中线平行，其目的是使一辆车只有一个后轮横越接缝，减轻由于共振作用所引起的行车跳动的幅度，同时也可缓和板伸张时的顶推作用。

至于传力杆的设置问题，国外一般认为：1. 对低交通量道路，当收缩缝间距小于 4.5~6.0m，可不设传力杆；2. 对大交通量道路，任何时候都应该设置传力杆，采用间距小的收缩缝和稳定类基层时则例外。

4．钢筋的布置

当采用板中计算厚度时的等厚式板，或混凝土板纵、横向自由缘下的基础有可能产生较大的塑性变形时，应在其自由边缘和角隅处设置下述两种补强钢筋。

(1) 边缘钢筋　一般用两根直径 12～16mm 的螺纹钢筋或圆钢筋,设在板的下部板厚的 1/4～1/3 处,且距边缘和板底均不小于 5cm,两根钢筋的间距不应小于 0.10m(见图 3.111(a))。纵向边缘钢筋一般只布置在一块板内,不得穿过收缩缝,以免妨碍板的翘曲；但有时亦可将其穿过缩缝,但不得穿过胀缝。为加强锚固能力,钢筋两端应向上弯起。在横胀缝两侧边缘以及混凝土路面的起终端处,为加强板的横向边缘,亦可设置横向边缘钢筋。

(2) 角隅钢筋　设置在膨胀缝两侧板的角隅处,一般可用两根直径 12～14mm 长 2.4m 的螺纹钢筋弯成如图 (3.111(b)) 的形状。角隅钢筋应设在板的上部,距板顶面不小于 0.05m,距膨胀缝和板边缘各为 0.01m。在交叉口处,对无法避免形成的锐角,宜设置双层钢筋网补强（见图 3.111(c)），以避免板角断裂。钢筋布置在板的上下部,距板顶(底) 0.05～0.07m 为宜。

当混凝土路面中必须设置窨井、雨水口等其他构造物时,则宜设在板中或接缝处,在井口边设置胀缝同混凝土面板分开,构造物周围的混凝土面板须用钢筋加固。如构造物不可避免地布置在离板边小于 1m 时,则应在混凝土板薄弱断面处增设加固钢筋。

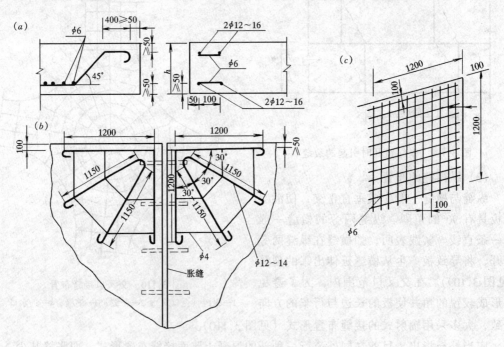

图 3.111　边缘和角隅钢筋的布置
(a) 边缘钢筋；(b)、(c) 角隅钢筋

混凝土路面同桥梁相接处,宜设置钢筋混凝土搭板。搭板一端放在桥台上,并加设防滑锚固钢筋和在搭板上预留灌浆孔。如为斜交桥梁,尚应设置钢筋混凝土渐变板。渐变板的块数,当桥梁斜角大于 70°时设一块；70°～45°时设两块；小于 45°时至少设三块（见图 3.112）。渐变板的短边最小为 5m,长边最大为 10m。搭板和渐变板的配筋量按有关公式计

算，角隅部分另加钢筋补强。

5. 混凝土路面与柔性路面相结处的处理

混凝土路面同柔性路面相接处，为避免出现沉陷和错台，或柔性路面受顶推而拥起，宜按图3.113的方式处理；或将混凝土板埋入柔性路面内，如图3.114所示。

3.11.2 沥青混凝土路面的构造

1. 沥青混凝土路面的特点

沥青混凝土面层是按照级配原理选配的矿料（包括碎石或轧制砾石，石屑，砂和矿粉）与一定数量的沥青，在一定温度下拌和成混合料（一般由沥青混凝土加工厂生产），经摊铺，压实而成的路面面层结构。这种沥青混合料称为沥青混凝土混合料。

采用相当数量的矿粉是沥青混凝土的一个显著特点，矿粉的掺入使黏稠的沥青以薄膜的形式分布，从而产生很大的粘结力。

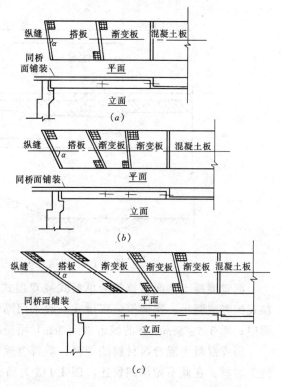

图3.112 混凝土路面同斜交桥梁相接时的构造示意
(a) $\alpha > 70°$；(b) $45° < \alpha < 70°$；(c) $\alpha < 45°$

沥青混凝土具有强度高，整体性好，抵抗自然因素破坏作用的能力强等优点，可以作为高级路面面层。这种面层适用于高速公路，交通量繁重的公路干道和城市道路以及机场飞机跑道。

2. 沥青混凝土路面的分类

沥青混凝土面层根据材料，空隙率和结构形式的不同，可按下列方法分类：

(1) 按沥青混合料的最大粒径分类

沥青混凝土混合料按矿料的最大粒径，可分为LH-35，30，25，20，15，10，5等七种类型。

在生产与施工上可按矿料粒径，分为粗粒式（LH-30及LH-35），中粒式（LH-20及LH-25），细粒式（LH-10及LH-15）以及沥青砂（LH-5）。

(2) 按结构空隙率分类

根据沥青混凝土混合料按标准压实后剩余空隙率，可分为1型（剩余空隙率3%~6%）和2型（剩余空隙率为6%~10%）。

(3) 按结构形式分类

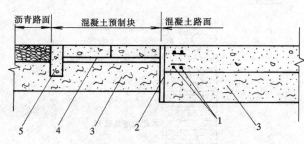

图3.113 混凝土路面同柔性路面相接处的示例
1—端部边缘钢筋；2—胀缝；3—基层；
4—卧层（C5混合砂浆）；5—混凝土平道牙

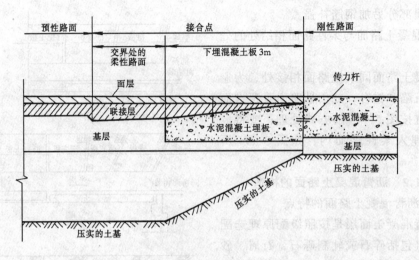

图 3.114　混凝土板埋入柔性路面的连接方法

沥青混凝土路面可修筑为单层式或双层式。单层式面层的厚度为 4~6cm，宜采用中粒式沥青混凝土一次铺筑，双层式一般采用厚 2~4cm 用中粒式或细粒式沥青混凝土作上面层；厚 3.5~5cm（有的城市做到 8cm）用粗粒式沥青混凝土作下面层。

沥青混凝土混合料材料的规格，应符合规范规定。沥青混凝土路面的施工方法请参看施工教材，在此不做详细赘述。图 3.115 为高速公路沥青混凝土路面结构施工图。

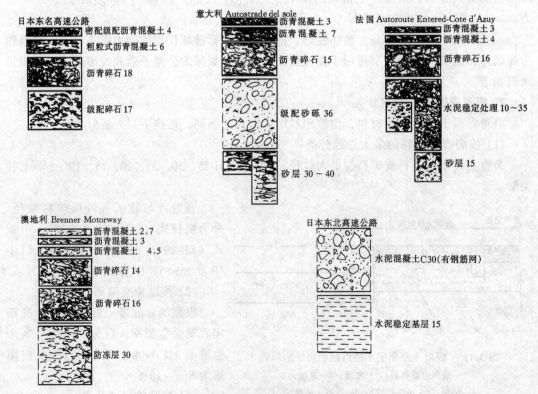

图 3.115　高速公路路面结构组成实例（单位：cm）

第12节 路面结构施工图识读

路面结构施工图常采用断面图的形式表示其构造做法。表1.7列出了路面结构常用材料图例。路面结构根据当地气候条件不同有所区别，图3.116所示为我国华东地区干燥及季节性潮湿地带常用的几种典型公路路面构造。图3.117所示为我国新疆乌鲁木齐地区机动车道路面结构大样图，图3.118为该地区人行道路面结构大样图。

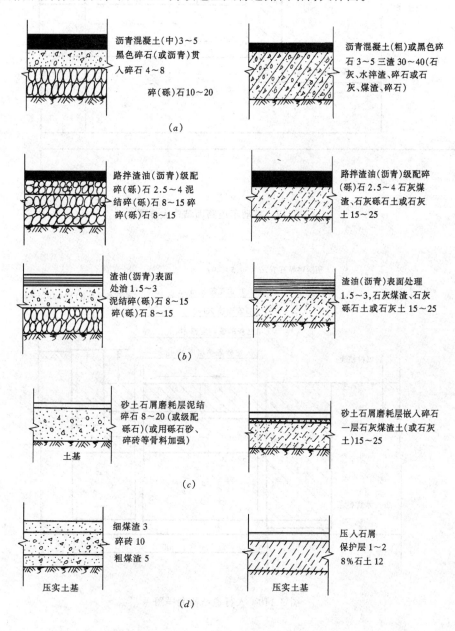

图 3.116 公路路面结构（cm）
(a) 高级路面；(b) 次级路面；(c) 中级路面；(d) 低级路面

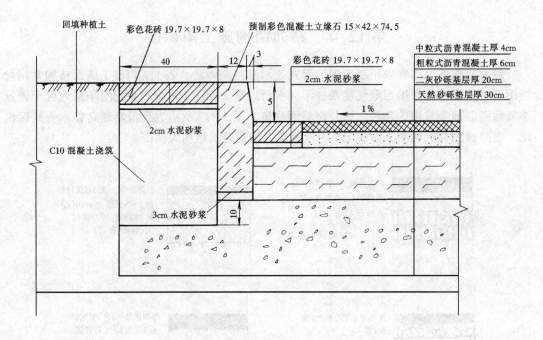

图 3.117 机动车道路面结构大样图

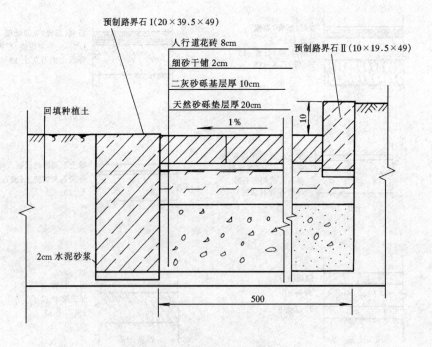

图 3.118 人行道结构大样图

第13节 道路交叉口与施工图

3.13.1 概述

在城市中，由于道路的纵横交错而形成很多交叉口。相交道路各种车辆和行人都要在交叉口处汇集、通过，因此交叉口是道路交通的咽喉，交通是否安全、畅通很大程度上取决于交叉口。

1. 交叉口的基本类型及使用范围

平面交叉口的型式，决定于道路网的规划、交叉口用地及其周围建筑的情况，以及交通量、交通性质和交通组织。常见的交叉口型式有：十字形、X字形、T字形、Y字形、错位交叉和复合交叉（五条或五条以上道路的交叉口）等几种。

通常采用最多的十字形交叉口（如图3.119(a)）。型式简单，交通组织方便，街角建筑容易处理，适用范围广，可用于相同等级或不同等级道路的交叉，在任何一种型式的道路网规划中，它都是最基本的交叉口型式。

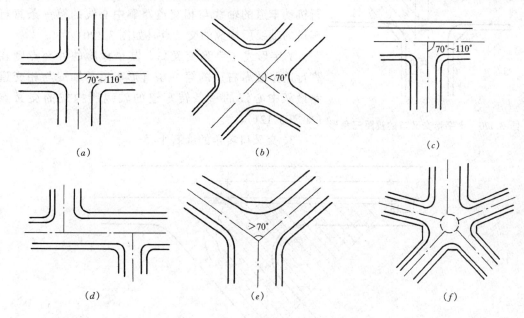

图 3.119 平面交叉口的形式

X字形交叉口是两条道路以锐角或钝角斜交（如图3.119(b)）。当相交的锐角较小的情况下，将形成狭长的交叉口，对交通不利（特别对左转弯车辆），锐角街口的建筑也难处理。所以，当两条道路相交，如不能采用十字形交叉口时，应尽量使相交的锐角大些。

T字形交叉口（如图3.119(c)）、错位交叉口（如图3.119(d)）和Y字形交叉口（如图3.119(e)）均用于主要道路和次要道路的交叉，主要道路应设在交叉口的直顺方向。在特殊情况下，例如一条尽头式干道和另一条滨河主干道相交，两条主干道也可用T字形交叉。必须注意的是，不应该为了片面地追求道路的对景（街景处理）而把主干道设计成错位交叉口（如图3.119(d)），致使主干道曲折，影响了主干路车辆的畅通。

复合交叉口是多条道路交汇的地方（如图 3.119 (f)），容易起到突出中心的效果，但用地大，并给交通组织带来很大的困难，采用时必须慎重全面考虑。

2．交叉口的视距

为了保证交叉口上的行车安全，司机在入交叉口前的一段距离内，必须能看清相交道路的车辆的行驶情况，以便能顺利地驶过交叉口或及时停车，避免发生碰撞，这一段距离必须大于或等于停车视距。

由停车视距（S 停）所组成的三角形称为视距三角形（如图 3.120 和 3.121 中的阴影部分）。在视距三角形的范围内，不能有任何阻碍司机视线的障碍物。

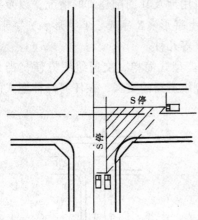

视距三角形是按最不利情况绘制的。从出行车辆可能的最危险冲突点向两条相交道路分别沿行车的轨迹线（可取行车的车道中线）量取停车视距 S 停值。连接末端，在三条线所构成的视距范围内，不准有障碍线的障碍物存在。

出行车可能的最危险冲突点在靠右边的第一条直行机动车道的轴线与相交道路靠中心线的第一条直行车道的轴线所构成的交叉点（如图 3.120）。

Y 字形或 T 字形交叉口，其最危险的冲突点则在直行道路最靠右边的第一条直形车道的轴线与相交道路最靠中心线的一条转车道的轴线所构成的交叉点（如图 3.121）。

图 3.120 十字形交叉口的视距三角形

3．交叉口转角的缘石半径

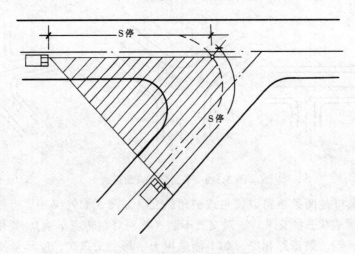

图 3.121 Y 字畸形交叉口的视距三角形

为了保证各种右转弯车能以一定的速度顺利地转弯，交叉口转角处的缘石应做成圆曲线或多圆心复曲线，抛物线等，一般多采用圆曲线，圆曲线的半径 R_1 称为缘石半径（如图 3.122）。

未考虑机动车道加宽的交叉口转角的缘石半径 R_1 为：

$$R_1 = R - (B/2 + W) \quad (m) \tag{3.21}$$

式中 R——机动车右转车道中心线的圆曲线半径（取汽车转弯时其前挡板中心轨迹的圆半径）（m）；

  B——机动车道宽度，一般采用 3.5m；

  W——交叉口转弯处的非机动车道宽度。一般至少采用 $W=3.0m$。

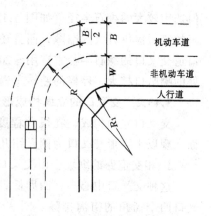

关于 R 的计算方法从略。另外，还应注意交叉口转角的缘石半径不得小于汽车的最小转弯半径。

在一般的十字交叉口，缘石半径 R_1 通常采用：主干道 20~25m；次干道 10~15m；住宅区街坊道路 6~9m。

图 3.122 缘石半径的计算图标

随着我国城市交通运输和汽车制造工业的迅速发展，载重汽车拖带挂车、铰接的公共汽车和无轨电车日益增多，为了使右转弯车辆的速度不致减得太低而能顺利通过交叉口，在条件允许的情况下，缘石半径 R_1 值最好能适当大一些。

必须指出的是，我国各城市现有城市道路的车行道宽度都普遍狭窄，大多数是单进口道，即进口道只有一条机动车车道，在近期还不可能大量拆迁房屋拓宽车行道的情况下，适当加大缘石半径，以扩大进口道停车线断面附近的车行道宽度，减少交通阻塞，具有现实意义。

单进口道的交叉口由于进口狭窄，左转车辆在冲突点前等候对向直行车流空档时，严重阻碍后车的通行，直接影响到交叉口的通行能力。但如果能把缘石半径适当加大，即获明显效果（如图 3.123）。

图 3.123（a）和图 3.123（b）都是车道宽度相同的单进口道交叉口，所不同的是（图 3.123b）比（图 3.123a）的缘石半径大。当 14.5m 的铰接公共汽车在冲突点前等候对向直行车流空档时，后车几乎无法绕过行进，很容易造成交通阻塞（如图 3.123（a））。

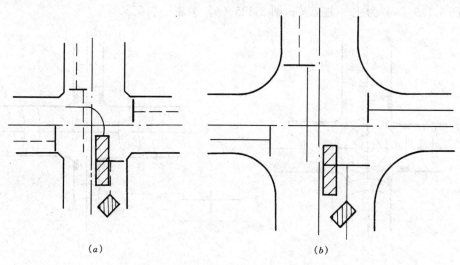

(a) (b)

图 3.123 不同缘石半径的单进口道交叉口

但选用较大的缘石半径（如图 3.123（b）），使进口处呈开口较大的喇叭状，不仅能为后车的绕行提供较大的空隙，而且还保留了非机动车通道，所以不会阻塞。根据观测，单进口道交叉口的缘石半径宜选用 ≥20m，停车线在可能的情况下应尽量靠近交叉口，使进口处的喇叭口扩大，停候的左转车辆可避免阻塞后车的绕行。

3.13.2 交叉口的立面构成形式

交叉口立面构成，在很大程度上取决于地形，以及和地形相适应的相交道路的横断面。现以十字形交叉口为例介绍几种交叉口的立面构成形式。

1. 相交道路的纵坡全由交叉口中心向外倾斜

这种交叉口中心高，四周低，这种交叉口不需要设置雨水进水口，可让地面雨水向交叉口四个街角的街沟排除。图 3.124（a）为主—主交叉；图 3.124（b）为主—次交叉。两者的立面构成形式一样。

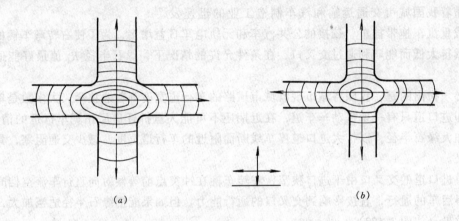

图 3.124 在凸形地形的交叉口立面形式

2. 相交道路的纵坡全向交叉口中心倾斜

这种交叉口，地面水均向交叉口集中，必须设置地下排水管排泄地面水。为避免雨水积聚在交叉口中心，还应该将交叉口中心做得高些，在交叉口四个角下的低洼处设置进水口。图 3.125（a）为主—主交叉；图 3.125（b）为主—次交叉。

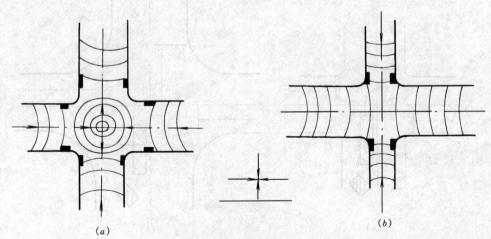

图 3.125 在凹形地形的交叉口立面形式

3. 三条道路的纵坡由交叉口向外倾斜，而另一条道路的纵坡向交叉口倾斜

交叉口中有一条道路位于地形分水线上就形成这种形式。在纵坡向着交叉口的路口上的人行横道的上侧设置进水口，使街沟的地面水不流过人行横道和交叉口，以免影响行人和车辆通行。图3.126（a）为主—主交叉；图3.126（b）和图3.126（c）为主—次交叉。

4. 三条道路的纵坡向交叉口倾斜，另一条道路的纵坡由交叉口向外倾斜

交叉口中有一条道路沿谷线上，则次要道路进入交叉口前在纵断面上产生转折点而形成过街横沟，对行车不利。图3.127（a）为主—主交叉；图3.127（b）、（c）、（d）为主—次交叉。

5. 相邻两条道路的纵坡向交叉口倾斜，而另外两条道路的纵坡均由交叉口向外倾斜

交叉口位于斜坡地形上就形成这种形式。交叉口形成一个单向倾斜的斜面。在进入交叉口的人行横道的上侧设置进水口。图3.128（a）为主—主交叉；图3.129（b）、（c）为主—次交叉。

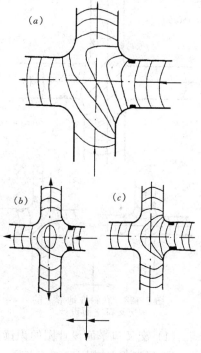

图3.126 在分水线上的交叉口立面设计

6. 相交两条道路的纵坡向交叉口倾斜；而另外两条道路的纵坡由交叉口向外倾斜

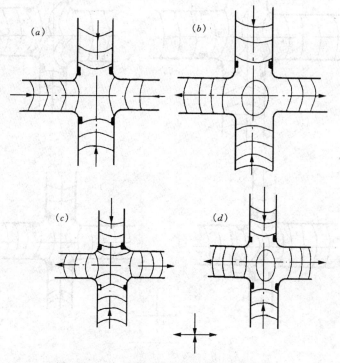

图3.127 在谷线地形上的交叉口立面设计

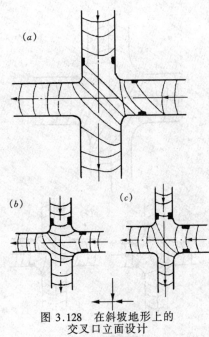

图 3.128 在斜坡地形上的交叉口立面设计

交叉口位于马鞍形地形上就是这种形式。图 3.129（a）、（b）为主—主交叉；图 3.129（c）、（d）为主—次交叉。

7. 环形交叉口

环形交叉（俗称转盘）是在交叉口中央设置一个中心岛，用环道组织渠化交通，驶入交叉口的车辆，一律绕岛做逆时针单向行驶至所要去的路口离岛驶去。环形交叉口的组成（如图 3.130）。

中心岛的形状有圆形、椭圆形、卵形、方形圆角、菱形圆角等，常用的是圆形。

3.13.3 交叉口施工图的识读

1. 交叉口施工图的识读要求

交叉口施工图是道路施工放线的依据和标准，因此施工前一定要将施工图所表达的内容全部弄清楚。施工图一般包括交叉口平面设计图和交叉口立面设计图。

（1）交叉口平面设计图的识读要求

1）了解设计范围和施工范围。

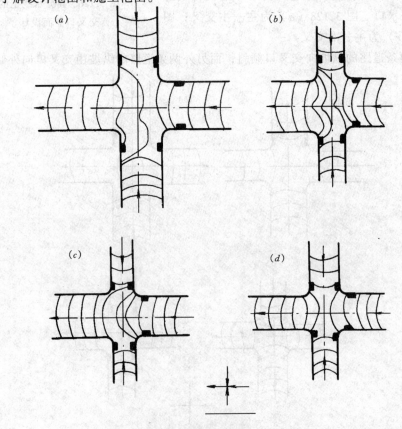

图 3.129 在马鞍形的交叉口立面设计

2）了解相交道路的坡度和坡向。

3）了解道路中心线、车行道、人行道、缘石半径、进水等位置。

(2) 交叉口立面设计图识读要求

1）了解路面的性质及所用材料。

2）掌握旧路现况等高线和设计等高线。

3）了解胀缝的位置和胀缝所用材料。

4）了解方格网的尺寸。

2．交叉口施工图示范

(1) 交叉口平面图（如图 3.131）。

(2) 交叉口立面图（如图 3.132（a）、图 3.132（b）、图 3.132（c））。

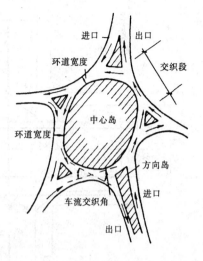

图 3.130 环形交叉路口组成示意

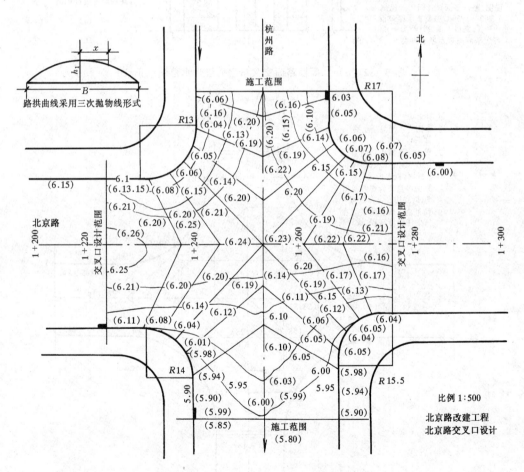

图 3.131 城市道路交叉口平面设计图

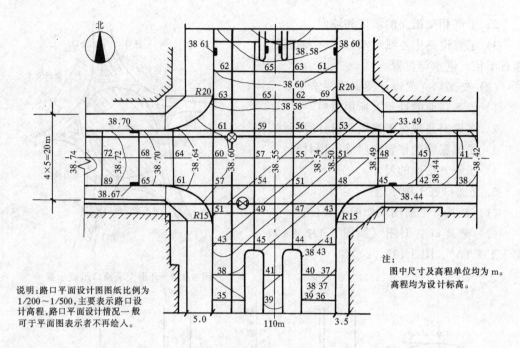

图 3.132（a） 柔性路面交叉口立面设计示范图（正交）

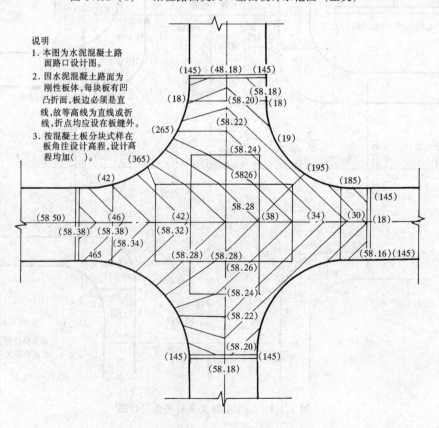

图 3.132（b） 刚性路面交叉口立面设计示范图（正交）

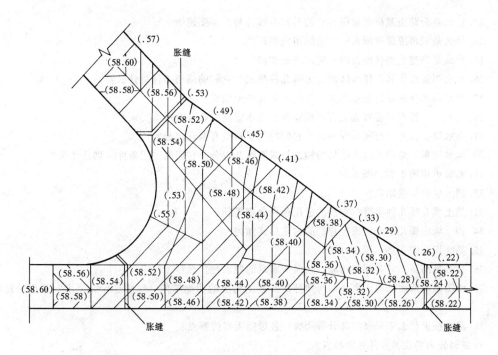

图 3.132（c） 刚性路面交叉口立面设计示范图（Y字形斜交）

习 题

1. 道路的作用是什么？什么是道路在平面、纵断面上的控制点？其作用是什么？
2. 什么叫公路？什么叫城市道路？
3. 什么是道路路线？道路路线的线型是如何确定的？
4. 道路路线线型是如何设计的？道路路线工程图的图示方法与一般工程图有哪些不同？
5. 道路平面设计的主要内容是什么？
6. 道路平曲线要素有哪些？平曲线半径如何选择？
7. 平曲线上的超高、加宽与曲线衔接的概念如何？
8. 道路平面图包括哪些内容？画平面图应注意哪些问题？
9. 纵坡坡度的定义是什么？桥隧部分的最大纵坡规定是什么？
10. 合成坡度的定义是什么？合成坡度过大有何危害？
11. 竖曲线的种类有哪些？
12. 竖曲线的要素有哪些？
13. 各个里程桩的填挖高度如何确定？
14. 为了保证良好的纵断线形应注意的问题是什么？
15. 平曲线与竖曲线的良好组合是什么？不良的组合是什么？
16. 长链、短链的定义是什么？如何标注？
17. 道路路线纵断面图的图示内容是什么？
18. 什么是道路的横断面？它是由哪几部分组成？横断面设计的主要任务是什么？
19. 城市道路总宽度的含义是什么？它由哪几部分组成？各部分宽度如何确定？
20. 什么是道路的横坡、路拱？路拱曲线的基本形式有哪些？各适用于何种情况？
21. 城市道路横断面的布置形式有哪几种？画图说明其各自的特点。
22. 什么是郊区道路？其横断面的特点如何？

23．什么是公路路基横断面图？它的形式有哪几种？画图说明。
24．什么是城市道路横断面图？它的组成如何？
25．什么是高速公路横断面图？它的组成如何？
26．什么叫排水体制？排水体制分为哪几种型式？它们的适用条件是什么？
27．道路雨水排水系统有哪几类？它们由哪几部分组成？
28．雨水口、检查井在布置上有哪些要求？雨水管道的布置有哪些要求？
29．雨水口、检查井有哪几种形式？它们的主要构造有哪几部分？
30．雨水明渠、地面式雨水暗沟的构造组成有哪几部分？它们的适用条件分别是什么？
31．熟练识读图 3.84、图 3.85。
32．挡土墙有哪些用途？
33．挡土墙有哪几种类型？它们的适用条件分别是什么？
34．挡土墙由哪几部分组成？它们的构造形式如何？
35．熟练识读图 3.99、图 3.100。
36．什么是路面？它有哪些功能？路面应满足的要求是什么？
37．画图说明路面结构层次是如何划分的？各结构层的功能如何？应满足什么要求？常用的材料有哪些？
38．路面根据什么来分级？共分哪几级？各级路面有何特点？
39 路面分为哪几类？各有何特点？
40．什么是水泥混凝土路面？它有哪些特点？其断面形式如何？
41．水泥混凝土路面的横向接缝有几种形式？各自的构造如何？
42．水泥混凝土路面的纵向接缝有几种形式？各自的构造如何？
43．水泥混凝土路面板中的钢筋应如何布置？
44．水泥混凝土路面与柔性路面相接触应如何处理？
45．沥青混凝土路面的特点是什么？如何分类？
46．熟练识读教材中路面结构施工图。
47．道路交叉口有哪几种基本类型？它们的使用范围是什么？
48．什么是交叉口的视距？视距三角形应如何绘制？
49．什么是交叉口转角的缘石半径？缘石半径应如何确定？
50．交叉口的立面构成型式有哪几种？各有何特点？
51．熟练识读图 3.132。

第4章 桥梁工程施工图

内容提要 本章主要介绍桥梁的分类及专用术语，桥梁的基本组成，桥梁的纵断面横断面的构造和平面布置。梁式桥的分类、支座的类型及构造，装配式梁桥的构造。桥面系各部分的构造及功能，施工构造图的识读。桥梁墩台的一般知识，梁桥重力式桥墩、桥台的构造。涵洞的基本构造及施工图的识读方法，拱桥的分类、各部分的构造及功能、施工图的识读方法，隧道的构造、施工图的识读。并简要介绍了地铁的构造及施工图的识读。

第1节 桥梁的基本知识

4.1.1 桥梁的组成和分类

桥梁是道路跨越障碍的人工构造物。当道路路线遇到江河、湖泊、山谷、深沟以及其他线路（公路或铁路）等障碍时，为了保证道路上的车辆连续通行，充分发挥其正常的运输能力，同时也要保证桥下水流的宣泄、船只的通航或车辆的运行，就需要建造专门的人工构造物——桥梁，来跨越障碍。为了便于本章及后面章节的学习，首先应熟悉桥梁的基本组成部分和桥梁的分类。

1. 桥梁的组成

图4.1、图4.2分别表示桥梁中常用的梁桥和拱桥的结构图式。从图中可见，桥梁一般由以下三个主要部分组成：

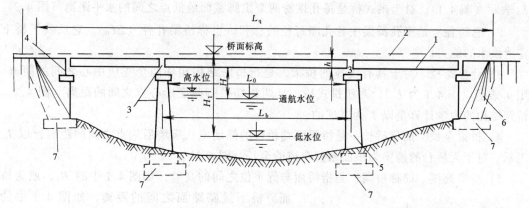

图4.1 梁桥基本组成部分
1—主梁；2—桥面；3—支座；4—桥台；5—桥墩；6—锥坡；7—基础

（1）上部结构，亦称桥跨结构，包括桥面系和跨越结构，是在线路遇到障碍而中断时，跨越障碍的主要承载结构。它的作用是承受车辆等荷载，并通过支座传给墩台。

（2）下部结构，包括桥墩、桥台和基础。它的作用是支承桥跨结构并将恒载和活载传至地基。桥墩设在两桥台中间，作用是支承桥跨结构。桥台设在两端，除了有支承桥跨结

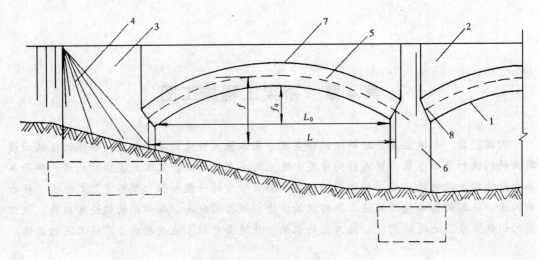

图 4.2 拱桥基本组成部分
1—拱圈；2—拱上结构；3—桥台；4—锥坡；5—搭轴线；6—桥墩；7—拱顶；8—拱脚

构的作用外，还要与路堤衔接抵御路堤土压力，防止路堤滑塌。

(3) 附属结构，包括桥头锥形护坡、护岸以及导流结构物等。它的作用是抵御水流的冲刷，防止路堤填土坍塌。

下面介绍一些与桥梁设计有关的主要尺寸和术语名称。

低水位　河流中的水位是变动的，在枯水季节的最低水位称为低水位（图 4.1）。

高水位　洪峰季节河流中的最高水位称为高水位（图 4.1）。

设计洪水位　桥梁设计中按规定的设计洪水频率计算所得的高水位，称为设计洪水位（图 4.1）。

1) **净跨径**　对于梁式桥是指设计洪水位上相邻两个桥墩（或桥台）之间的净距，用 L_0 表示（图 4.1）；对于拱式桥是每孔拱跨两个拱脚截面最低点之间的水平距离（图 4.2）。

2) **总跨径**　是多孔桥梁中各孔净跨径的总和，也称桥梁孔径（ΣL_0）。它反映了桥下宣泄洪水的能力。

3) **计算跨径**　对于具有支座的桥梁，是指桥跨结构相邻两个支座中心之间的距离，用 L 表示（图 4.1 为 L_b）。对于拱式桥，是两相邻拱脚截面形心点之间的距离（图 4.2）。桥跨结构的力学计算是以 L 为基准的。

4) **桥梁全长**　简称桥长，是桥梁两端桥台的侧墙或八字墙后端点之间的距离，以 L_q 表示。对于无桥台的桥梁为桥面系行车道的全长（图 4.3）。

5) **桥梁高度**　简称桥高，是指桥面与低水位之间的高差，如图 4.1 中的 H_1，或为桥面与桥下线路路面之间的距离，如图 4.3 中的 H_1。

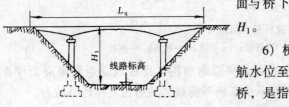

图 4.3 带悬臂的桥梁

6) **桥下净空高度**　是设计洪水位或计算通航水位至桥跨结构最下缘之间的距离；对于跨线桥，是指上部结构最低点至桥下线路路面顶面之间的垂直距离，以 H 表示（见图 4.1）。

7) **桥梁建筑高度**　是桥上行车道顶面标高

至上部结构最低边缘之间的距离（图4.1中的h）。

8）拱桥净矢高　是从拱顶截面下缘至相邻两拱脚截面最低点之连线的垂直距离，以f_0表示（图4.2）。

9）拱桥计算矢高　是从拱顶截面形心至相邻两拱脚截面形心之连线的垂直距离，以f表示（图4.2）。

10）拱桥矢跨比　是拱桥中拱圈（或拱肋）的计算矢高f与计算跨径L之比（f/L），也称拱矢高。它是反映拱桥受力特性的一个重要指标。

标准跨径（图4.1中L_b）　对于梁式桥，是指相邻桥墩中线之间的距离，或墩中线至桥台台背前缘之间的距离。对于拱式桥，则是指净跨径。我国《公路工程技术标准》中规定，对于标准设计或新建桥涵跨径在60m以下时，一般应尽量采用标准跨径，其跨径从0.75m起至60m，共分22种。

涵洞　是用来宣泄路堤下水流的构造物。通常在建造涵洞处路堤不中断。为了区别于桥梁，《公路工程技术标准》中规定，凡是多孔跨径的全长不到8m和单孔跨径不到5m的泄水结构物，均称为涵洞。

2．桥梁的分类

目前人们所见的桥梁，种类繁多。它们都是在长期的生产活动中，通过反复实践和不断总结逐步创造发展起来的。

桥梁的分类方式很多，如按其用途来划分，有公路桥，铁路桥，公路铁路两用桥，农桥，人行桥，运水桥等专用桥梁。

按主要承重结构所用的材料来划分，有木桥，钢桥，圬工桥（包括砖、石、混凝土），钢筋混凝土桥和预应力钢筋混凝土桥。

按结构受力体系划分，有梁式桥，拱式桥，刚架桥，吊桥和组合体系桥。下面仅从受力特点，适用跨度两方面简要说明各种体系的特点。

（1）梁式桥

梁式桥是一种在竖向荷载作用下无水平反力的结构（图4.4）。包括梁桥和板桥，主要承重构件是梁（板），在竖向荷载作用下承受弯矩而无水平推力，墩台也仅承受竖向压力。梁桥结构简单，施工方便，对地基承载能力的要求不高，常用跨径在25m以下。

（2）拱式桥

拱式桥的主要承重结构是拱圈或拱肋（图4.5）。这种结构在竖向荷载作用下，桥墩或桥台将承受很大的水平推力（图4.5）。同时，这种水平推力将显著抵消荷载所引起的在拱圈或拱肋内的弯矩作用。因此，与同样跨径的梁相比，拱的弯矩和变形要小得多。鉴于拱桥的承重结构以受压为主，通常可用抗压能力强的圬工材料（如砖、石、混凝土）和钢筋混凝土等来建造。

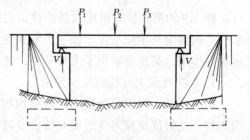

图4.4　梁式桥简图

拱桥的跨越能力很大，外形也较美观，在条件许可的情况下，修建圬工拱桥往往是经济合理的。

（3）刚架桥

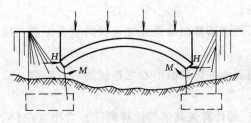

图 4.5 拱式桥简图

上部结构与下部结构连成一个整体。它的主要承重结构是梁（或板）和立柱或竖墙整体结合在一起的刚架结构，梁和柱的连接处具有很大的刚性（图 4.6）。在竖向荷载作用下，梁部主要受弯，而在柱脚处则要承受弯矩、轴力和水平反力（图 4.6），因此其受力状态介于梁桥与拱桥之间。因此，对于同样的跨径，在相同的荷载作用下，刚架桥的跨中正弯矩要比一般梁桥小。根据这一特点，刚架桥跨中的建筑高度就可以做得较小。

（4）吊桥

吊桥的主要承重构件是悬挂在两边塔架、并锚固在桥台后面的锚锭上的缆索（图 4.7）。在竖向荷载作用下，通过吊杆使缆索承受很大的拉力，而塔架则要承受竖向力的作用，同时还承受一定的水平拉力和弯矩。

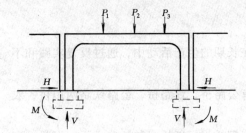

图 4.6 刚架桥简图

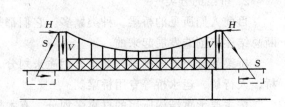

图 4.7 吊桥简图

（5）组合体系桥

根据结构的受力特点，由几个不同体系的结构组合而成的桥梁称为组合体系桥。组合体系的种类很多，但究其实质不外乎利用梁、拱、吊三者的不同组合，上吊下撑以形成新的结构。图 4.8 为梁和拱组合而成的系杆拱桥，其中梁和拱都是主要承重构件。图 4.9 为梁和拉索组成的斜拉桥，它是一种由主梁与斜缆相组合的组合体系。悬挂在塔柱上的斜缆将主梁吊住，使主梁象多点弹性支承的连续梁一样工作，这样既发挥了高强材料的作用，又显著减少了主梁截面，使结构自重减轻，从而能跨越更大的空间。

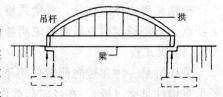

图 4.8 系杆拱桥简图

3. 水文及水文地质的基本知识

前已述及，桥梁是跨越障碍的结构物，当它跨越的是河流（或沟渠）时，便是一泄水构筑物，此时应根据河流的洪水情势及河床的冲淤变形等进行恰当的设计。下面简介一些与桥梁有关的水文及水文地质的基本知识。

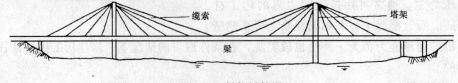

图 4.9 斜拉桥简图

(1) 水文学，水文地质学

研究自然界中水的运行变化规律的科学，称为水文学。川流不息的大小河流把地面上的水注入海洋，海洋和地面上的水在太阳辐射的作用下，蒸发进入大气，水汽在上升和随气流运动中遇冷凝结，并以降水（雨、雪、霜、露等）形式降落到海洋或地面上，地面上的水又通过河流汇入海洋；如此周而复始，形成自然界的水循环。

研究自然界中地下水的形成、埋藏、分布、循环和运动的科学，称为水文地质学。我们常见的井水或泉水都是地下水。地下水是自然界水循环的一部分，它与大气水、地表水同是一个矛盾的统一体，它们之间可以互相转化。

1）自然界的水循环

地球上总的水体体积约为 18 亿 km^3，这些水在不同的物理环境下，以气态、液态、固态的形式分别存在于大气圈、地球表面及地壳之中。若以大气圈所含水量为1，其他部分水的比例大致为：大气圈水：岩石圈水：地表水 = 1：10：100000。地表水所占的比例最大，但其中的97%分布于海洋，仅有0.05%左右的水分布于河流与湖泊。同时这些水在陆地表面的分布是极不均匀的，相比之下，地下水较之陆地上的地表水的分布要广泛得多。

上述水在太阳辐射热和地心引力作用下，不断的运动和转化着。水在太阳辐射热的作用下，从海面、河流、湖泊的表面、岩土表面及植物叶面不断蒸发，变成水汽上升到大气层中。大气层中水随气流转移，在适当条件下，水汽凝结成液态或固态的水，以各种不同的形式降落到地面上来。降水一部分就地蒸发，一部分沿着地表流动，变成地表径流，汇入河流、湖泊、海洋；另一部分渗入地下成为地下水。地下水在径流过程中一部分又以蒸发的形式升至大气中；一部分再度排入河流、湖泊、海洋。这种蒸发、降水、径流的过程在全球范围内每时每刻都在不停地进行着，形成了自然界极为复杂的水循环（图4.10）。

图 4.10 自然界的水循环图

1—海洋面上的蒸发；2—部分降到海洋，部分降到陆地上的大气降水；3—来自大洋的大气降水沿着地表回流海洋；4—来自大洋的大气降水以地下径流方向式回流海洋；5—陆地上蒸发；6—由陆地上蒸发所形成的大气降水，降落到陆地上；7—由陆地蒸发形成的大气降水渗入地下以径流的方式流入海洋

2）径流的形成

降落到地面上的水，被高地、山岭分隔而汇集到不同的河流中，这些汇集水流的区域，称为河流的流域（或汇水区）。流域分水线所包围的平面面积，称为流域面积。流域

是河水补给的源地，流域的特征直接影响径流的形成和变化过程。

流域内，自降水开始到水量流过出口断面为止的整个物理过程，称为径流形成过程。它是大气降水和流域自然地理条件综合作用的过程，十分复杂。为了便于研究，可将径流形成的物理模型，概括为四个阶段，图4.11为径流形成过程示意图。

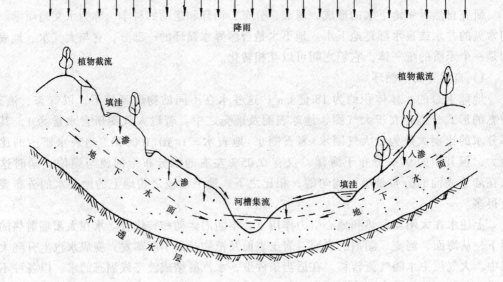

图4.11　径流形成过程示意图

a. 降雨过程

降雨是形成地面径流的主要因素，降雨的多少决定径流量的大小。每次降雨，降雨量及其在空间和时间上的变化都各不相同。降雨的变化过程直接决定径流过程的趋势，降雨过程是径流形成过程的重要环节。

b. 流域蓄渗过程

降雨开始时并不立即形成径流。首先，雨水被流域内生长的树木、杂草以及农作物的茎叶截留一部分，不能落到地面上，称为植物截留。然后，落到地面上的雨水，部分渗入土壤，称为入渗。另外，还有一部分雨水被截留在坡面的坑洼里，称为填洼。植物截留、入渗、填洼的整个过程，称为流域蓄渗过程；这部分雨水不产生地面径流，对降雨径流而言，称为损失，扣除损失后剩余的雨量，称为净雨。

c. 坡面漫流过程

流域蓄渗过程完成以后，剩余雨水沿着坡面流动，称为坡面漫流。

d. 河槽集流过程

坡面漫流的雨水汇入河槽后，顺着河道由小沟到支流，由支流到干流，最后到达流域出口断面，这个过程称为集流。河槽容蓄的这部分水量，在降雨结束后才缓慢地流向下游，最后才通过流域出口，使流域出口断面的流量过程变得平缓，历时延长，从而起到河槽对洪水的调蓄作用。

总之，地面径流的形成过程，就其水体的运动性质来看，可分为产流过程和汇流过程；就其发生的区域来看，则可分为流域面上进行的过程和河槽内进行的过程。

$$径流形成过程\begin{cases}产流过程（蓄流过程）\\ 汇流过程\begin{cases}坡面漫流\\ 河槽集流\end{cases}\end{cases}\begin{matrix}\}流域面上的过程\\ ——河槽内的过程\end{matrix}$$

3) 影响径流的主要因素

从径流形成过程来看，影响径流变化的自然因素，可分为气候因素和下垫面因素两类：

a. 气候因素　可分为　①降雨　②蒸发

b. 下垫面因素

流域的地形、土壤、地质、植被、湖泊等自然地理因素，相对于气候因素而言，称为下垫面因素。它们都对径流量的大小有着直接或间接的影响。

此外，人类活动对径流也有重要的影响。

限于篇幅和内容编排上的安排，对水文学及水文地质学的相关介绍就到此。如有需要，可查阅参考《水文学》、《工程地质和水文地质》和《水文地质学》等书籍。

第2节　桥梁的纵断面、横断面和平面图的布置及识读

4.2.1　桥梁纵断面图

桥梁纵断面图是桥梁纵断面设计的结果，因而在纵断面图中应包含桥梁的总跨径、桥梁的分孔、桥面标高、桥下净空、桥上及桥头纵坡布置等。在本书中，对纵断面设计不进行详述。下面以图4.12、图4.13表示纵断面图的各项内容。

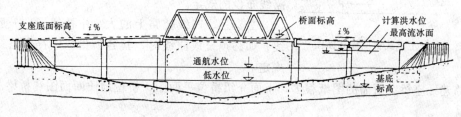

图4.12　梁式桥纵断面图

1. 桥梁的总跨径及分孔

对于跨河桥，桥梁的总跨径必须保证桥下有足够的泄洪面积，不至于对河床造成过大的冲刷；对于跨线桥（城市立交桥）应保证桥下车辆、行人的畅通和安全。桥梁的分孔与诸多因素有关，如是否应考虑通航要求、地质条件怎样、

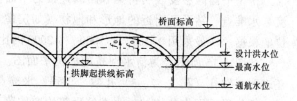

图4.13　拱式桥纵断面图

结构类型如何、施工难易程度怎样等，应尽可能使得分孔后上下部结构总造价趋于最低。图4.12表示梁桥纵断面图，从图中可知，全桥共分5孔，中孔跨径较大，两侧二边孔跨径较小，全桥总跨径应等于5孔净跨径之和。图4.13表示拱桥纵断面图，表示内容同梁桥。

2. 桥梁的标高及高度

在桥梁的纵断面图中，表示有若干个标高。图4.12中有桥面标高，支座底面标高，基底标高及低水位、通航水位、设计洪水位和最高流冰面；图4.13中有桥面标高、拱脚起拱线标高、设计洪水位、最高流冰面和通航水位，这些标高和水位均应满足《桥梁设计规范》。

4.2.2 横断面图

桥梁的横断面图中主要表现了桥面的宽度和桥跨结构的横截面的布置形式。桥面宽度决定于桥上的交通需要（行车和行人）。详细设计另见《桥梁工程》。下面以图4.14表明上承式桥的横截面布置。

图4.14表示整体式肋梁桥的横截面形状。其中 W 表示桥面行车道净宽。我国《公路工程技术标准》将公路桥面行车道净宽标准分五种：$2×$净-7.5、$2×$净-7.0、净-9、净-7 和净-4.5，即 $W=7.5$、7.0、9、7、4.5m。$1\%\sim2\%$ 表示桥面行车道的路拱横坡。R 表示两侧人行道（安全带）宽度，一般为 0.75m 或 1.0m，若大于 1.0m 时则按 0.5m 的倍数增加。为了排除人行道上的雨水，将人行道作成倾向于行车道为 1% 的横坡。为确保行人和行车的安全，人行道（安全带）应高出行车道面至少 $20\sim25$cm。

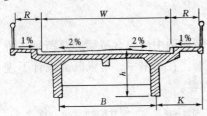

图 4.14 上承式桥的横截面图

4.2.3 平面布置

桥梁的线形及桥头引道要保持平顺，使车辆能平稳地通过。高速公路和一级公路上的大、中桥，以及各级公路上的小桥的线形及其与公路的衔接，应符合路线布设的规定。

二、三、四级公路上的大、中桥线形，一般为直线，如必须设成曲线时，其各项指标应符合路线布设规定。

修建一座桥梁所需的图纸很多，下面介绍桥位平面图，桥位地质断面图和桥梁总体布置图。

1. 桥位平面图

桥位平面图主要表明桥梁和路线连接的平面位置，通过地形测量绘出桥位处的道路河流、水准点、钻孔及附近的地形和地物（如房屋、老桥等），以便作为设计桥梁、施工定位的根据。一般采用 1∶500、1∶1000、1∶2000 的比例。

如图4.15所示，为清水河桥的桥位平面图。除了表示路线平面形状、地形和地物外，还表明了钻孔（孔1、2、3）孔数、里程、水准点（BM15.10、BM28.25）的位置和数据。

桥位平面图中的植被、水准符号等均应按照正北方向为准，而图中文字方向则可按路线要求及总图标方向来决定。

2. 桥位地质断面图

根据水文调查和钻探所得的地质水文资料，绘制桥位所在河床位置的地质断面图，包括河床断面线、最高水位线、常水位线和最低水位线，以便作为设计桥梁、桥台、桥墩和计算土石方工程数量的根据。地质断面图为了显示地质和河床深度变化情况，特意把地形高度的比例较水平方向比例放大数倍画出。如图4.16所示，

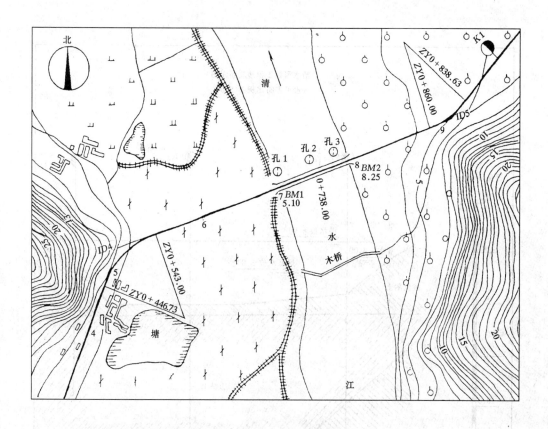

图 4.15 清水河桥桥位平面图

地形高度的比例采用 1∶200，水平方向比例采用 1∶500。图中显示了低水位是 3.00m，常水位是 4.00m，洪水位是 6.00m。桥位处土质在标高 1.0～-4.0m 范围内为黄色黏土，在 -4.0～-12.0m 范围内为淤泥质黏土，-12.0m 以下为暗绿色黏土。

3. 桥梁总体布置图

总体布置图主要表明桥梁的形式、跨径、孔数、总体尺寸、各主要构件的相互位置关系，桥梁各部分的标高、材料数量以及总的技术说明等，作为施工时确定墩台位置、安装构件和控制标高的依据。

如图 4.17 所示，为一总长度为 90m，中心里程桩为 $K0+738.00$ 的五孔 T 形桥梁总体布置图。立面图和平面图的比例均采用 1∶200，横剖面图采用 1∶100。

(1) 立面图

采用半立面图和半纵剖面图合成，可以反映出桥梁的特征和桥型，共有五孔，两边孔跨径各为 10m，中间三孔跨径各为 20m，桥梁总长为 90m。

1) 下部结构：两端为重力式桥台，中间是 4 个柱式桥墩，桥墩是由承台立柱和基桩共同组成。

2) 上部结构：为简支梁，两个边孔的跨径均为 10m，中间三孔的跨径均为 20m。

立面图的左侧设有标尺（以米为单位），以便于绘图时进行参照，也便于对照各部分标高尺寸来进行读图和校核。

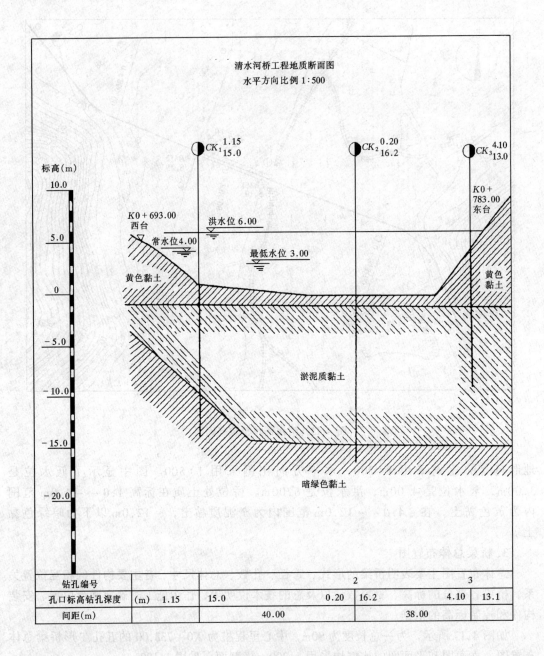

图 4.16 清水河桥桥位地质断面图

总体布置图还反映了河床地质断面及水文情况，根据标高尺寸可以知道，桩和桥台基础的埋置深度、梁底、桥台和桥中心的标高尺寸。由于混凝土桩埋置深度较大，为了节省图幅，连同地质资料一起，采用折断画法。图的上方还把桥梁两端和桥墩的里程桩号标注出来，以便读图和施工放样之用。

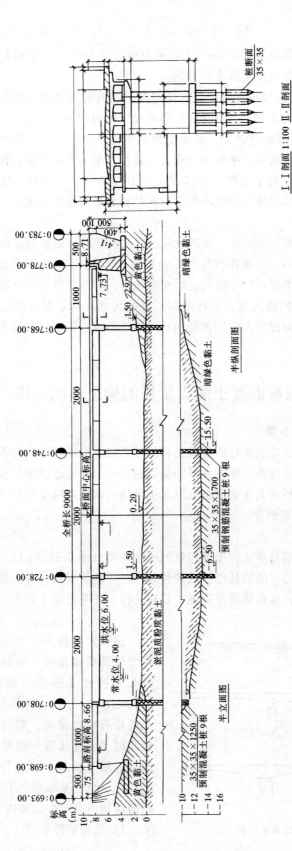

图 4.17 清水河桥总体布置图

(2) 平面图

对照横剖面图可以看出桥面净宽为7m，人行道宽两边各为1.5m，还有栏杆立柱的布置尺寸。并从左往右，采用分段揭层画法来表达。

对照立面图 K0+728.00 桩号的右面部分，是把上部结构揭去之后，显示半个桥墩的上盖梁及支座的布置，可算出共有十二块支座，布置尺寸纵向为50cm，横向为160cm；对照 K0+748.00 的桩号上，桥墩经过剖切，显示出桥墩中部是由三根空心圆柱所组成。对照 K0+768.0 的桩号上，显示出桩位平面布置图，它是由九根方桩所组成，图中还注出了桩柱的定位尺寸。右端是桥台的平面图，可以看出是U型桥台，画图时，通常把桥台背后的回填土揭去，两边的锥形护坡也省略不画，目的使桥台平面图更清晰。

(3) 横剖面图

是由1—1和2—2剖面图合并而成，从图中可以看出桥梁的上部结构是由六片T梁组成，左半部分的T梁尺寸较小，支承在桥台与桥墩上面，对照立面图可以看出这是跨径为10m的T梁。右半部分的T型梁尺寸较大支承在桥墩上，对照立面土可以看出这是跨径为20m的T型梁，还可以看到桥面宽、人行道和栏杆的尺寸。为了更清楚地表示横剖面图，允许采用比立面图和平面图放大的比例画出。对于构件结构图，将在后面的章节中详细叙述，这里不再赘述。

第3节　钢筋混凝土简支梁桥的构造与施工图

4.3.1　钢筋混凝土梁桥分类

钢筋混凝土梁是利用抗压性能良好的混凝土和抗拉性能良好的钢筋结合而成的。它具有就地取材、耐久性好、适应性强及整体性好和美观的特点，同时适应于工业化施工，因此当前城市建设中中小跨径桥梁大多采用钢筋混凝土梁桥。钢筋混凝土梁桥可分为：

1. 按承重结构的静力体系划分

1) 简支梁桥

简支梁桥是梁式桥中应用最早、使用最广泛的一种桥型（图4.18(a)）。它属于静定结构，相邻桥孔各自单独受力，故最易设计成各种标准跨径的装配式构件。鉴于多孔简支梁桥各跨的构造和尺寸划一，从而就能简化施工管理工作，并降低施工费用。

2) 连续梁桥

连续梁桥的主要特点是：承载结构（板型梁或箱梁）不间断地连续跨越几个桥孔而形成一超静定的结构（图4.18(b)）。连续孔数不宜太多。当桥梁跨径较多时，需要沿桥长分建成几组（或称几联）连续梁。连续梁通常适用于桥基十分良好的场合，否则，任一墩台基础发生不均匀沉陷时，桥跨结构内会产生附加内力。

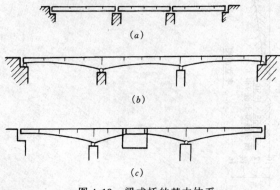

图4.18　梁式桥的基本体系

3) 悬臂梁桥

将简支梁梁体加长，并越过支点就成为悬臂梁桥。仅一端悬出的为单悬臂梁（图4.18（c）），两端均悬出的称为双悬臂梁。对于较长的桥，还可由单悬臂梁，双悬臂梁与简支挂梁联合组成多孔悬臂梁桥。在力学性能上，悬臂根部产生的负弯矩，减少了跨中正弯矩。悬臂梁桥属于静定结构，墩台的不均匀沉陷不会在梁内引起附加内力。

2. 按承重结构的截面型式划分

1）板桥

板桥的承重结构就是矩形截面的钢筋混凝土或预应力混凝土板（图4.19（a））。其主要特点是构造简单，施工方便，而且建筑高度较小。从力学性能上分析，位于受拉区域的混凝土材料不但不能发挥作用，反而增大了结构的自重，当跨度稍大时就显得笨重而不经济。简支板桥的跨径只在10多米以下。

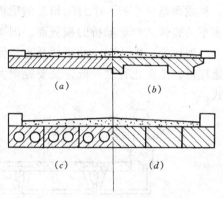

图4.19（a）表示整体式板桥的横截面，这种板在车辆荷载作用下除了沿跨径方向引起弯曲受力外，板在横向也发生挠曲变形，因此它是一

图4.19 桥板横截面形式

块双向受力的弹性板。有时为了减轻自重，也可做成留有圆洞的空心板桥或将受拉区稍加挖空的矮肋式板桥（图4.19（b））。图4.19（d）所示为小跨径桥使用最广泛的装配式板桥。（跨径小于8m）它由几块预制的实心板条利用板间企口缝填入混凝土拼连而成。为了减轻自重和加大适用跨径的目的，装配式板桥可做成横截面被挖空的空心板桥（图4.19（c））。

2）肋板式梁桥

在横截面内形成明显肋形结构的梁桥称为肋板式梁桥，简称肋梁桥。在此种桥上，梁肋（或称腹板）与顶部的钢筋混凝土桥面板结合在一起作为承重结构（图4.20）。由于肋与肋之间处于受拉区域的混凝土得到很大程度的挖空，就显著减轻了结构自重。与板桥相比，由于混凝土抗压和钢筋受拉所形成的力偶臂较大，因而肋梁桥也具有更大的抵抗荷载弯矩的能力。目前，中等跨径的梁桥，通常多采用肋板式梁桥。

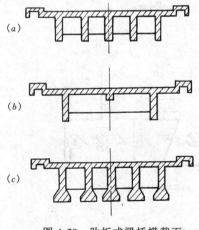

图4.20 肋板式梁桥横截面

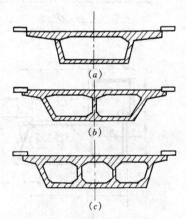

图4.21 箱式梁桥横截面

图 4.20（a）、(b) 所示为整体式肋梁桥的横截面形状。图 4.20（c）是目前最常应用的装配式肋梁桥（也称装配式 T 形梁桥）的横截面。在每一预制 T 梁上通常设置待安装就位后相互连接用的横隔梁，藉以保证全桥的整体性。

3）箱形梁桥

横截面是一个或几个封闭箱形的梁桥简称箱形梁桥。图 4.21（a）、(b) 所示为单室和多室的整体式箱形梁桥的横截面。图 4.20（c）为装配式的多室箱形截面。

一般地说，整体现浇的梁桥具有整体性好、刚度大易于做成复杂形状等优点，但其施工速度慢，工业化程度较低，又要耗费大量支架模板，故目前采用较少，而较多的采用装配式。

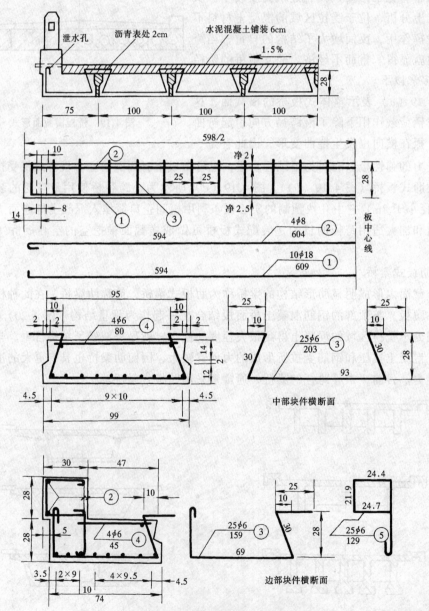

图 4.22 跨径 6.0 装配式矩形板桥构造

4.3.2 装配式板桥的构造及识读

我国常采用的装配式板桥，按其横截面形式主要有空心板和实心板两类。下面详细介绍这两类板桥的构造。

1. 矩形实心板桥

这种实心板桥是目前采用最广泛的形式，其跨径通常不超过8m。我国交通部颁布的装配式钢筋混凝土矩形实心铰接板桥标准图的跨径为1.5，2.0，2.5，3.0，4.0，5.0，6.0和8.0m，板高从0.16至0.36m，桥面净宽为净-7和净-9两种，荷载为汽车-15级、挂车-80和汽车-20级、挂车-100两种。钢筋一般采用Ⅱ级，当做成预应力混凝土板时，也可以用Ⅲ级钢筋作预应力主筋，以代替Ⅱ级钢筋。

如图4.22为标准跨径是6.0m的装配式钢筋混凝土矩形板桥的构造。

荷载等级为汽-15级，挂-80。桥面净宽为净-7（无人行道），全桥由6块宽度为99cm的中部块件和2块宽度为74cm的边部块件所组成。纵向主筋用（图中数字①）18mm的Ⅱ级钢筋，共10根长609cm，②号钢筋是架立钢筋为直径8mm的Ⅰ级钢筋，共4根长604cm；箍筋用直径6mm的Ⅰ级钢筋，对于中部块件是③、④，分别是25根长203cm、4根80cm的Ⅰ级钢筋，对于边部块件是③④⑤，分别是25根长159cm、4根长45cm、25根长129cm的Ⅰ级钢筋。预制板厚28cm，预制板安装就位后，在企口缝内填筑强度比预制板高的小石子混凝土，并浇筑厚6cm的C25水泥混凝土铺装层使之连成整体。

实心矩形板桥具有形状简单，施工方便，建筑高度小等优点，因而容易推广。

2. 矩形空心板桥

无论对钢筋混凝土还是预应力混凝土装配式板桥来说，跨径增大，实心矩形截面就显得不合理。因而将截面中部部分地挖空，做成空心板，不仅能减轻自重，而且对材料的充分利用也是合理的。

钢筋混凝土空心板桥的跨径范围在6～13m，预应力混凝土空心板桥在8～16m，相应于这些跨径的板厚，钢筋混凝土板为0.4～0.8m，预应力混凝土板为0.4～0.7m。

图4.23为板的几种较常用的开孔形式。其中a型和b型开成单个较宽的孔，挖空率最大，重量最轻，但顶端需配置横向受力钢筋以承担车轮荷载。a型略呈微弯形，可以节省一些钢筋，但模板较b型复杂。c型挖

图4.23 空心板截面形式

空成两个圆孔，施工时用无缝钢管作芯模较方便，但挖空率较小，自重较大。d型的芯模由两个半圆和两块侧模板组成。当板的厚度改变时，只需更换两块侧模板，故较c型为好。空心板横截面的最薄处不得小于7cm。为保证抗剪强度，应在截面内按计算需要配置弯起钢筋和箍筋。

图4.24为标准跨径13m的装配式预应力混凝土空心板桥的构造。

荷载等级为汽车-20级，挂车-100。桥面净空为净-7+2×0.25m的安全带，总宽8m，由8块宽99cm的空心板组成，板与板之间的间隙为1cm。板全长12.96m，计算跨径12.6m，板厚0.6m。空心板横截面形式采用上述的d型，腰圆孔宽38cm，高46cm。采用C40混凝土预制空心板和填塞铰缝。每块板底层配置Ⅳ级冷拉钢筋作预应力筋（①号钢

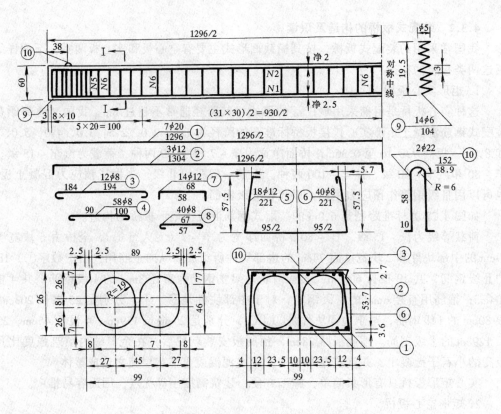

图 4.24 装配式预应力混凝土空心板桥的构造（单位：cm）

筋），共 7 根直径为 20mm 的 IV 级冷拉钢筋，长 1296cm，板顶面除配置 3 根直径为 12mm 的 II 级架立钢筋（②号钢筋，长 1304cm）外，在支点附近还配置 6 根直径为 8mm 的非预应力 I 级钢筋来承担由预加应力产生的拉应力。用以承担剪力的箍筋 N5 与 N6 做成开口形式，待立好芯模后，再与其上的横向钢筋 N4 相绑扎组成封闭的箍筋。

3．装配式板的横向联结

为了使装配式板桥组成整体，共同承受车辆荷载，在块件之间必须具有横向联结的构造常用的联结方法有企口混凝土铰联结和钢板焊接联结。

(1) 企口混凝土铰连接

企口式混凝土铰的形式有圆形、棱形、漏斗形等三种（图 4.25）。铰缝内用 C25~C40 的细骨料混凝土填实。如果要使桥面铺装层也参与受力，也可以将预制板中的钢筋伸出以与相邻板的同样钢筋互相绑扎，再浇筑在铺装层内（图 4.25（d））

(2) 钢板联结

由于企口混凝土铰需要现场浇筑混凝土，并需待混凝土达到设计强度后才能通车，为了加快工程进度，亦可采用钢板联结（图 4.26）。它的构造是：用一块钢盖板 N1 焊在相邻两构件的预埋钢板 N2 上。联结构造的纵向中距通常为 80~150cm，根据受力特点，在跨中部分布置较密，向两端支点处逐渐减疏。

4.3.3 装配式钢筋混凝土简支梁桥的构造及识读

钢筋混凝土或预应力混凝土简支梁桥属于单孔静定结构，它受力明确，构造简单，施工方便，是中小跨径桥梁中应用最广的桥型。简支梁桥的结构尺寸易于设计成系列化和标准化，这就有利于在工厂内或工地上广泛采用工业化施工，组织大规模预制生产，并用现代化的起重设备进行安装。采用装配式的施工方法，可以大量节约模板，降低劳动强度，缩短工期，显著加快建桥速度。因此，近年来在国内外对于中小跨径的桥梁，绝大部分均采用装配式的钢筋混凝土或预应力混凝土简支梁桥。

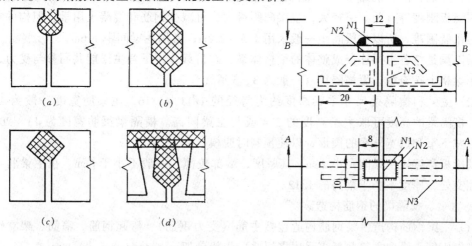

图4.25 企口式混凝土铰   图4.26 钢板联结铰

目前国内外所建造的装配式钢筋混凝土简支梁桥，以T形梁桥最为普遍。我国已拟定了标准跨径为10、13、16和20m的四种公路梁桥标准设计。

图4.27就是典型的装配式T形梁桥上部构造，它由几片T形截面的主梁并列在一起装配连接而成。T形梁的顶部翼板构成行车道板，与主梁梁肋垂直相连的横隔梁的下部以及梁翼板的边缘，均设焊接钢板联结构造将主梁联成整体，这样就能使作用在行车道板上的局部荷载分布给各片主梁共同承受。

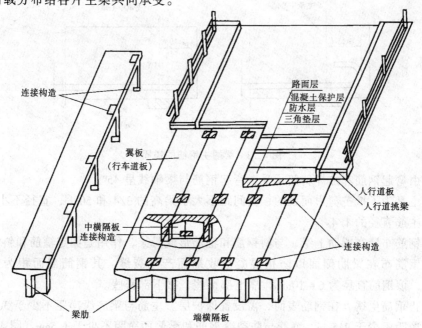

图4.27 装配式T形简支梁桥构造

本节将详细介绍装配式钢筋混凝土简支梁桥的一般构造、截面尺寸、配筋特点和主梁的联结构造等。

1. 主梁、横隔梁的构造

(1) 主梁、横隔梁的布置 主梁间距的大小与钢筋、混凝土材料的用量、构件安装重量、翼缘板刚度等有关。跨径大，主梁间距可大，可减少钢筋和混凝土用量，但构件重量增大后吊装困难，所以主梁间距一般采用 1.5~2.2m，常用主梁间距 1.6m。

横隔梁是把各主梁连接成整体的梁格体系，在荷载作用下各主梁能共同参与受力，所以 T 形梁格上按奇数设置横隔梁（一般为 3、5 道）。

(2) 主梁和横隔梁尺寸 主梁高度约为跨径的 1/11~1/16，主梁肋宽度一般为 15~20cm，横隔梁的高度可取主梁高度的 3/4 或与主梁同高。横隔梁梁肋宽度为 13~20cm，做成上宽下窄和内宽外窄的楔形，以便预制时脱模。

翼缘板宽度比主梁间距小 2cm，其厚度，端部较薄，一般不小于 6cm，在主梁肋与翼缘板相交处，厚度不小于梁高的 1/12。

2. 主梁、横隔梁的钢筋构造

(1) 主梁钢筋构造 主梁钢筋构造包括主筋（受力钢筋）、弯起钢筋、箍筋、架立钢筋和防裂缝钢筋。纵向主筋数量多采用多层叠置焊接骨架。

简支 T 梁桥承受正弯矩，主钢筋布置在梁肋的下缘，主筋常用直径为 14~32mm，最大不超过 40mm，同一根梁内，两种不同直径的钢筋直径应相差 2mm 以上。

主筋从梁底开始向上叠置布设，随弯矩向支点逐渐减小，主筋在跨间可在适当位置弯起或切断，通过支点截面主筋根数不少于 2 根且不少于跨中部截面钢筋总截面积的 20%。主梁中每片骨架的纵向钢筋根数为 3~7 根，竖直排焊总高度不大于梁高的 0.15~0.20 倍。通过支点截面的主筋应弯成直角顺梁端延伸至顶部与架立钢筋焊接（图 4.28）。

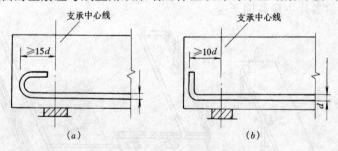

图 4.28 梁端主钢筋的锚固

剪力由弯起钢筋和加焊斜筋承受，弯起钢筋与梁轴线呈 45°。

箍筋也是为了抵抗剪力而设的，其间距不大于梁高的 3/4 和 50cm，直径不小于 6mm，且不小于主筋直径的 1/4。

架立钢筋布置在梁肋上缘，与斜钢筋和箍筋形成骨架，作用是固定箍筋和斜筋。

防裂钢筋布在梁肋侧面以防止混凝土收缩而产生裂缝。其钢筋截面积为 (0.15~0.20)bh，该钢筋直径为 6~10mm，靠上部稀些，靠下部密些。

为防止钢筋生锈，在钢筋表面，需设置保护层。主筋与梁底缘净距不少于 3cm，主筋与梁侧面净距不少于 2.5cm。箍筋与防裂缝钢筋和梁侧面净距不少于 1.5cm（图 4.29）。

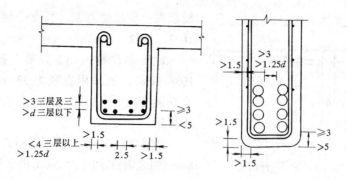

图 4.29 主筋间距及混凝土保护层厚度（cm）

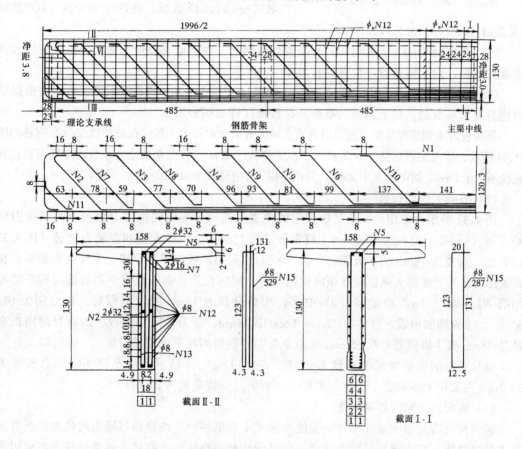

图 4.30 装配式 T 形梁桥钢筋构造（单位：cm）

图 4.30 为一标准跨径 $L_b = 20\text{m}$ 的钢筋混凝土 T 形梁桥构造实例。

此 T 梁的设计荷载为汽车 – 15 级，挂车 – 80。梁的全长为 19.96m，计算跨径 19.5m，主梁高度为 1.3m，即当多跨布置时在墩上相邻梁的梁端之间留有 4cm 的伸缩缝。全桥设置 5 道横隔梁，支座中心至梁端的距离为 0.23m。

每根梁内总共配置了 8 根直径为 32mm 和 2 根直径为 20mm 的纵向受力钢筋，均为 Ⅱ 级，它们的编号分别为 $N1$、$N2$、$N3$、$N4$ 和 $N6$，其中最下一层的二根 $N1$（占主筋截面的 20% 以上）通过梁端支承中心，其余 8 根（$N2$、$N3$、$N4$、$N6$）则沿跨长按梁的弯矩

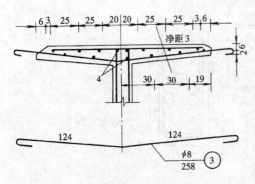

图 4.31 翼缘板钢筋布置（单位：cm）

图形在一定位置弯起，长度分别为 2251，2064，1862，1642，119cm。

设于梁顶部的 $N5$ 为架立钢筋（2根，长 1988.4cm），也采用直径为 32mm 的 Ⅱ 级钢筋，它在梁端向下弯折并与伸出支承中心的主筋 $N1$ 相焊接。

箍筋 $N14$ 和 $N15$ 采用普通光圆钢筋，直径为 8mm 的 Ⅰ 级钢筋，间距为 24cm，由于靠近支点处剪力较大和支座钢板锚筋的影响，故采用了下缺口的四肢式箍筋（图横截面），在跨中部分则用双肢箍筋（见截面），长度分别为 529、287cm。

$N12$ 为直径 8mm（Ⅰ级钢筋）的防裂分布钢筋，由于梁在靠近下缘部分拉应力较大就布置得较密，向上则布置得较稀，长 1988.4cm。

附加斜筋 $N7$、$N8$、$N9$、$N10$ 和 $N11$ 均采用直径为 16mm 的 Ⅱ 级钢筋，它们是根据梁内抗剪要求布置的。以上钢筋的根数及每根长度详见图中所示。

翼缘板内主钢筋根据受力情况沿垂直主梁的方向布在板的上缘。在顺桥向设分布钢筋如图 11.14 所示。板内主筋直径不小于 10mm，间距不大于 20cm。分布钢筋垂直于板内主筋布置，其直径不大于 6mm，间距不大于 25cm，其截面积不小于主筋截面积的 15%（图 4.31）。

(2) 横隔梁钢筋布置

图 4.32 所示为常用的中主梁中横梁的构造。在每一根横隔梁的上缘布置两根受力钢筋（图(a)①，直径为 18mm 的 Ⅰ 级钢筋，长 158cm），下缘配置四根受力钢筋（图 4.32(c)①，直径为 18mm 的 Ⅰ 级钢筋，长 158cm），采用钢板连接成骨架，上缘接头钢板设在 T 梁翼板上，下缘接头钢板设在横隔梁的两侧，同时在上下钢筋骨架中加焊锚固钢板的短钢筋 $N2$、$N4$（(a)中②和(c)中④，均是直径为 18mm 的 Ⅰ 级钢筋，长分别为 64、60cm），③为锚固钢板，尺寸为 72cm×12cm 厚 19mm。⑨为横隔梁腹板中部设置的两根直径是 18mm 的 Ⅰ 级钢筋，长 65cm，作用是与④号钢筋绑扎形成钢筋骨架。

每片主梁的钢筋骨架的重量为 0.58t，一片主梁的焊缝（焊缝厚度 4mm）总长度为 28.2m。主梁用 C25 混凝土浇筑，每根中间主梁的安装重量为 21.6t。

(3) 装配式主梁的连接构造

通常在设有端横隔梁和中横隔梁的装配式 T 形梁桥中，均借助横隔梁的接头使所有主梁连接成整体。接头要有足够的强度，以保证结构的整体性，并使在运营过程中不致因荷载反复作用和冲击作用而发生松动。

图 4.33 所示的中主梁中横梁的构造图中（图 4.31 中所示的 T 梁的中横隔梁），在横隔梁靠近下部边缘的两侧和顶部的翼板内均埋有焊接钢板 A 和 B（图 4.33），焊接钢板则预先与横隔梁的受力钢筋焊在一起做成安装骨架。当 T 梁安装就位后即在横隔梁的预埋钢板上再加焊盖接钢板使连成整体（图 4.34）。端横梁的焊接钢板接头构造与中横隔梁者相同，但由于其外侧（近墩台一侧）不好施焊，故焊接接头只设于内侧（图 4.28）。相邻横隔梁之间的缝隙最好用水泥沙浆填满，所有外露钢板也应用水泥灰浆封头。这种接头强度可靠，焊接后立即就能承受荷载，但现场要有焊接设备，而且有时需要在桥下进行仰焊，

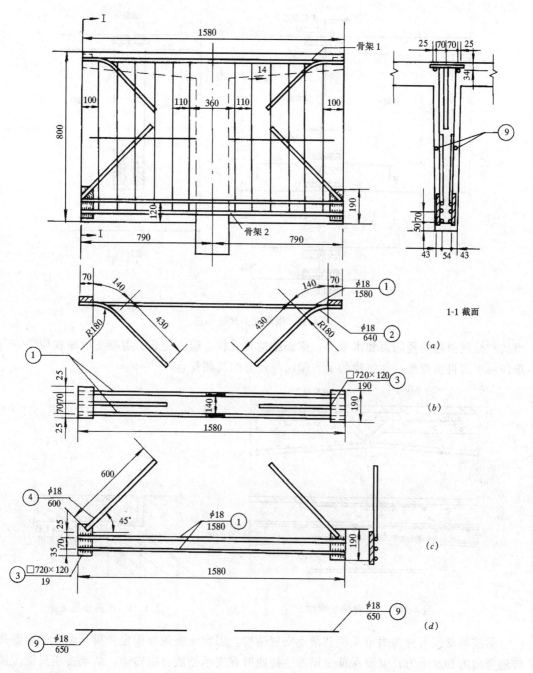

图 4.32 主梁的中横隔梁构造

施工较困难。

还可做成企口铰接式的简易构造，如图 4.25 所示。主梁翼缘板内伸出连接钢筋，交叉弯制后在接缝处再安放局部的直径为 6mm 的 Ⅰ 级钢筋网，并将它们浇筑在桥面混凝土铺装层内。

4.3.4 梁式桥的支座

梁式桥在桥跨结构和墩台之间均须设置支座，其作用为传递上部结构支承反力，包括

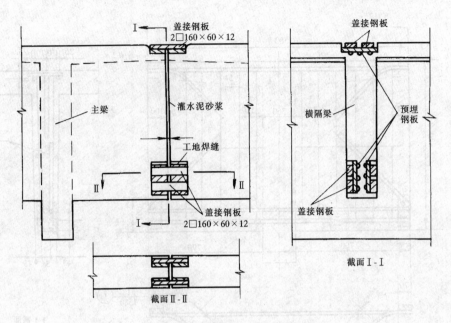

图 4.33 横隔梁的接头构造

恒载和活载引起的竖向力和水平力；保证结构在活载、温度变化、混凝土收缩和徐变等因素作用下的自由变形，使结构的受力情况与计算图式相符合。

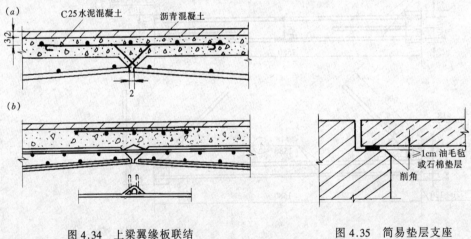

图 4.34 上梁翼缘板联结　　　　图 4.35 简易垫层支座

梁式桥支座可分为固定支座和活动支座两种。固定支座既要固定主梁在墩台的位置并传递竖向力和水平力，又要保证主梁发生挠曲时在支承处能自由转动；活动支座只能传递竖向力，并保证主梁在支承处既能自由转动又能水平移动。

梁式桥的支座，通常用钢、橡胶或钢筋混凝土等材料来制作。下面介绍几种常用的支座类型和构造。

1. 简易垫层支座

对于板桥和标准跨径小于 10m 的梁桥，可不设专门的支座，而直接把板或梁的端部支承在墩台顶面的油毛毡（两层）或石棉做成的简易垫层上面。垫层经压实后的厚度不小于 1cm。为了防止墩台顶部前缘被压裂并避免上部结构端部和墩、台顶部可能被拉裂，通常应将墩台顶部的前缘削成斜角（图4.35），并最好在板或梁端底部以及墩台顶部内增设1～2层钢筋网予以加强。

2．平面钢板支座

这种支座适用于跨径10m左右的梁桥。该支座是用20～25mm厚的两块钢板制成。固定支座为一块中心钻孔的钢板，安装时套在锚固于墩台帽混凝土内的锚栓上，而锚栓又伸入预埋在梁体混凝土体内的套管里，如（图4.36（b））示。活动支座为两块钢板，上面一块焊接在锚栓上，锚固于梁体混凝土内，下面一块则焊接在墩台帽上的预埋垫板上，如图4.36（a）示。为减少摩阻力，在两块钢板接触面涂石墨粉。

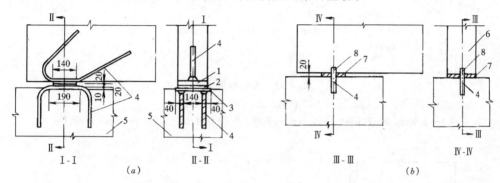

图4.36 平面钢板支座

（a）活动支座；（b）固定支座

1—上座板；2—下座板；3—垫板；4—锚栓；5—墩台帽；6—主梁；7—齿板；8—齿槽

3．弧形钢板支座

当跨径为10～20m、支承反力不超过600kN的梁桥可设置弧形钢板支座，这种支座是由两块厚约4～5cm铸钢制成的上、下座板组成，上板为平面钢板，下座板为弧形钢板，安装时焊接在墩台帽上的预埋钢垫板上。弧形形状为圆弧，以保证梁发生自由变形时有较长转动范围，如图4.37所示，固定支座的下座板两侧焊有两块齿板或上下座板中心钻孔内用栓钉固定；活动支座所不同的是不焊齿板也不用栓钉固定，其他与固定支座相同。

4．钢筋混凝土摆柱式支座

对跨径等于或大于20m的梁式桥；由于荷载大，用钢筋混凝土摆柱式支座来代替弧形钢板活动支座。摆柱式支座摩擦系数只有0.05，且承受支点反力可达5000～60000kN。支座高度从20～30cm起，大的可达100cm以上。

摆柱式支座由两块平面钢板和一个摆柱组成，如图4.38所示。摆柱是一个上下有弧形钢板的钢筋混凝土短柱，两侧面设有齿板，两块平面钢板的相应位置设有齿槽，安装时应使齿板与齿槽相吻合，钢筋混凝土柱身用C40～C50混凝土制成。

5．橡胶支座

橡胶支座与其他金属刚性支座相比，具有构造简单、加工方便、省钢材、造价低、结构高度低、安装方便、减振性能好等优点。

（1）板式橡胶支座

板式橡胶支座构造最简单，从外形看是一块黑色橡胶板，如图4.39所示，它的位移机理是：利用橡胶板两侧不均匀弹性压缩和其剪切变形来实现转动位移和水平位移。与弧

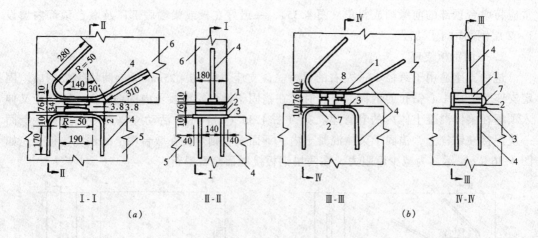

图 4.37 弧形钢板支座
(a) 活动支座；(b) 固定支座
1—上座板；2—下座板；3—垫板；4—锚栓；5—墩台帽；6—主梁；7—齿板；8—齿槽

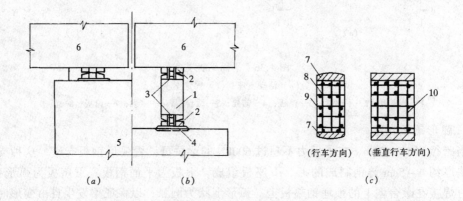

图 4.38 钢筋混凝土摆柱式支座
1—钢筋混凝土摆柱；2—平面钢板；3—齿板；4—垫板；5—墩台帽；6—主梁；7—弧形钢板；
8—竖向钢筋；9—顺桥向水平钢筋；10—横桥向水平钢筋

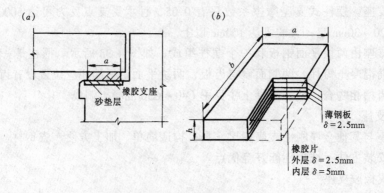

图 4.39 板式橡胶支座

形钢板支座不同,橡胶支座无固定支座与活动支座之别。

常用的板式橡胶支座用几层薄钢板或钢丝网作加劲层。可用于支承反力达 3000kN 左右的中等跨径桥梁。目前国内常用的橡胶规格尺寸为:短边 15cm,长边 20cm,高度 h 为 14mm(二层钢片)、21mm(三层钢片)、28mm(四层钢片)、42mm(六层钢片)四档。加劲薄钢板厚 2.5mm,中间橡胶片厚 5mm。氯丁橡胶硬度要求为邵氏 55°~60°,它适用于温度不低于 -25℃ 的地区。

为使橡胶支座受力均匀,在安装时把梁底面和墩台顶面清洁平整,不平时可在墩台顶面抹一层水灰比不大于 1:3 的水泥砂浆。可把支座直接安放上去,当支座比梁肋宽时,支座上加放一块钢垫板。

(2) 盆式橡胶支座

一般板式橡胶支座处于无侧限受压状态,故其抗压强度不高,其位移量取决于橡胶的容许剪切变形和支座高度,要求位移量愈大,支座就要做得愈厚,因此板式橡胶支座的承载力和位移值受到一定的限制。

盆式橡胶支座的主要构造特点是:将纯氯丁橡胶块放置在钢制的凹形金属盆内,由于橡胶处于侧限受压状态,大大提高了支座承载力;利用嵌放在金属盆顶面填充的聚四氟乙烯板与不锈钢板,摩擦系数很小,可满足梁的水平位移要求。

盆式橡胶支座构造:由不锈钢滑板、锡青铜填充的聚四氟乙烯板、钢盆环、氯丁橡胶块、钢密封圈、钢盆塞、橡胶弹性防水圈等组装而成,如图 4.40 所示。

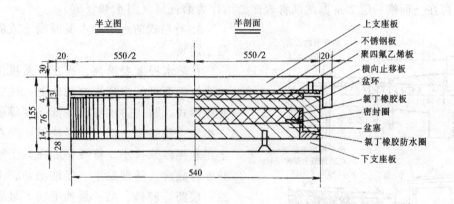

图 4.40 盆式橡胶支座的一般构造

其特点是:摩擦系数小,承载力大,重量轻,结构高度小,转动及滑动灵活,成本较低,适用于大中跨径梁式桥。

我国目前已系列生产的盆式橡胶支座,其竖向承载力分为 12 级,从 1000~20000kN,有效纵向位移量从 40~200mm。支座的容许转角为 40′,设计摩擦系数为 0.05。

第4节 桥面系的构造与施工图

钢筋混凝土和预应力混凝土桥的桥面部分通常包括桥面铺装、防水和排水设施、伸缩缝、人行道(或安全带)、缘石、栏杆和灯柱等构造(图 4.41)。

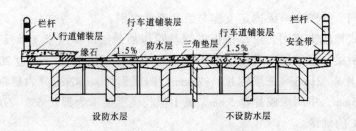

图 4.41 桥梁桥面系的构造

4.4.1 桥面铺装

桥面铺装也称行车道铺装，其功用是保护属于主梁整体部分的行车道板不受车辆轮胎的直接磨耗，防止主梁遭受雨雪水的侵蚀，并能扩散车轮荷载。因此要求铺装层有一定的强度，防止开裂及耐磨。目前常使用以下几种型式：

1. 水泥混凝土或沥青混凝土铺装

这种形式的铺装适用于非严寒地区的小跨径桥上，直接在桥面上铺筑 6～8cm 的水泥混凝土或沥青混凝土。铺装层的混凝土强度等级一般同桥面板或略高一级，在铺筑时应有较好的密实度。装配式桥面铺装中，应设置钢筋网。

2. 水泥混凝土铺装

这种形式适用于非冰冻地区的桥梁需作适当的防水处理时，可在桥面板上铺一层厚 8～10cm 并有横坡的防水混凝土作铺装层，混凝土强度等级不低于行车道板，为延长使用寿命，可在上面铺一层 2cm 厚的沥青表面处治作为磨耗层（图 4.42（a））。

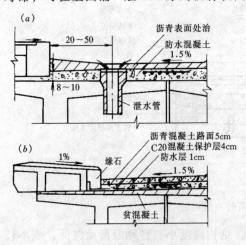

图 4.42 桥面铺装构造

3. 有贴式防水层的水泥混凝土或沥青混凝土铺装

在防水程度要求高，或在桥面板位于结构受拉区而可能出现裂纹的桥上，往往采用此种形式。贴式防水层设在低强度等级混凝土排水三角垫层上面，其做法是：先在垫层上用水泥砂浆抹平，待硬化后在其上涂一层热沥青底层，随即贴上一层油毛毡，上面再涂一层沥青胶砂，贴一层油毛毡，最后再涂一层沥青胶砂。这种三油二毡的防水层厚 1～2cm。为了保护贴式防水层不受到损坏，在防水层上需用厚 4cm 强度等级不低于 C20 的细骨料混凝土作为保护层。等它达到足够强度后再铺筑沥青混凝土或水泥混凝土路面铺装层（图 4.42（b））。由于这种防水层的造价高，施工也较复杂，故应根据建桥地区的气候条件、桥梁的重要性等，在技术和经济上充分考虑后再采用。

4. 桥面横坡设置

为使桥面迅速排除雨雪水，把桥面铺装层做成表面以桥面中心向两侧 1.5%～2.0% 的双向横坡，通常在桥面板顶面铺设混凝土三角垫层而构成，人行道设 1% 的向内横坡。

4.4.2 桥面排水设施

钢筋混凝土结构不宜经受时而湿润时而干晒的交替作用，因此，为防止雨水滞积于桥面并渗入梁体而影响桥梁的耐久性，除在桥面铺装内设置防水层外，应使桥上的雨水迅速引导排出桥外。

1. 桥面排水

桥面排水是借助于桥面纵横坡的作用，把雨水汇入集水碗，并从泄水管排出。

当桥面纵坡大于2%且桥长小于50m时，可在引道两侧设置流水槽，以免雨水冲刷路基；当桥面纵坡大于2%且桥长大于50m时，顺桥长每隔12~15m设置一个泄水管；当桥面纵坡小于2%时，顺桥长每隔6~8m设置一个泄水管（图4.43）。

泄水管设置在行车道两侧，可对称、也可交错排列。泄水管过水面积按每平方米桥面至少设一平方厘米的泄水管面积。常用的泄水管有钢筋混凝土管和铸铁管两种（图4.44(a)、(b)）。

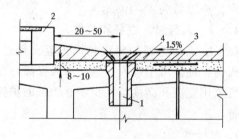

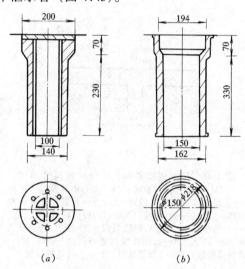

图4.43 排水管布置图（尺寸单位：cm）
1—泄水管；2—缘石；
3—防水混凝土；4—沥青表面处理

图4.44 泄水管构造
(a)钢筋混凝土泄水管；(b)金属泄水管

对于跨线桥和城市桥梁最好象建筑物那样设置完善的落水管道，将雨水排至地面阴沟或下水道内。

2. 防水层

防水层设置在桥面铺装层下面，它将透过铺装层渗下来的雨水接住汇入到泄水管排出。

对于严寒地区，为防止渗水而产生冻害，防水层可由两层油毛毡和三层沥青间隔叠置而成，厚度为1~2cm。其防水性能好，但造价高，施工较麻烦。对于南方地区，可在三角垫层上涂刷一层沥青玛琋脂，或在铺装层上加铺一层沥青混凝土，也可用防水混凝土作铺装层以提高防水能力（图4.45）。

4.4.3 桥面伸缩缝

当温度变化时，梁长也随之变化，因此必须在梁端与桥台之间、梁端与梁端之间设置伸缩缝。在设置伸缩缝处铺装层和栏杆均应断开。伸缩缝的构造既要保证梁在纵向能自由伸缩变形，又要在车辆通过时平顺、无噪声，不漏水，便于安装和养护。常用的伸缩缝有以下几种：

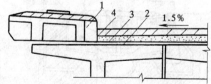

图4.45 防水层设置
1—缘石；2—防水层；
3—混凝土保护层；4—混凝土路面

1. U形镀锌薄钢板式伸缩缝

以镀锌薄钢板为跨缝材料的伸缩缝，构造如图4.46所示。在上层镀锌薄钢板圆弧部分，开梅花眼，孔径6mm，孔距3cm。其构造简单，适用于中小跨径，伸缩量为2~4cm，使用年限短。

2. 钢板伸缩缝

它是以钢板为跨缝材料，构造如图4.47所示，比较复杂，且噪声大，在温差较大或跨径较大的桥梁上使用，伸缩量为4~6cm。

3. 橡胶伸缩缝

它是以橡胶条作为跨缝材料的伸缩缝，构造如图4.48所示。橡胶条有弹性，易胶贴或胶接，能满足变形和防水要求，能吸收振动，无噪声，伸缩量为4~10cm。

4.4.4 人行道、栏杆和灯柱

位于城镇和近郊的桥梁均应设置人行道，在行人稀少地区可不设人行道，但为保障行车安全可改用宽度和高度均不少于0.25m的护轮安全带。

1. 人行道

大中型桥梁和城镇桥梁均应设置人行道，

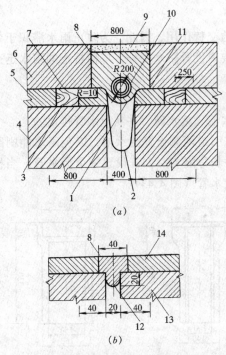

图4.46 U形镀锌薄钢板式伸缩缝尺寸单位
（a）行车道伸缩缝；（b）人行道伸缩缝
1—上层镀锌薄钢板（1200×1）；2—下层镀锌薄钢板（3300×1）；3—小木板（300×300）；4—行车道板；5—三角垫层；6—行车道铺装层；7—圆钉；8—沥青膏；9—砂子；10—石棉纤维过滤器；11—锡焊；12—镀锌薄钢板；13—人行道块件；14—人行道铺装层

人行道块件，常用肋板式截面，安装在桥上有悬臂式和非悬臂式两种，如图4.49（a）、

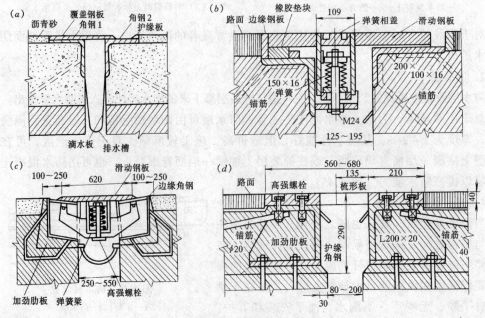

图4.47 钢板伸缩缝

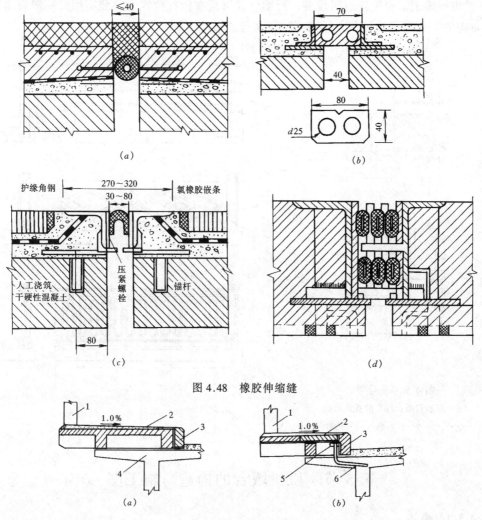

图 4.48 橡胶伸缩缝

图 4.49 人行道
(a) 非悬臂式；(b) 悬臂式
1—栏杆；2—人行道铺装层；3—缘石；4—T梁；5—锚接钢板；6—锚固钢筋

(b)，其中悬臂式借助锚固钢筋获得稳定。人行道宽度最小为75cm，顶面铺2cm厚的水泥砂浆铺装层，并向里做成1%的横坡以利排水。

2. 安全带

在人群稀少地区，可不设人行道，仅设安全带。安全带宽度25cm，其构造有矩形截面和肋板式截面两种，如图4.50所示。

3. 杆和灯柱

桥梁上的栏杆是一种安全防护设备，应简单实用、朴实大方。栏杆柱高度常为80～100cm，间距为1.6～1.7m，跨径矮小且宽度不大的桥梁可将栏杆做得矮些（60cm）。对道路桥梁可采用简单的扶手栏杆，如图4.51(a)所示，栏杆柱之间用两根扶手连接，栏杆柱截面一般为18cm×14cm，内配4根直径为10mm的Ⅰ级钢筋。

对于城市桥梁，可选用一些比较美观的栏杆用于美化环境，如图4.51(b)、(c)。

城市桥梁上需要设置照明设备,照明灯柱可设在栏杆位置上,照明用灯一般高出行车道 5m 左右。其他管线可在人行道下面预孔道通过。

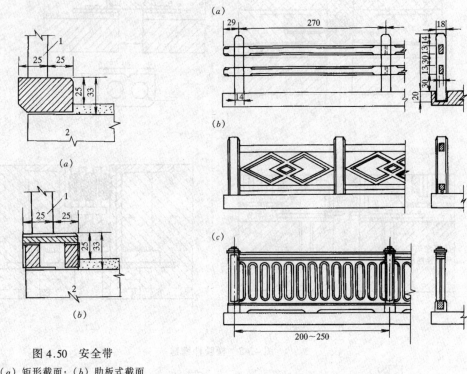

图 4.50 安全带
(a) 矩形截面;(b) 肋板式截面
1—栏杆;2—预制板(梁)块件

图 4.51 栏杆图式

第 5 节 桥梁墩台的构造与施工图

4.5.1 概述

桥梁墩(台)主要由墩(台)帽、墩(台)身和基础三部分组成,如图 4.52 所示梁桥重力式桥墩和桥台。

桥梁墩(台)的主要作用是承受上部结构传来的荷载,并通过基础又将该荷载及本身自重传递到地基上。桥墩一般系指多跨桥梁的中间支承结构物,它除了承受上部结构的荷载外,还要承受流水压力,水面以上的风力及可能出现的冰荷载、船只、排筏或漂浮物的撞击力。桥台除了是支撑桥跨结构的结构物以外,它又是衔接两岸接线路堤的构筑物:既要能挡土护岸,又要能承受台背填土及填土上车辆荷载所产生的附加内力。因此,桥梁墩台不仅本身应具有足够的强度、刚度和稳定性,而且对地基的承载能力、沉降量,地基与基础之间的摩阻力等也都提出

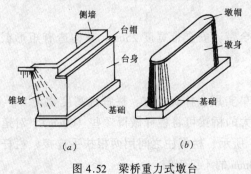

图 4.52 梁桥重力式墩台
(a) 桥台;(b) 桥墩

了一定的要求，以避免在这些荷载作用下有过大的水平位移，转动或者沉降发生。

桥梁墩台的类型很多，常用的形式大体上可归纳为两大类。

1. 重力式墩台

这类墩台的主要特点是靠自身重量来平衡外力而保持其稳定。因此，墩台身比较厚实，可以不用钢筋，而用天然石材或片石混凝土砌筑。适用于地基良好的大中型桥梁，或流冰漂浮物较多的河流中。其主要缺点是圬工体积较大，自重和阻水面积也大。

2. 轻型墩台

属于这类墩台的形式很多，而且都有自身的特点和使用条件。一般说来，这类墩台的刚度小，受力后允许在一定的范围内发生弹性变形。所用的建筑材料大都以钢筋混凝土和少量配筋的混凝土为主，但也有一些可用石料砌筑。

在选择墩（台）的型式、构造材料时，必须坚持就地取材因地制宜的原则，根据桥跨结构的特点，墩（台）高度、地形、地质及水文条件等施工条件和因素，经技术经济综合比较予以确定。

4.5.2 桥墩的构造及识读

1. 重力式桥墩

重力式桥墩由墩帽、墩身和基础组成。

（1）墩帽

墩帽是桥墩顶端的传力部分，它通过支座承托着上部结构、并将相邻两孔桥上的恒载和活载传到墩身上。因此，墩帽的强度要求较高，一般都用 C20 以上的混凝土或钢筋混凝土做成。墩帽平面尺寸的合理确定，应符合《桥规》规定。《桥规》规定，对于大跨径的桥梁不得小于40cm；对于中小跨径的桥梁不得小于30cm。其顶面常做成10%的排水坡。墩帽的四周较墩身出檐 5~10cm，并在其上做成沟槽形滴水

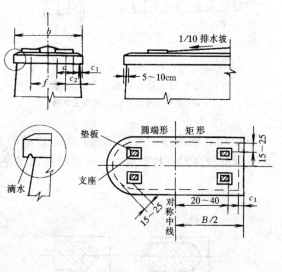

图 4.53 墩帽构造

（图 4.53）。墩帽的平面形状应与墩身形状相配合，其平面尺寸取决于支座布置情况。

在支座下面的墩帽内应设置钢筋网，其余部分大中桥应设构造钢筋，构造钢筋直径为 6~8mm 的Ⅰ级钢筋，间距为 15~25cm，支座垫板下设钢筋网，直径一般为 8~12mm 的Ⅰ级钢筋，间距为 7~10cm。钢筋网尺寸为支座垫板的两倍，这样使支座传来的很大的集中力，能较均匀地分布到墩身上。图4.54为普通墩帽和具有支承垫石墩帽的钢筋构造示例图。

另外，在一些宽桥或者墩身较高的桥梁中，为了节省墩身及基础的圬工体积，常利用挑出的悬臂或托盘来缩短墩身横向的长度，做成悬臂式或托盘式桥墩（图4.55）。悬臂式墩帽采

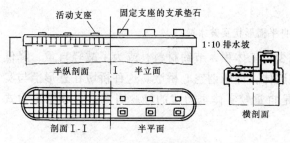

图 4.54 墩帽钢筋构造

用C20以上混凝土，墩帽长度和宽度视上部构造的形式和尺寸、支座的尺寸和布置以及上部构造中主梁的施工吊装要求等条件而定。墩帽的高度视受力大小和钢筋排列布置的需要而定。挑出部分的高度可向两端逐渐减小。端部高度通常采用30～40cm。这种墩帽需要布置受力钢筋和增设悬臂部分的施工脚手架。托盘式墩帽是将墩帽上的力逐渐传递到紧缩了的墩身截面上。墩帽内是否配置钢筋要视主梁着力点位置和托盘扩散角大小而定。

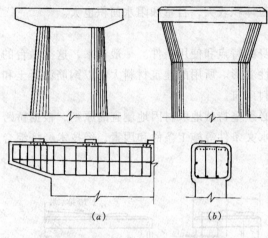

图4.55 悬臂式和托盘式墩帽
(a) 悬臂式桥墩；(b) 托盘式桥墩

(2) 墩身

墩身是桥墩的主体。重力式桥墩墩身的顶宽，对小跨径桥不宜小于80cm；对中跨径桥不宜小于100cm；对大跨径桥的墩身顶宽，视上部构造类型而定。侧坡一般采用20:1～30:1，小跨径桥的桥墩也可采用直坡。

墩身通常由块石，混凝土或钢筋混凝土这几种材料建造。为了便于水流和漂浮物通过，墩身平面形状可以作成圆端形或尖端形；无水的岸墩或高架桥墩可以作成矩形，在水流与桥梁斜交或流向不稳定时，宜作成圆形（图4.56）。在有强烈流冰或大量漂浮物的河道（冰厚大于0.5m，流冰速度大于1m/s）上，桥墩的迎水端应做成破冰棱体（图4.56），破冰棱可由强度较高的石料砌成，也可以用高强度等级的混凝土辅之以钢筋加固。

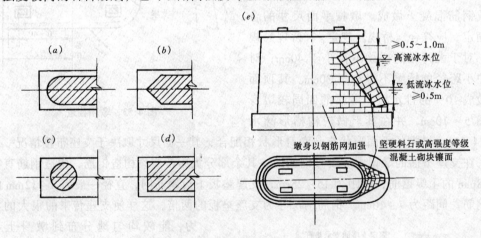

图4.56 墩身平面形状及破冰棱

此外，在一些高大的桥墩中，为了减少圬工体积，节约材料，或为了减轻自重，降低基底的承压应力，也可将墩身内部作成空腔体，即所谓空心桥墩。这种桥墩在外形上与实体重力式桥墩无大的区别（图4.57），只是自重较实体重力式的轻。因此，它介于重力式桥墩和轻型桥墩之间。

(3) 基础

基础是介于墩身与地基之间的传力结构。基础的种类很多，这里仅介绍设置在天然地基上的刚性扩大基础。它一般采用C15以上的片石混凝土或用浆砌块石筑成。基础的平面尺寸较墩身底截面尺寸略大，四周放大的尺寸对每边约为0.25～0.75m。基础可以作成单层的，也可作成2～3层台阶式的。台阶或襟边的宽度与它的高度应有一定的比例，通常其宽度控制在刚性角以内。

为了保持美观和结构不受碰损，基础顶面一般应设置在最低水位以下不少于0.5m；在季节性流水河流或旱地上，则不宜高出地面。基础的埋置深度，除岩石地基外，应在天然地面或河底以下不少于1m；如有冲刷，基底埋深应在设计洪水位冲刷线以下不少于1m；对于上部结构为超静定结构的桥涵基础，除了非冻胀土外，均应将基底埋于冰冻线以下不小于0.25m。

2. 轻型桥墩

当地基土质条件较差时，为了减轻地基的负担，或者减轻墩身重量，节约圬工材料，常常采用各种形式的轻型桥墩。轻型桥墩的墩帽尺寸及构造也由上部结构及其支座的尺寸等要求来确定，这与重力式桥墩相似。在梁桥中，通常采用以下几种类型：

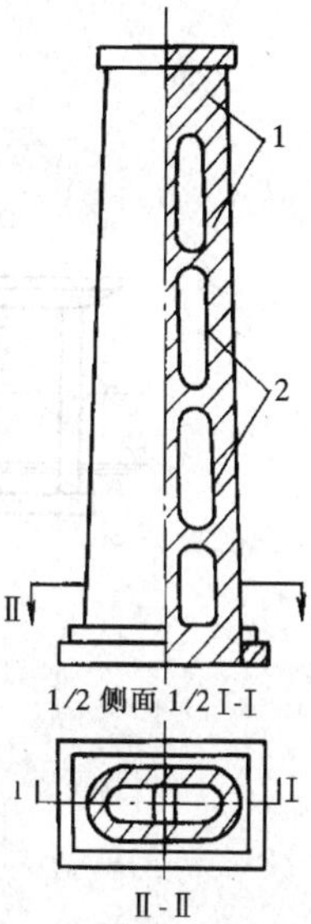

图4.57 空心桥墩
1—检查孔；2—泄水孔

(1) 钢筋混凝土薄壁桥墩

图4.58所示为钢筋混凝土薄壁桥墩，墩身直立，其厚度（30～50cm）与高度的比值较小(1/10～1/15)，墩身内配置有适量的钢筋，含钢量约为$60kg/m^3$。桥墩材料采用C15以上的混凝土。薄壁桥墩的特点是圬工体积小，结构轻巧，且施工简便，外形美观，过水性良好，适用于地基土软弱的地区。它的缺点是：当采用现浇混凝土时，需耗费大量的木模和钢筋。

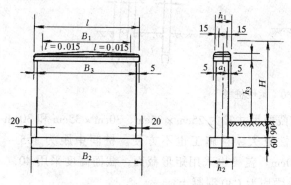

图4.58 钢筋混凝土薄壁式桥墩

(2) 柱式桥墩

柱式桥墩的结构特点是由分离的两根或多根立柱（或桩柱）所组成，是公路（城市）桥梁中应用较多的桥墩形式之一。它的外型美观，圬工体积少，且重量较轻。

图4.59(a)所示为双柱式桥墩，它由两个腰圆形柱和设置在柱顶上的墩帽以及联系梁所组成。柱的底端被联成整体。这种桥墩的刚度较大，适用性较广，并可与桩基配合使用。缺点是模板工程较复杂，柱间空间小，易于阻滞漂浮物，固一般多在水深不大的浅基础或高桩承台上采用，而避免在深水、深基础及漂浮物多，有木筏的河道上采用。

近年来，我国较多的采用钻孔灌注桩双柱式桥墩，如图4.59(b)，它由钻孔灌注桩与钢筋混凝土墩帽组成。柱与桩直接相连，柱即是地面以上的桩。当墩身桩柱的高度大于1.5倍的桩距时，通常就在桩柱之间布置横系梁，以增加墩身的侧向刚度。

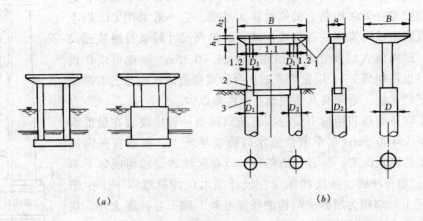

图 4.59
(a) 柱式桥墩；(b) 桩式桥墩
1—盖梁；2—系梁；3—桩

(3) 柔性排架桩墩

柔性排架桩墩是由单排或双排的钢筋混凝土桩与钢筋混凝土盖梁连接而成（图 4.60）。其主要特点是：可以通过一些构造措施，将上部结构传来的水平力（制动力、温度影响力等）传递到全桥的各个柔性墩台，或相邻的刚性墩台上，以减少单个柔性墩所受到的水平力，从而达到减少桩墩截面的目的。

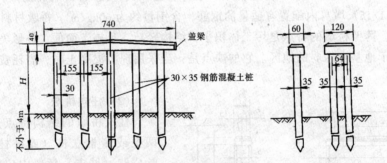

图 4.60 柔性桩墩

柔性桩墩一般采用预制的矩形桩，其截面尺寸常为 25cm×35cm、30cm×35cm 和 30cm×40cm 等。桩长不超过 14m，过长则柔性更大，且施工也不方便。桩间中距为 1.5～2.0m，双排架的两排间净距不大于 30～40cm。盖梁也采用矩形截面，截面高度采用 40～50cm，其宽度对于单排桩为 60～80cm。盖梁均为 C30 混凝土。

柔性桩墩的优点是用料省，修建简便，施工速度快。主要缺点是用钢量大，使用高度和承载力都受到一定限制。因此它只适合于低浅宽滩河流，通航要求低和流速不大的水网地区河流上修建小跨径桥梁时采用。

4.5.3 桥台的构造及识读

1. 重力式桥台

梁桥和拱桥上常用的重力式桥台为 U 形桥台，它们是由台帽、台身和基础三部分组成。由于台身是由前墙和两个侧墙构成的 U 形结构，故而得名。梁桥、拱桥桥台构造示意图如图4.61（a）、（b）。U形桥台的优点是构造简单，可以用混凝土或片石、块石砌筑。它适用于填土高度在8～10m以下或跨度稍大的桥梁。缺点是桥台体积和自重较大，增加了对地基的要求。此外，桥台的两个侧墙之间填土容易积水，结冰后冻胀，使侧墙产生裂缝。所以宜用渗水性较好的土夯填，并做好台后排水措施。

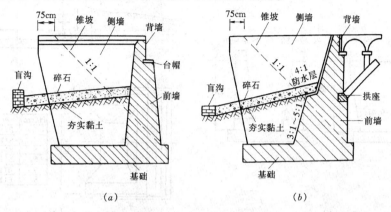

图4.61 U形桥台
(a) 梁桥；(b) 拱桥

下面将叙述梁桥U形桥台的各部分构造。

(1) 台帽

梁桥台帽顶面只设单排支座，并在一侧砌筑挡住路堤填土的矮雉墙，或称背墙（图4.61）。背墙的顶宽，对于片石砌体不得小于50cm，对于块石、料石砌体及混凝土砌体不宜小于40cm。背墙一般作成垂直的，并与两侧侧墙连接。如果台身放坡时，则在路堤一侧的坡度与台身一致。在台帽放置支座部分的构造、钢筋配置及混凝土强度等级可按构造要求进行设计。

(2) 台身

台身由前墙和侧墙构成。前墙正面多采用10/1或20/1的斜坡。侧墙与前墙结合成一体，兼有挡土墙和支撑墙的作用。侧墙正面一般是直立的，其高度视桥台高度和锥坡坡度而定。前墙的下缘一般与锥坡下缘相齐，因此，桥台越高，锥坡越平坦，侧墙则越长。侧墙尾端，应有不小于0.75m的长度伸入路堤内，以保证与路堤有良好的衔接。台身的宽度通常与路基的宽度相同。

《桥规》规定，无论是梁桥还是拱桥，桥台前墙的任一水平截面的宽度，不宜小于该截面至墙顶高度的0.4倍。侧墙的任一水平截面的宽度，对于片石砌体不小于该截面至墙顶高度的0.4倍；对于块石料石砌体或混凝土则不小于0.35倍。如果桥台内填料为透水性良好的砂质土或砂砾，则上述两项可分别减为0.35倍和0.3倍。前墙及侧墙的顶宽，对于片石砌体不宜小于50cm；对于块石、料石砌体和混凝土不宜小于40cm（图4.62）。

两个侧墙之间应填以渗透性较好的土壤。为了排除桥台前墙后面的积水，应于侧墙间在略高于高水位的平面上铺一层向路堤方向设有斜坡的夯实黏土作为不透水层，并在黏土层上再铺一层碎石，将积水引向设于台后横穿路堤的盲沟内（参见图4.61）。

桥台两侧的锥坡坡度，一般由纵向为1:1逐渐变至1:1.5，以便和路堤的边坡一致。

207

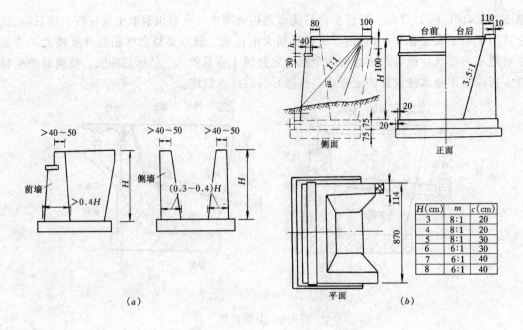

图 4.62
(a) U形桥台尺寸图;(b) 石砌重力式桥台 (cm)

锥坡的平面形状为 1/4 的椭圆。锥坡用土夯实而成,其表面用片石砌筑。

2. 轻型桥台

与重力式桥台不同,轻型桥台力求体积轻巧、自重要小,它借助结构物的整体刚度和材料强度承受外力,从而可节省材料,降低对地基强度的要求和扩大应用范围,为在软土地基上修建桥台开辟了经济可行的途径,下面仅介绍梁桥常使用的轻型桥台。

(1) 设有支撑梁的轻型桥台

这种桥台的特点是,台身为直立的薄壁墙,台身两侧有翼墙。在两桥台下部设置钢筋混凝土支撑梁,上部结构与桥台通过锚栓连接,于是便构成四铰框架结构系统,并借助两端台后的被动土压力来保持稳定。它的基础将视作为作用于弹性地基上的梁来计算,一般用 C15 混凝土,当基础长度大于 12m 时须配置钢筋。支撑梁的截面尺寸为 20cm×30cm,用 C20 钢筋混凝土浇筑,搁置在基础之上,并垂直于桥台。支撑梁应对称于桥中心线布置,中距约为 2~3m。支撑梁也可用混凝土或块石砌筑,达到节约钢筋,但截面尺寸不应小于 40cm×40cm。

按照翼墙(侧墙)的形式和布置方式,这种桥台又可分为:

一字形轻型桥台 (图 4.63 (a) 左);

八字形轻型桥台 (图 4.63 (a) 右);

耳墙式轻型桥台 (图 4.63 (b))。

一字形或八字形轻型桥台的台身均为圬工砌体,当桥的跨径不超过 6m,台高不超过 4m 时,可用 M12.5 浆砌块石;当跨径大于 6m,台高大于 4m 时,需用 C15 混凝土浇筑。台帽为 C20 钢筋混凝土,台帽内的预埋栓钉应与上部结构互相锚固。为了保证支撑梁牢固地埋入土中,一般埋置深度为 1.5m,在有冲刷的河流上,还应用片石铺砌河床。如果基

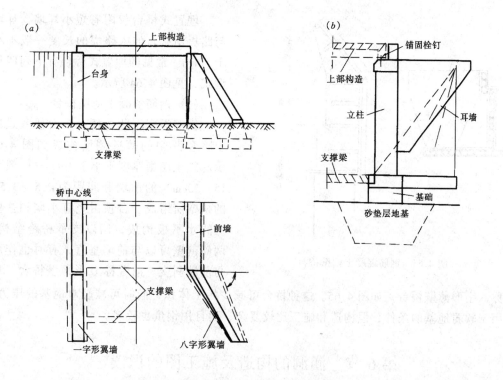

图 4.63 设地下支承梁的轻型桥台

础能嵌入风化岩层 15~25cm 时,也可不设下部支撑梁。台身前墙与翼墙之间设沉降缝分离。这类桥台不设路堤锥坡,前墙承受土压力及支座传来的荷载,两侧翼墙只承受土压力。翼墙顶面与路堤边坡平齐,其高度与底宽是变动的。八字形翼墙在平面上与路堤中心线通常呈 60°角斜交。只有当土壤的天然坡角较大或桥位处设置锥坡有困难时才采用这类桥台。

(2) 埋置式桥台

埋置式桥台是将台身埋在锥形护坡中,只露出台帽在外以安置支座及上部构造。这样,桥台所受的土压力大为减少,桥台的体积也就相应减少。但由于锥坡伸入到桥孔,压缩了河道,有时因此需增加桥长。它适用于桥头为浅滩,锥坡受冲刷小,填土高度在 10m 以下,孔径在 10m 以上的桥梁。

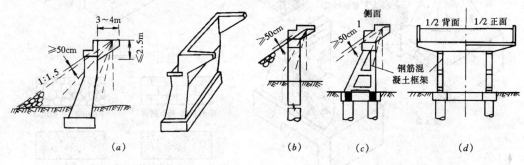

图 4.64 埋置式桥台
(a) 后倾式;(b) 肋形埋置式;(c) 双柱式;(d) 框架式

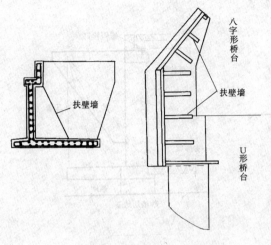

埋置式桥台仅附有短小耳墙,耳墙与路堤衔接,伸入路堤的长度一般不小于50cm。常见的埋置式桥台有下列四种型式,见图4.64所示。

(3) 钢筋混凝土薄壁桥台

钢筋混凝土薄壁桥台是由扶壁式挡土墙和两侧的薄壁侧墙构成如图4.65示。挡土墙由厚度不小于15cm(一般为15~30cm)的前墙和间距为2.5~3.5m的扶壁所组成。台顶由竖直小墙和扶壁上的水平板构成,用以支承桥跨结构。两侧薄壁可以与前墙垂直,有时也作成与前墙斜交。前者称U形薄壁桥台,后者称八字形薄壁桥台,如图4.65。这种桥台可减少圬工体积,同时可减轻对地基的压力。适用于软弱地基的条件,但构造和施工比较复杂,而且用钢量也较多。

图4.65 钢筋混凝土薄壁桥台

第6节 涵洞的构造及施工图的识读

涵洞主要为宣泄地面水流(包括小河沟)而设置的横穿路基的小型排水构造物。按《公路工程技术标准》(JTJ101—88)规定:单孔标准跨径 L_0 小于5m或多孔跨径总长小于

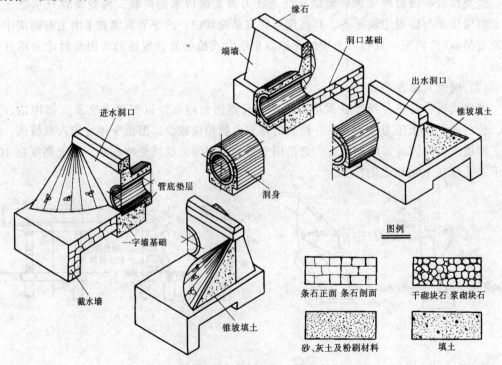

图4.66 圆管涵洞分解图

8m，以及圆管涵及箱涵不论管径或跨径大小，孔径多少，均称为涵洞。

涵洞构造主要由基础、洞身和洞口组成，洞口包括端墙、翼墙或护坡、截水墙和缘石等部分。图4.66是圆管涵洞的构造分解图。

4.6.1 涵洞的分类

1. 按建筑材料分类

从涵洞所使用的材料分，常用的涵洞有石涵、混凝土涵、钢筋混凝土涵、砖涵，有时也可用陶土管涵、铸铁管涵、波纹管涵等。

2. 按构造型式分类

按构造类型可分为管涵（通常圆管涵）、盖板涵、拱涵、箱涵，这四种涵洞的常用跨径见表4.1，各种构造型式涵洞的适用性和优缺点见表4.2。

不同构造型式涵洞的常用跨径 表4.1

构造形式	跨（直）径（cm）							
圆管涵	*50	75	100	125	150			
盖板涵	75	100	125	150	200	250	300	400
拱　涵	100	150	200	250	300	400		
箱　涵	200	250	300	400	500			

注：1 带"*"号仅为农用灌溉涵洞。
　　2 盖板涵中石盖板时为75、100、125cm，其余均为钢筋混凝土盖板涵。

各种构造型式涵洞的适用性和优缺点 表4.2

构造形式	适用性	优缺点
管　涵	有足够填土高度的小跨径暗涵	对基础的适应性及受力性能较好，不需墩台，圬工数量少，造价低
盖板涵	要求过水面积较大时，低路堤上的明涵或一般路堤暗涵	构造较简单，维修容易，跨径较小时用石盖板，跨径较大时用钢筋混凝土盖板
拱　涵	跨越深沟或高路堤时设置，山区石料资源丰富，可用石拱涵	跨径较大，承载潜力较大。但自重引起的恒载也较大，施工工序较繁多
箱　涵	软土地基时设置	整体性强。但用钢量多，造价高，施工较困难

3. 按洞顶填土情况和孔数分类

按洞顶填土情况可分为明涵和暗涵两类。明涵是指洞顶不填土的涵洞，适用于低路堤、浅沟渠；暗涵是指洞顶填土大于50cm的涵洞，适用于高路堤、深沟渠。

涵洞按孔数分为单孔、双孔和多孔等。

4.6.2 涵洞洞身的构造

洞身是涵洞的主要组成部分。洞身的作用是承受活载压力和土压力等，并将其传递给地基，它应具有保证设计流量通过的必要孔径，同时本身要坚固而稳定。

由于涵洞构造形式和组成部分不同，洞身也有不同的形式。下面分别讲述常见的几种形式。

1. 圆管涵

圆管涵洞身主要由各分段圆管节和支承管的基础垫层组成。见图4.67。

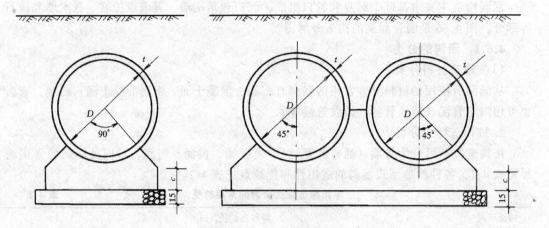

图4.67 圆管涵洞身

圆管涵常用孔径 D 见表4.1，相应的管壁厚度 t 分别为6、8、10、12、14cm。管基厚度 c 根据管径的大小采用15cm，20cm，25cm不等。

2. 盖板涵

盖板涵洞身由涵台（墩）、基础和盖板组成。盖板有石盖板及钢筋混凝土盖板等。当跨径较小，洞顶具有一定填土高度时，可采用石盖板；当跨径较大时，宜采用钢筋混凝土盖板，见图4.68。

石盖板涵常用跨径 L_0 为75、100、125cm，盖板厚度 d 随洞顶填土高度与跨径而变，一般在15~40cm之间。作盖板的石料必须是不易风化的、无裂缝的优质石板。

钢筋混凝土盖板涵跨径为150、200、250、300、400cm，相应的盖板厚度 d 在15~22cm之间。

圬工涵台（墩）的临水面一般采用垂直面，而涵台背面采用垂直或斜坡面，涵台（墩）顶面一般做成平面。涵台（墩）的下部用砂浆与基础结成整体。钢筋混凝土盖板涵的涵台（墩）上部往往比台（墩）身尺寸略大，作成台（墩）帽。

石盖板涵的涵台（墩）墙身高 H_n（以原沟底面或铺砌层顶面至盖板顶面的高度计）一般为75~175cm，钢筋混凝土盖板涵的涵台（墩）墙身高 H_n 一般为75~450cm。

涵台（墩）基础可随地基土壤不同而采用整体式或分离式。

3. 拱涵

拱涵洞身主要由拱圈和涵台（包括涵台基础）两部分组成。若是两孔以上，还应增加涵墩（包括涵墩基础）。

涵洞的横截面形式有：半圆拱、圆弧拱、卵形拱，见图4.69。卵形拱不便施工，很少采用，应用最多的是圆弧拱涵洞，见图4.70。

拱涵的常用跨径 L_0 为100、150、200、250、300、400cm。拱涵的拱圈厚度 d 一般为25~35cm。圆弧拱的矢跨比 f_0/L_0 常取1/3和1/4。拱涵的其他尺寸取值范围如下：台（墩）高 H_0 一般为50~400cm，台顶护拱宽 a 为45~140cm，台身底宽 a_1 为70~260cm，墩身宽度 b 为50~140cm。

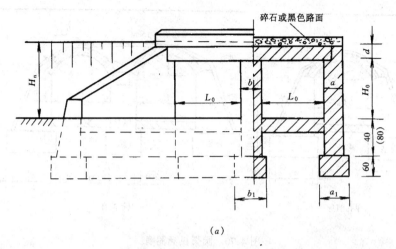

(a)

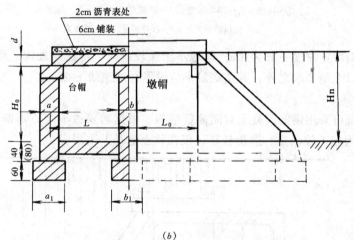

(b)

图 4.68　盖板涵洞身

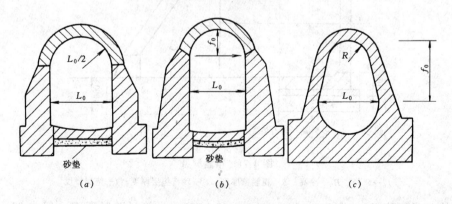

图 4.69　拱涵横截面形式

(a) 半圆拱涵；(b) 圆弧拱涵；(c) 卵形拱涵

涵台基础视地基土壤情况，分别采用整体式或分离式。整体式基础主要用于卵形涵及小跨径涵洞。对于跨径大于 2～3cm 的涵洞，宜采用分离式基础。

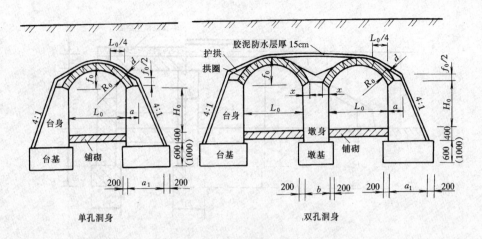

图 4.70 圆弧拱涵洞身

L_0—跨径;f_0—净拱矢度;d—拱圈厚度;H_0—台(墩)高;
a—台顶护拱宽;a_1—台身底宽;b—墩身宽

基础底面埋置深度一般为1m,但地基土质较差时,可适当加深。当基础设在冻土层中时,除了以上的要求之外,其基底最小应设置在冰冻线下25cm。

4. 箱涵洞身

箱涵洞身可采用钢筋混凝土封闭薄壁结构,根据需要做成长方形断面或正方形断面,见图4.71。因施工较困难,造价较高,仅在软土地基上采用。

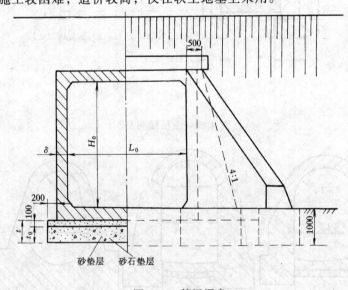

图 4.71 箱涵洞身

L_0—跨径;H_0—净高;δ—箱涵壁厚度;t_0—砂石垫层厚度;t—垫层厚度

箱涵的常用跨径 L_0 为 200、250、300、400、500cm,箱涵壁厚度 δ 一般为 22~35cm,垫层厚度 t 为 40~70cm,箱涵内壁面四个角处往往做成45°的斜面,其尺寸为5cm×5cm。

4.6.3 洞口的构造

1. 洞口的作用

洞口建筑是由进水口和出水口两部分组成。洞口应与洞身、路基衔接平顺,并起到调节水流和形成良好流态（流线）的作用，同时使洞身、洞口（包括基础）两侧路基以及上下游附近河床免受冲刷。另外，洞口型式的选定，还直接影响着涵洞的宣泄能力和河床加固类型的选用。

涵洞与路线相交，可分为正交和斜交两种。当涵洞沿纵轴线方向与路线轴线方向相互垂直时，称为涵洞与路线正交；当涵洞纵轴线与路线轴线方向不相互垂直时，称为涵洞与路线斜交。

2. 正交洞口类型及其适用条件

洞口建筑类型有八字式、端墙式、锥坡式、直墙式、扫坡式、平头式、走廊式及流线型等，见图 4.72，其中常用的有八字式、端墙式、锥坡式、走廊式和平头式。

(1) 八字式，如图 4.72 (*a*)

八字式洞口建筑为敞开斜置，两边八字形翼墙墙身高度随路堤的边坡而变。为缩短翼墙长度并便于施工，将其端部设计为矮墙。八字翼墙配合路基边坡设置，工作量较小，水力性能好，施工简单，造价较低，因而是最常用的洞口形式。

(2) 端墙式，如图 4.72 (*b*)

端墙式（又称一字墙式）洞口建筑为垂直涵洞纵轴线、部分挡住路堤边坡的矮墙，墙身高度由涵前壅水高度而定，若兼做路基挡土墙时，应按挡土墙需要的高度确定。端墙式洞口构造简单，但水力性能不好，适用于流速较小的人工渠道或不易受冲刷影响的岩石河沟上。

在人工渠道上，端墙应伸入渠道两侧边坡内一定距离。为防止涡流淘刷，必要时对靠近端墙附近的渠段进行砌石加固。

(3) 锥坡式，如图 4.72 (*c*)

锥坡式洞口建筑，是在端墙式的基础上将侧向伸出的锥形填土表面予以铺砌，视水流被涵洞的侧向挤束程度和水流流速的大小，可采用浆砌或干砌。这种洞口多用于宽浅河流及涵洞对水流压缩较大的河沟。锥坡式洞口圬工体积较大，不如八字式经济，但对于较大较高的涵洞，因这种结构形式的稳定性较好，是常用的洞口形式。

(4) 直墙式，如图 4.72 (*d*)

直墙式洞口可视为敞开角为零的八字式洞口。这种洞口要求涵洞跨径与沟宽基本一致，且无需集纳与扩散水流。适用于边坡规则的人工渠道以及窄而深、河床纵断面变化不大的天然河沟。这种洞口形式，因翼墙短，且洞口铺砌少，较为经济。在山区进水口前，迎陡坡设置的急流槽后，配合消力池也常采用直墙式翼墙与之衔接。

(5) 扫坡式，如图 4.72 (*e*)

扫坡式洞口主要用于盖板涵、箱涵、拱涵洞身与人工灌溉渠的连接。其设置目的，是将原灌溉渠梯形断面的边坡通过洞口逐渐过渡为涵身迎水面的坡度，涵身迎水面往往是垂直的。这样可使水流顺畅，但施工工艺较复杂。

(6) 平头式，如图 4.72 (*f*)

平头式又称领圈式，常用于混凝土圆管涵。因为需要制作特殊的洞口管节，所以模板耗用较多。平头式洞口适用于水流通过涵洞挤束不大和流速较小的情况。

(7) 走廊式，如图 4.72 (*g*)

走廊式洞口建筑是由两道平行的翼墙在前端展开成八字形或圆曲线形构成的。这种进

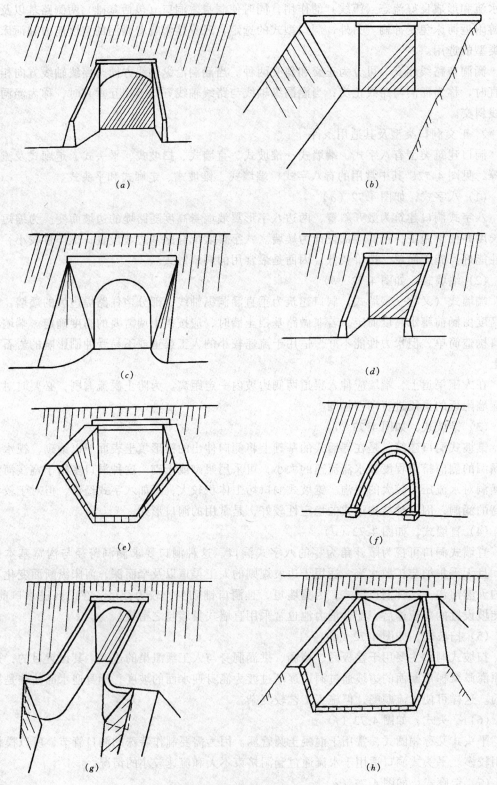

图 4.72 涵洞洞口各种类型

水口建筑，使涵前的壅水水位在洞口部分提前收缩跌落，因此可以降低无压力式涵洞的计算高度或提高涵洞中的计算水深，从而提高了涵洞的宣泄能力。

（8）流线型，如图4.72（h）

流线型洞口建筑，主要是指将涵洞进水口端节在立面上升高形成流线型，有时平面上也做成流线型，使沿涵长向的涵洞净空符合水流进洞收缩的实际情况，见图4.73。

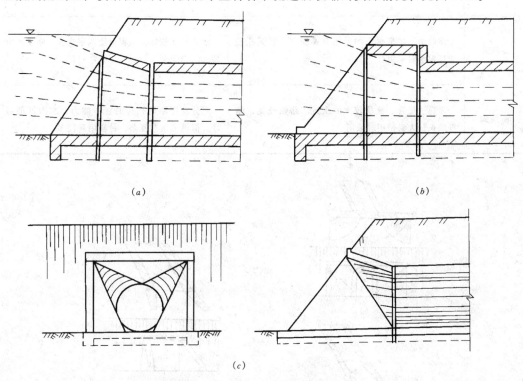

图 4.73 流线型洞口常用形式

各种洞口型式的适用性和优缺点比较见表 4.3。

各种洞口型式的适用性和优缺点比较　　　　　　　　　表 4.3

洞口型式	适用性	优缺点
八字式	平坦顺直，纵断面高差不大的河沟。配合路堤边坡设置，广泛用于需收纳、扩散水流处	水力性能较好，施工简单，工程量较小
端墙式	平原地区流速很小、流量不大的河沟、水渠	构造简单，造价低，但水力性能不好
锥坡式	宽浅河沟上，对水流压缩较大的涵洞。常与较高、较大的涵洞配合	水力性能较好，能增强高路堤的洞口、涵身稳定性。但工程量较大
直墙式	涵洞跨径与沟宽基本一致，无需集纳与扩散水流的河沟、人工渠道	水力性能良好，工程量少。在山区能配合急流槽、消力池使用。应用不广泛
扫坡式	涵身迎水面坡度与人工水渠、河沟侧向边坡不一致时采用	水力性能较好，水流对涵洞冲刷小。施工工艺较复杂

续表

洞口型式	适 用 性	优 缺 点
平头式	水流过涵洞侧向挤束不大,流速较小。洞口管节需大批使用,可集中生产时采用	节省材料,工艺较复杂,水力性能稍差
走廊式	需收纳、扩散水流的无压力式涵洞。涵洞孔径选用偏小时采用	水力性能较好,工程量比八字式多,施工较麻烦
流线式	需通过流速、流量较大的水流。路幅较宽,涵身较长,大量使用时采用	充分发挥涵洞孔径的宣泄能力,水力性能最好。但施工工艺复杂,材料用量较多

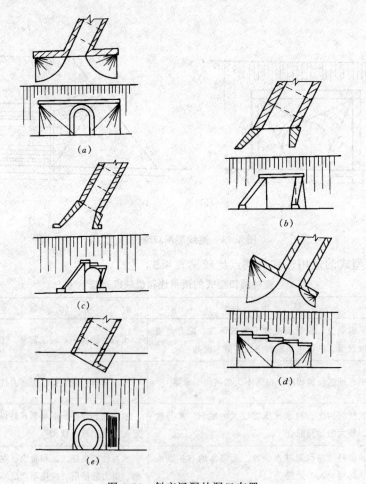

图 4.74 斜交涵洞的洞口布置
(a)、(b) 斜交斜做涵洞的洞口;
(c)、(d) 斜交正做涵洞的洞口;
(e) 斜交圆管涵洞平头式洞口的处理

3. 斜交洞口的处理

当涵洞与路线斜交时,其洞口建筑所采用的各种形式与正交时基本相同。根据洞身的构造不同,有两种处理方法。

(1) 斜交斜做,如图 4.74 (a)、(b)。

为求外形美观及适应水流条件,可使涵洞洞身端部与路线平行,此种做法称为斜交斜做,对于盖板涵和箱涵,运用斜交斜做法比较普遍。

(2) 斜交正做,如图 4.74 (c)、(d)。

在圆管涵或拱涵中,为避免两端圆管或拱的施工困难,可采用斜交正做法处理洞口,即涵身部分与正交时完全相同,而洞口的端墙高度予以调整,一般将端墙设计成斜坡形或阶梯形。

4.6.4 涵洞工程图的内容与识读

涵洞是窄而长的工程构造物,涵洞构造图主要图示涵洞的整体构造、各部分之间的关系及尺寸等。通常以流水方向为纵向,并以纵剖面图代表立面图。为了使平面图表达清楚,画图时不考虑洞顶的覆土,如进、出水口形状不一时,则均要把进、出水口的侧面图画出。有时平面图与侧面图以半剖面形式表达,水平剖面图一般沿基础顶面剖切,横剖面图则垂直于纵向剖切。除上述三种投影图外,还有一些必要的构造详图,如钢筋布置

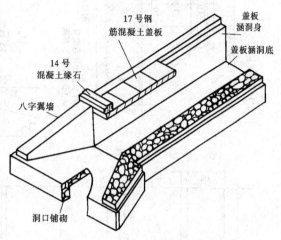

图 4.75 钢筋混凝土盖板涵立体图

图、翼墙断面图等。现以常用的圆管涵、盖板涵和拱涵三种涵洞为例,说明涵洞施工图的识读方法。

1. 钢筋混凝土盖板涵

图 4.75 所示为单孔钢筋混凝土盖板涵立体图。图 4.76 所示则为其构造图,比例为 1:50,洞口两侧为八字翼墙,洞高 120cm,净跨 100cm,总长 1482cm。由于其构造对称故仍采用半纵剖面图、半剖平面图和侧面图等表示。

(1) 半纵剖面图

可以看出:八字翼墙的顶面坡度为 1:15,洞身的板厚为 14cm,洞底流水坡度为 1%,洞底铺砌 20cm,涵洞基础为砖砌,盖板为钢筋混凝土。

(2) 半平面图及半剖面图

从图中可以看出涵洞洞身长 1120cm,洞口形状为八字型。八字翼墙和洞身均为砖石所砌。并且翼墙上有四条断面剖切位置线,其中Ⅰ—Ⅰ、Ⅱ—Ⅱ、Ⅲ—Ⅲ断面已画出,从断面图上能清楚了解翼墙的详细尺寸,墙背坡度以及材料情况。Ⅳ—Ⅳ断面图和Ⅱ—Ⅱ断面图类似,但尺寸有变化,请读者自行思考。

(3) 侧面图

本图反映出洞高 120cm 和净跨 100cm,同时反映出缘石、盖板、八字翼墙、基础等的

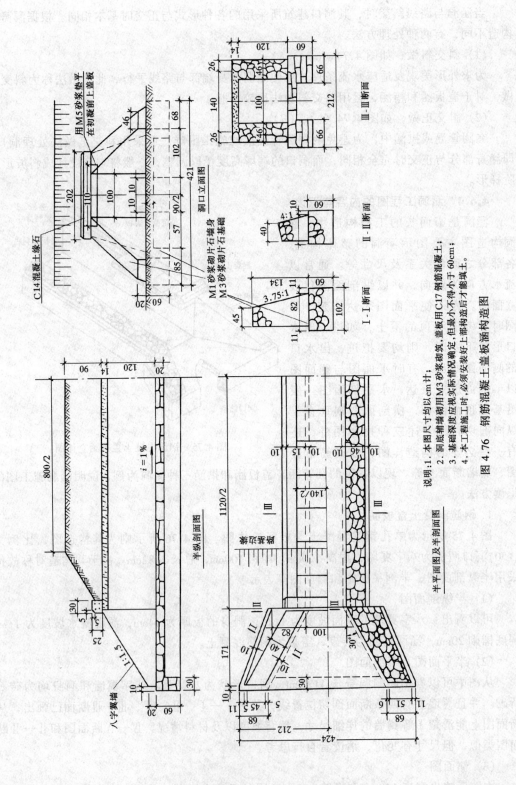

图 4.76 钢筋混凝土盖板涵构造图

相对位置和它们的侧面形状，侧面图常又称为洞口立面图。

2. 石拱涵

图 4.77 所示为石拱涵立体图。图 4.78 所示则为其构造图。净跨 $L_0 = 300\text{cm}$，矢跨比 $f_0/L_0 = 1/2$。从构造图中可以看出如下内容：

（1）纵剖面图。本图是沿涵洞纵向轴线进行全剖，从图中可以看出涵洞全长 1700cm，洞身长 900cm，翼墙坡度为 1∶1.5，洞底流水坡度为 1%。为了显示拱顶为圆柱面，故每层拱石投影的厚度不一，下疏上密。在图的上部为路基横断面，路基宽为 700cm。

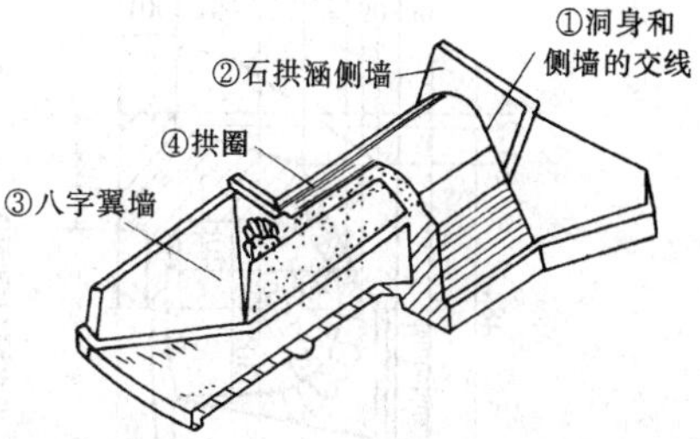

（2）平面图

本图的特点是拱顶与拱顶上的两端侧墙的交线均为椭圆弧，从图上还可以看出，八字翼墙与盖板涵的翼墙不同。盖板涵的翼墙是单面斜坡，端部为侧平面，而本图为两面斜坡，端部铅垂面。

图 4.77 石拱涵立体图

（3）侧面图

本图采用了半侧面图和半横剖面图，半侧面图反映出洞口外形，半横剖面图则表达了洞口的特征和洞身与基础的连接关系。从图上还可看出洞口基顶的构造是一个曲面。

3. 圆管涵

图 4.66 为钢筋混凝土圆管涵立体图分解图，图 4.79 为其构造图。此涵洞洞口为端墙式，端墙前洞两侧有 20cm 厚干砌片石铺面的锥形护坡，涵管内径为 75cm，涵管长为 1060cm，其构造具有对称性。因此采用半纵剖面图、半平面图和侧面图来表示。其图示的内容如下。

（1）半纵剖面图

由于涵洞进出口一样，左右基本对称，所以只画出半纵剖面图，纵剖面图中表示出涵洞各部分的相对位置和构造形状，如管壁厚 10cm，防水层厚 15cm、设计流水坡度 1%、洞底铺砌厚 20cm 以及基础、截水墙的断面形式等，图中也表示了各部分所用材料。

（2）半平面图

为了同半纵剖面图相配合，故平面图也只画一半。图中表达了管径尺寸、管壁厚度、洞口、基础和护坡的平面形状和尺寸。涵顶覆土虽未表达，但绘出了路基边缘线，并以示坡线表示路基边坡。

（3）侧面图

侧面图主要表示管涵孔径和壁厚，洞口缘石和端墙的侧面形状及尺寸、锥形护坡的坡度等。为了使图形清楚，某些虚线未予画出，如路基边缘与缘石背面的交线和防水层的轮廓线等。侧面图常为洞口正面图。

以上介绍的三种涵洞工程图是典型的比较标准的工程图，表明各构筑物的整体构造。在实际工程中，由于每个工程的具体情况不同，因此图示内容也有所不同，除整体结构构造图之外，还有很多大样图和细部构造图以供施工采用。而且实际工程中，在一条线路中可能有多座涵洞，采用同种类型，只是尺寸有所不同，为了节省图纸，有时以一套通图表

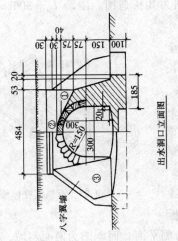

说明:
1. 本图尺寸以厘米为单位;
2. 石料强度拱圈 MU35,其他地均可用 MU25。

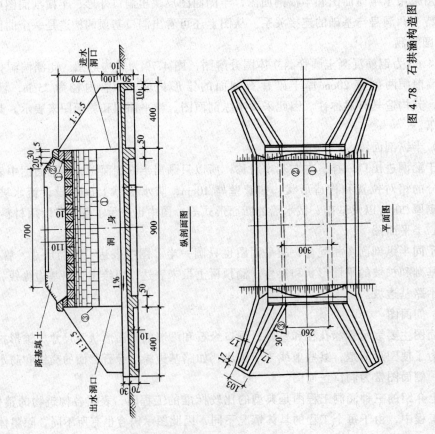

图 4.78 石拱涵构造图

222

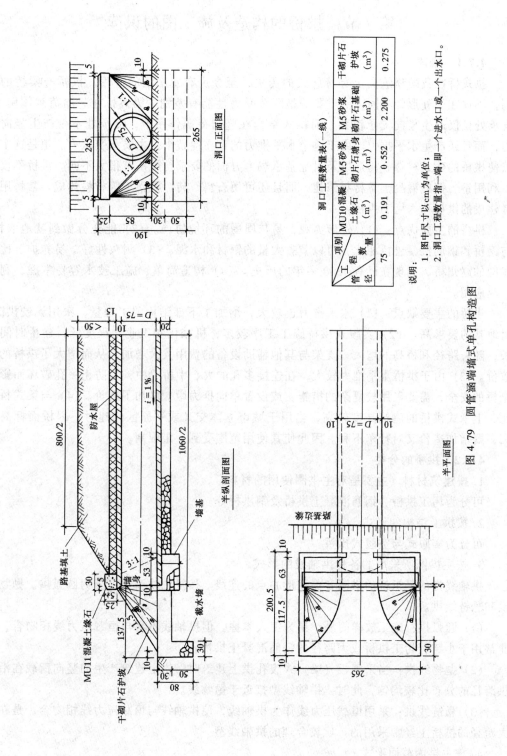

图 4.79 圆管涵端墙式单孔构造图

示，不同尺寸用表格列出。

第7节 拱桥的构造及施工图的识读

4.7.1 概述

拱式桥在我国建筑史上有着悠久的历史，至今也有着广泛的应用。拱桥与梁桥的区别，不仅在于外形的不同，更重要的是两者受力性能有差别。梁式桥在竖向荷载作用下，支承处仅仅产生竖向支承反力，而拱式结构在竖向荷载作用下，支承处不仅产生竖向反力，而且还产生水平推力。由于这个水平推力的存在使整个拱主要承受压力。正是这个特点使拱桥的建筑材料、构造以及对地基承载力方面的要求与梁桥有很大不同。拱桥不仅可以利用钢、钢筋混凝土等材料修建，而且还可用石料、砖、混凝土等材料建成。常将用后者建成的拱桥称为圬工拱桥。

拱桥的主要优点：(1) 外形美观，易与周围的环境协调。(2) 能充分做到就地取材，与钢桥和钢筋混凝土桥相比，可以省大量的钢材和水泥。(3) 耐久性好，易养护。比如我国的赵州桥，到现在已有1300多年的历史。(4) 构造简单、施工技术容易掌握，利于广泛应用。

拱桥的主要缺点：(1) 水平推力也较大，增加了下部结构的工程量，采用无铰拱时，对地基的要求高。(2) 实腹式拱桥施工工序较多，机械化和工业化程度低，建桥时间较长，随着跨径和桥高的增大，支架与其他辅助设备的费用大大增加，从而增大了拱桥的总造价。(3) 由于拱桥水平推力较大，在连接多孔的大、中桥梁中，为防止一孔破坏而影响全桥的安全，需要采用较复杂的措施，或设置单向推力墩，增加了造价。(4) 与梁式桥相比，上承式拱桥的建筑高度较高，当用于城市立体交叉或平原区修建时，因桥面标高提高，既增加造价又对行车不利。因此使其使用范围受到一定限制。

4.7.2 拱桥的分类

1. 按建筑材料（主要是对主拱圈使用的材料）

可分为圬工拱桥、钢筋混凝土拱桥及钢拱桥等。

2. 按拱上结构的形式

可分为实腹式与空腹式拱桥。

3. 按主拱圈所采用的各种拱轴线的形式

拱轴线指的是拱桥的拱圈各截面形心点的连线。按拱轴线型式可分为圆弧拱、抛物线拱和悬链线拱。

(1) 圆弧拱：施工放样简易，易为工人掌握。但拱轴线不易与恒载压力线相吻合，因此常用于小跨径圬工拱桥或大跨径的钢筋混凝土拱桥。

(2) 抛物线拱：当采用板（梁）式腹孔拱上建筑时，拱上建筑产生的竖向荷载在沿主拱跨径的分布比较均匀，此时，拱轴线型接近于抛物线。

(3) 悬链线拱：采用恒载压力线作为拱轴线，使拱轴线与恒载压力线相吻合，是在较大跨径的拱桥上经常采用的、比较合理的拱轴线型。

4. 按主拱圈截面形式

拱桥的主拱圈沿拱轴方向可以作成等截面或变截面，由于等截面拱的构造简单，施工方便，因此是采用最普遍的形式。

主拱圈横截面有下面几种基本类型：

(1) 板拱桥（图 4.80（a））

主拱圈采用矩形实体截面，它的构造简单、施工方便，是圬工拱桥的基本形式。

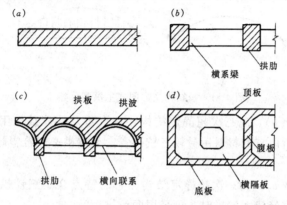

图 4.80 主拱圈横截面形式
(a) 板拱；(b) 肋拱；(c) 双曲拱；(d) 箱形拱

(2) 肋拱桥（图 4.80（b））

在板拱桥的基础上，将板拱划分成两条或多条分离的高度较大的拱肋。肋与肋之间用横系梁相联。肋拱可以用较小的截面积获得较大的截面抵抗矩，肋拱的优越性在于：较多的节省混凝土用量，减轻拱体的自重。拱肋的截面，拱肋的数目和间距，根据使用要求和经济比较选定。

(3) 双曲拱桥（图 4.80（c））

这种拱桥的主拱圈横截面是由一个或数个小拱组成的，由于主拱圈在纵向及横向均呈曲线形故称之为双曲拱桥。

双曲拱桥的特点是将主拱圈化整为零，再集零为整。双曲拱桥横截面积抵抗矩较之相同材料用量的板拱大，因而节约材料；同时又具有装配式桥梁的优点，故曾得到广泛应用。但由于施工工序多，组合截面整体性较差。因此，双曲拱桥仅适用于中、小跨径桥梁。

(4) 箱形拱桥（图 4.80（d））

箱形截面拱圈的拱桥，外形与板拱相似，由于截面挖空，使箱形拱的截面抵抗矩较相同材料用量的板拱大很多，又由于它是闭口的箱形截面使箱形拱具有抗扭刚性大，结构稳定性强，整体性能好，可有效地使用材料性能；因此在大跨径拱桥中，常采用箱形截面的拱圈。

5. 按结构受力图式

按照主拱圈与行车系结构之间相互作用的性质和影响程度可以把拱分成简单体系拱桥和组合体系。

在简单体系中，主拱圈又可以做成三铰拱、两铰拱和无铰拱（见图 4.81）。

三铰拱（图 4.81（a））属静定结构。温度变化、混凝土收缩、支座沉陷等原因引起的变形不会在拱圈内产生附加应力。因此在地基条件较差时可用三铰拱。

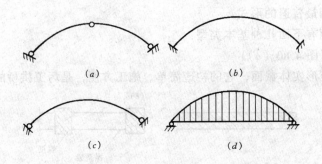

图 4.81　按结构受力图式主拱圈分类

无铰拱（图 4.81（b））属三次超静定结构。在自重及外荷载作用下，由于拱的内力分布比三铰拱均匀，所以它的材料用量较三铰拱省。无铰拱一般希望修建在地基良好的基础上。

两铰拱（图 4.81（c））为一次超静定结构，它的特点介于三铰拱与无铰拱之间。在因地基条件较差而不宜修建无铰拱时，可采用两铰拱。

组合体系拱桥是将行车系结构与主拱按不同的构造方式构成一个整体，以共同承受荷载。（见图 4.81（d））。

4.7.3　拱桥的组成

拱桥同其他桥梁一样，也是由桥跨结构（上部结构）及下部结构两大部分组成。下面以实腹式圬工拱桥为例介绍拱桥的主要组成，如图 4.82。

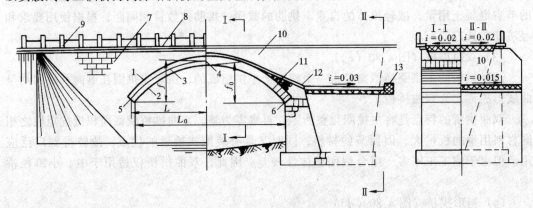

图 4.82　拱桥的主要组成部分
1—拱背；2—拱腹；3—拱轴线；4—拱顶；5—拱脚；6—起拱线；7—侧墙；8—人行道；
9—栏杆；10—拱腔填料；11—护拱；12—防水层；13—盲沟

拱桥的上部结构由拱圈及拱圈上面的拱上建筑组成。拱圈是主要的承载结构，拱上建筑是指桥面系以及拱圈和桥面系之间用于传力的填充物。桥面系包括行车道、人行道及两侧的栏杆等构造。

拱桥的下部结构由桥墩、桥台及基础等组成，用以支承桥跨结构，将桥跨结构的荷载传至地基，并与两岸路堤相联结。

拱圈最高处横向截面称为拱顶截面，拱圈与墩台连接处的横向截面称为拱脚（或起拱面),拱圈各截面形心的连线为拱轴线,拱圈的上曲面称为拱背,下曲面称为拱腹,拱脚与拱腹相交的直线称为起拱线。

从拱顶截面下缘至相邻两拱脚截面下缘最低点之连线的垂直距离称为净矢高,以 f_0 表示,见图 4.82。

从拱顶截面形心至相邻两拱脚截面形心之连线的垂直距离称为计算矢高,以 f 表示,见图 4.82。

对于拱桥来说,两相邻拱脚截面形心点间的水平距离称为计算跨径,以 L 表示。

矢跨比是拱桥中拱圈(或拱肋)的计算矢高 f 与计算跨径 L 之比 (f/L);也称拱矢度。

4.7.4 拱桥主拱圈的构造

1. 实体板拱

实体板拱多为砖、石拱桥,其主拱圈通常作成实体的矩形截面,而且分为等截面和变截面两种。

板拱的拱圈宽度,一般不小于跨径的 1/15。

石拱桥的拱圈,一般采用粗料石砌体、块石砌体或片石砌体。石料强度等级不得小于 MU30,砌筑用的砂浆强度等级在大中跨径拱桥不得小于 M7.5,小跨径拱桥不得小于 M5。

在砌筑料石拱圈时,根据受力的需要,构造上应满足以下几点要求:

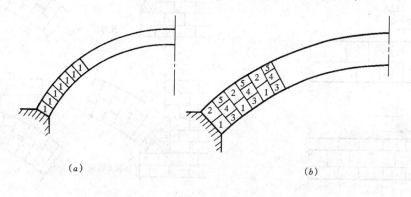

图 4.83 等截面圆弧拱的拱石编号

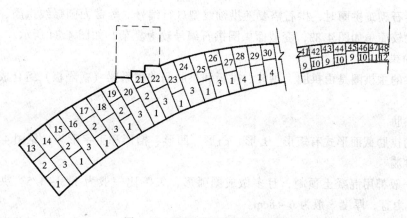

图 4.84 变截面拱圈的拱石编号

(1) 拱石受压面的砌缝应是辐射方向,即与拱轴线相垂直。这种辐向砌缝一般可做成通缝,不必错缝。

(2) 当拱圈厚度不大时,可采用单层拱石砌筑(图4.83(a)),当拱厚较大时可采用多层拱石砌筑(图4.83(b)及图4.84),对此要求垂直于受压面的顺桥向砌缝错开,其错缝间距不小于10cm(图4.85)。

(3) 在拱圈的横截面内,拱石的竖向砌缝应当错开,其错开宽度至少10cm,见图4.85的Ⅰ—Ⅰ截面及Ⅱ—Ⅱ截面。

(4) 砌缝的缝宽不应大于2cm。

(5) 拱圈与墩台。空腹式拱上建筑的腹孔墩与拱圈相连接处,应采用特制的五角石(图4.86(a))以改善连接处的受力状况。为了简化施工,也常采用现浇混凝土拱座及腹孔墩底梁来代替制作复杂的五角石。

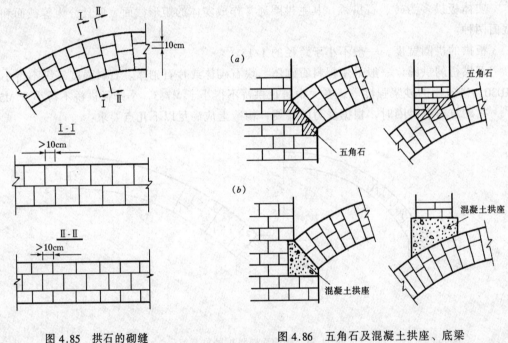

图4.85 拱石的砌缝　　　　图4.86 五角石及混凝土拱座、底梁

用粗料石砌筑拱圈时,拱石需要随拱轴线型进行编号。等截面圆弧线拱圈,因截面相等,编号比较简单如图4.83,变截面拱圈拱石编号较为复杂,如图4.84所示。

2. 双曲拱

双曲拱的主拱圈是由拱肋、拱波、拱板和拱肋间的横系梁(横隔板)组合成的。如图4.87。

(1) 拱肋

常用的拱肋截面形式有矩形、L形、凸形、凹形、槽形和工字形等,见图4.88。

(2) 拱波

拱波一般都用混凝土预制,且多做成圆弧形,矢跨比一般为1/3~1/5,拱波净跨以1.2~1.6m为宜,厚度一般为6~8cm。

(3) 拱板

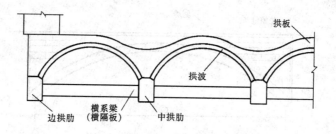

图 4.87 双曲拱拱圈组成示意图

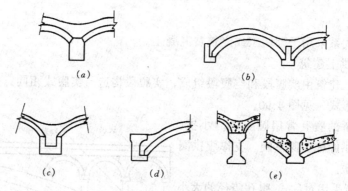

图 4.88 拱肋形式及拱肋与拱波结合形式
(a) 矩形拱肋；(b) L 凸形拱肋；
(c) 凹形拱肋；(d) 单波⊏形拱肋；(e) 工字形拱肋

拱板系在拱波上现场浇筑，其顶面往往做成波形、直线形或折线形。

拱板厚度不宜小于拱波的厚度。

(4) 横系梁（横隔板）

在拱肋间的横向联系多采用横系梁和横隔板，沿拱轴线每隔 3～5m 处设置。

在拱顶、横跨 1/3～1/4 处、立柱或腹孔墩下面，以及分段吊装拱肋的接头处，均应设置横隔板或横系梁。

除了以上介绍的两种拱桥外，其他类型的拱桥拱圈都具各自的特点，这里由于篇幅所限，不再介绍。

4.7.5 拱上建筑的构造

拱上建筑和主拱圈，在构造和受力上有密切关系。拱上建筑能帮助主拱圈提高承载能力，但在一定程度上，又约束了主拱圈因温度变化和混凝土收缩引起的变形；同时主拱圈的变形使拱上建筑产生附加力，须在构造上采取措施，以避免拱上建筑开裂。

拱桥的拱上建筑，通常采用实腹式和空腹式两种。跨径小于 20m 的板拱桥采用实腹式；大于 20m 的拱桥采用空腹式。

1. 实腹式

如图 4.89 所示实腹式拱上建筑由侧墙、拱腹填料以及变形缝、防水层、泄水管和桥面等组成。

拱腹填料可用填充和砌筑两种方式。

填充的方式系用卵石、碎石或其他轻质材料填充拱腹，在拱圈上边缘砌侧墙以承受填料的推力。侧墙厚度，一般顶面为 50～70cm，向下逐渐增厚，墙脚厚度取等于侧墙高度

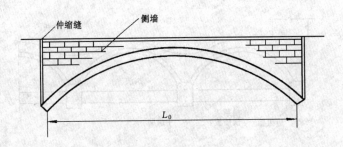

图 4.89 实腹式拱上建筑

的 2/5~1/2。

砌筑的方式系采用干砌圬工或浇筑贫混凝土。

2. 空腹式拱上建筑

空腹式拱上建筑由实腹段和空腹段组成,实腹段构造与实腹式相同,空腹段则一般做成横向腹孔的形式,见图 4.90。

砖、石拱桥的腹孔常用圆弧形的小拱,称为腹拱。其拱圈称为腹拱圈,支撑腹拱圈的拱墩称腹拱墩。

腹孔的布置采用对称式,腹孔跨径的大小应根据主拱圈的受力和美观等方面要求确定。腹孔跨径不大于主拱圈跨径的 1/8~1/15。

腹拱墩的型式有横墙式和立柱式,圬工拱桥一般采用横墙式,为了减轻重量,可横向挖空(图 4.91(a))。横墙的厚度,浆砌片石或块石一般不小于 60cm,浇筑混凝土

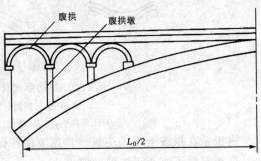

图 4.90 空腹式(腹拱)拱上建筑

一般应大于腹拱 1 倍,腹拱墩侧面坡度一般采用直立,立柱式腹拱墩主要用于钢筋混凝土拱桥,如图 4.91(b)。

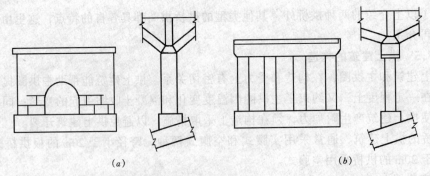

图 4.91 腹拱墩形式

4.7.6 拱桥的其他细部构造

1. 变形缝、伸缩缝

主拱圈受墩(台)位移、弹性压缩、温度变化或混凝土徐变等因素影响而产生的变形,会引起腹拱、腹拱墩及侧墙的开裂,因此,拱上建筑应设置伸缩缝和变形缝。

对实腹式无铰拱,在两端拱脚上方应设置伸缩缝,把侧墙与桥墩(台)分开,见图4.92。对实腹(空腹)有铰拱,应在两端拱脚设铰处上方设置伸缩缝,在拱顶铰上方设置变形缝,贯通侧墙全高。

对空腹(无铰,有铰)拱,当拱上建筑采用腹拱时,紧靠墩台的第一个腹拱应做成三铰拱。并在靠近桥台的拱脚(铰)上方设置一条伸缩缝与墩、台分开,其他铰上设变形缝(图4.93),在特大跨径拱桥中,在靠近主拱圈拱顶的腹拱,宜设置成两铰或三铰拱,腹拱铰上方的侧墙仍需设置变形缝(图4.93),以便使拱上建筑更好地适应主拱圈的变形。

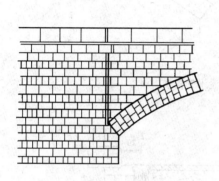 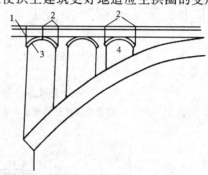

图4.92 实腹拱桥伸缩缝位置　　图4.93 空腹拱桥伸缩缝位置
1—伸缩缝;2—变形缝;3—拱圈;4—空腹

人行道、栏杆、缘石和混凝土桥面,在腹拱铰的上方或侧墙有变形缝处,均应设置贯通桥宽的伸缩缝或变形缝。

伸缩缝的宽度,一般为2~3cm,缝内填料可用锯末沥青,按1:1(重量比)配合制成预制板,施工时将预制板嵌入。上缘一般做成能活动而不透水的覆盖层。伸缩缝内的填充料,亦可采用沥青砂或其他适当的材料。

变形缝不留缝宽,设缝处可用干砌、油毛毡隔开或用低强度等级砂浆砌筑,以适应主拱圈的变形。

2. 泄水管

桥面雨水、雪水要及时排除,不使下渗和积存在拱腹内,以免冻结时损坏圬工结构。小桥桥面的积水,可利用桥面纵坡,将水引到两端桥台后面排出,但应注意不要冲刷桥头路堤。

大、中桥桥面应设横坡,并每隔适当距离设置泄水管,将积水排出。

根据不同类型的桥面铺装,采用不同的桥面横坡。对于水泥混凝土和沥青混凝土桥面为1.5%~2.0%,对于碎石路面不宜小于3%。

人行道上应设置向行车道方向倾斜的1%~2%的横坡。

渗入到拱腹内的水,应通过防水层,汇集于预埋在拱腹内的泄水管排出,见图4.94。

泄水管可用铸铁管、混凝土管和陶(瓦)管。其内径一般为6~10cm,最大15cm。为了便于泄水管的检查和清理,泄水管宜采用直管、短管。

泄水管不要设置在墩、台边缘附近,以避免排水集中冲刷砌体。对于单孔或多孔的小跨径拱桥,可以在跨中设置泄水管。对于较大跨径的拱桥,泄水管设置在1/4跨径处为宜。

泄水管在横桥向的位置,以离人行道(侧石)边缘20cm左右为宜(图4.95)。

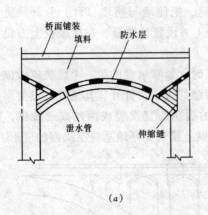
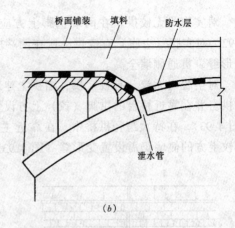

图 4.94 拱桥拱背上的泄水管构造
(a) 多孔实腹拱桥拱背上泄水管构造；(b) 空腹式拱桥拱背上泄水管构造

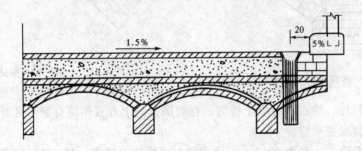

图 4.95 泄水管在横桥向上的位置

泄水管进口处桥面应做成集水坡度，以利雨水向泄水管汇集，管顶加罩铁筛盖，在拱腹内的进水口，须围以大块碎石做成过滤层，以避免杂物堵塞。

泄水管伸出圬工结构外面的长度，以不少于 10cm 为宜。

3. 防水层

拱桥的拱背必须设置防水层。防水层的做法有油毡沥青防水层、石灰、黄土、细砂三合土防水层，黏土胶泥防水层，沥青防水层（砂浆抹平后涂沥青），以及其他因地制宜、行之有效的防水措施。一般常采用沥青防水层。

防水层在全桥范围内一般不宜断开。防水层通过泄水管处要紧密结合，见图 4.94。

防水层通过伸缩缝或变形缝处应妥善处理，使既能防水又可适应变形，可采用图 4.96 所示做法铺设。

4. 拱铰

按两铰（或三铰）设计拱圈的拱脚（或拱顶）均应设铰。铰的构造应能使主拱圈消除由于温度变化和墩台变形所引起的附加应力。

拱铰的材料可采用石料、混凝土、钢筋混凝土和金属。

铰的形式常用的主要有曲面弧形铰、平铰或其他型式的假铰。

一般地，石铰、混凝土铰、钢筋混凝土铰均能作成曲面弧形铰，即常作成两个不同半径的弧形表面块件合成，一个凹面，一个凸面，曲率半径 R_2 和 R_1 之比，一般取为 1.2～1.5 范围之内。如图 4.97。

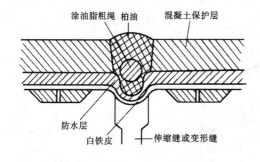
图 4.96 防水层通过伸缩缝的作法

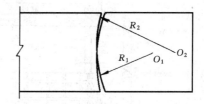
图 4.97 弧形铰的构造

空腹式拱上建筑的腹拱圈，跨径较小，可采用简单的平铰（图 4.98）。这种铰是平面相连，直接抵承。平铰的接缝间可铺砌一层低强度等级的砂浆，也可衬垫油毛毡或直接采用干砌。

除上述两种形式的铰之外，当采用钢筋混凝土预制吊装的腹拱圈，为了便于整体安装，还可以利用图 4.99 所示的不完全铰（或称假铰）。这种铰构造简单，使用较广泛。

图 4.98 腹拱圈的平铰构造　　　图 4.99 腹拱圈的不完全铰构造

在跨径特大或在特殊情况下，还可采用铅垫板铰或钢铰。但由于用钢量大，构造复杂，目前在拱桥中已很少采用。

除了圬工拱桥外，为了减轻拱桥自重，增强桥梁的结构整体性，在修建圬工拱桥的基础上创造了多种型式的拱桥，如桁架拱、刚架拱、二铰平板拱等桥型，具体内容请读者参看其他有关书籍，在此不作详讲。

4.7.7 拱桥施工图的识读

【例1】 如图 4.100 所示为双曲拱桥的构造图

立面图：采用1/2立面和1/2纵剖面图，从立面图中可以读出下列内容：

1. 桥梁的全长 4510cm，跨度 L_0 为 3000cm，矢高 f_0 为 600cm。

2. 左侧为一标高尺，以此为准可以读出基础底部、桥面中心、拱座等处的高程，以备施工之用。

3. 主拱圈搁置在拱座上，主拱圈上设有立墙、腹拱，腹拱拱顶为 $R=120cm$ 圆弧，腹拱净跨 200cm，立墙厚 65cm，靠桥台的腹拱靠桥台处设有伸缩缝，靠立墙端设有变形缝，是一个双铰腹拱。

4. 腹拱上有浆砌块石为护拱，护拱上是防水层，其上填筑矿渣填料，然后是 10cm 的混凝土铺装层，铺装层纵向坡度为 1.5%，以利于排水。

5. 从图中可以看到高水位、低水位等以及河床河滩的地质构造，桥台的锥形护坡以及桥台的立面形状。

平面图：

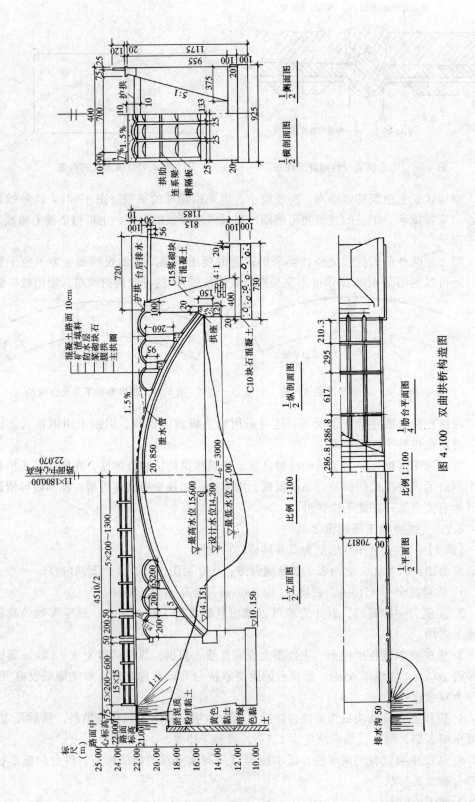

图 4.100 双曲拱桥构造图

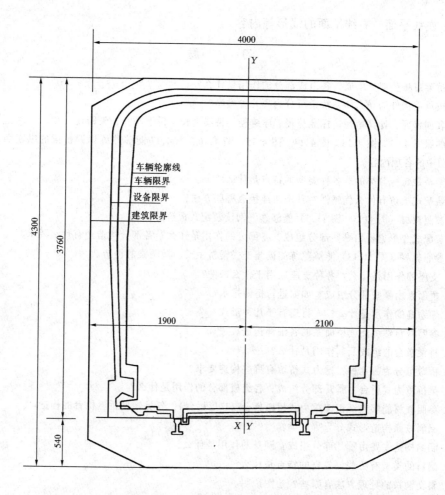

图 4.123 区间直线地段矩形隧道限界

4）地下轨道的尺寸、位置等内容。

2. 图 4.122 地下铁道线路纵断面图，其内容如下。

1）横坐标为里程桩号，纵坐标为高程；

2）图的上部为图样部分，下部为资料表；

3）图样的左边为主要技术标准表；

4）图样中的粗实线为地铁轨道位置线，与之同形状的细实线为地下区间隧道的轮廓线；

5）图线的上方为沿线的各相交道路（新华路、曲阜道、马场道等）所在位置，地铁出口（小白楼站）所在位置，煤气、热力、雨水、污水等管线所在的位置；

从资料表中可以看出以下内容：

6）施工方法：从 $CK15+380$ 至 $CK15+880$ 为明挖，从 $CK15+880$ 至 $CK16+500$ 为盾构。

7）工程地质、竖曲线、轨面设计标高、设计坡度、里程；

8）车站的平面位置；

9）左线平面、右线平面的线形等内容。

习 题

1. 桥梁由哪些部分组成，各组成部分的作用是什么？
2. 按承重构件的受力体系桥梁可分为哪几种类型？
3. 名词解释：计算跨径、标准跨径、净跨径、桥梁全长、桥下净空、矢跨比
4. 参照图 4.12、图 4.13、图 4.14、图 4.15、图 4.16、图 4.17 能够熟练识读桥梁的纵断面、横断面及平面图中的各项内容。
5. 梁桥是怎样分类的？各种类型的特点是什么？
6. 装配式板桥有什么优越性？其横向连接有哪些方法？
7. 参照教材（图 11.5、图 11.7）能够熟练阅读装配式板桥的构造。
8. 装配式 T 形梁桥由哪些部分组成？各部分的作用是什么？各部分构造上有什么要求？
9. 参照教材（图 11.13）能够熟练阅读装配式梁桥主梁、横隔梁的构造。
10. 支座的作用是什么？各种支座适用于什么条件？
11. 桥面系由哪些部分组成？如何进行桥面排水？
12. 伸缩缝的作用是什么？人行道有哪几种形式？
13. 参照教材熟练阅读桥面系的各细部构造。
14. 桥梁墩台的组成及其作用是什么？
15. 桥墩可分为哪几种？重力式桥墩有哪些构造要求？
16. 梁桥重力式桥台由哪几部分组成，各组成部分的作用是什么？
17. 参照教材能够熟练识读重力式桥墩桥台（U形桥台），各类轻型桥墩桥台的构造。
18. 涵洞按照构造形式分为哪几类？
19. 涵洞构造主要由哪几部分组成？洞身的作用是什么？
20. 洞口的类型有哪些？各自的特点是什么？
21. 斜交洞口的处理方法有哪些？绘图说明。
22. 拱桥的特点是什么？
23. 拱桥主拱圈有哪几种基本类型？
24. 拱桥设置变形缝、伸缩缝的作用是什么？
25. 拱铰的类型有哪些？
26. 肋拱桥的结构特点是什么？
27. 隧道是如何分类的？
28. 从结构上讲隧道洞身衬砌分哪些类型？
29. 隧道洞门的形式有哪些？

第5章 计算机绘图

内容提要 本章主要介绍了计算机绘图系统的应用,计算机绘图系统以及 AutoCAD 微机绘图软件的功能,二维图形的绘制、编辑及尺寸标注。

随着计算机进入工程图样生产领域,计算机绘图这一高新技术,很快地发展成为一门新兴学科-计算机图形学,并逐渐成为新技术革命的一块基石。

第1节 概　　述

5.1.1 计算机图形学的应用

国际标准化组织(ISO)在其数据处理词典中对计算机图形学给出了如下定义:计算机图形学是研究通过计算机将数据转换为图形,并在专用显示设备上显示的原理、方法和技术的学科。

目前计算机图形学已广泛应用到工业、农业、商业、军事、文教、医疗、影视娱乐及一般家庭中,其主要应用有以下几方面:

1. 交互式绘图　计算机图形学常被用来绘制数学、物理、气象、工程、商业中的各种二维三维图形。如图 5.1 所示。

2. 计算机辅助设计(Computer Aided Design 简称 CAD)与计算机辅助制造(Computer Aided Manufacturing 简称 CAM)在 CAD、CAM 领域,通过人机对话来设计机械、电子、建筑等系统中的结构和零部件,然后将各项设计数据和加工工艺指标,记录在中间介质上(如磁带、磁盘等),再把中间介质放在数控机床上,加工出符合设计的产品。

3. 测量数据的图形处理　将测量得到的离散数据,通过计算机图形系统进行处理,可以得到静态的或动态的反映各种物理量的高质量、高精度的图形。

4. 仿真与动画　利用计算机图形系统来模拟物理的、化学的、机械的或自然景观的变化,对其进行仿真,再显示其变化过程。

5. 过程控制　实时采集被控制或管理对象的各种数据,利用计算机图形系统,显示出其过程的变化,通过人与控制或管理对象之间的作用,实现最佳的控制。

6. 艺术与商业　利用计算机图形系统,可以进行平面构成、色彩构成及立体构成,并能生产多种艺术产品;可以进行文物鉴别;可以设计各种商业广告、吸引顾客推销商品。

7. 医学与农业　利用计算机图形系统,可生成人体内脏的层析图,为诊断和治疗提供了手段。农业上可借助于计算机图形系统,为合理地进行选种、播种、田间管理及收获提供依据。

8. 计算机辅助教学　计算机图形系统被广泛应用于计算机辅助教学系统中,它可使教学过程形象生动,极大地提高了学生的学习积极性和兴趣。

(a)

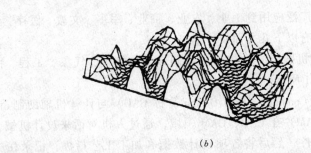

(b)

图 5.1 用计算机绘制的图形示例

5.1.2 计算机绘图系统

计算机绘图系统可定义为一系列硬件和软件的集合。它们之中的硬件子集称为硬件系统，软件子集称为软件系统。

1. 计算机绘图硬件系统

它是由计算机和必要的外部设备如图形输入、输出设备、人机交互设备组成。图 5.2 表示的是一套简单的微型计算机绘图系统硬件设备的配置示例。

2. 计算机绘图软件系统

它是一个使计算机能够进行编辑、编译、解释、计算和实现图形输出的信息加工处理系统。

目前的绘图软件系统大多由三部分组成。

(1) 与设备打交道的驱动程序模块。

(2) 涉及图形生成、图形变换、图形编辑的图形模块。

(3) 面向最终用户的专业应用模块。

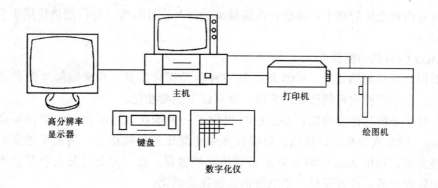

图 5.2 硬件的基本配置

3．常用的图形输入输出设备

(1) 常用的输入设备

1) 键盘：是输入设备最基本的配置，可输入原程序和数据，还可以实现简单的交互式绘图系统中的人——机对话。

2) 鼠标器：是定位输入设备，它能方便地操纵图标菜单、弹出菜单和下拉菜单，应用十分方便。

3) 图形输入板：是交互式绘图系统常用的图形输入设备，由图形板和游标组成。

4) 光笔：像一支圆珠笔，它能将荧光屏上的光信号转换成电信号，从而实现定位、拾取、笔画跟踪的功能。

5) 图形扫描仪：可以快速地将大量图形输入计算机，比其他输入方法省时省力。

(2) 常用的输出设备

1) 显示器：微机上使用的最普遍的输出显示器是光栅扫描显示器，由显示控制器发出信号控制显示器中的电子束，在屏幕上从左往右、从上往下扫描，整个屏幕由一定数量的光栅点组成，当电子束扫描到某一光栅点时，使该光栅点发光，电子束连续不断的扫描屏幕，就不断的刷新图像。

显示器的一个重要指标是分辨率，是指电子束在屏幕产生光栅点间的最小距离，是衡量图形清晰度的物理量。较高的分辨率可达 1024×768。微机中的图形控制器常采用图形显示控制卡来控制图形的颜色和清晰度。

2) 打印机：既能打印字符型文件，又能打印图形，是廉价的输出设备。有针式打印机、喷墨打印机、激光打印机等。

3) 绘图机：是计算机绘图系统的重要输出设备。通常有平板式绘图机和滚动式绘图机，根据绘图机的用笔方式，又可分为笔式绘图机和喷墨绘图机。

第 2 节 Auto CAD 简介

5.2.1 概述

Auto CAD 是美国 Auto desk 公司于 1982 年 12 月开始推出的微机辅助绘图设计软件包。几十年来，版本不断更新，从最早的 Auto CADV1.0 到目前 Auto CADR2000，已进行了重大修改，功能日趋完善。现今的 Auto CAD 已从简单绘图发展成为目前集真三维设计、真实感显示及通用数据库管理于一体的计算机辅助绘图与设计系统，并广泛地使用于生产的各个领域。

1. Auto CAD 的功能简介

CAD 即计算机辅助设计。CAD 软件是一种辅助设计工具，用来减轻绘图和设计过程中重要性、有组织性或可偏移性的劳动，具有以下主要功能。

(1) 设计分析与计算功能：Auto CAD 提供了一种能在其内部运行的解释型高级语言－AutoLisp。CAD 在工程设计阶段，根据任务书中规定的性能指标，借助于建立的数学模型或经验公式，运用 Auto CAD 计算出必要的原始数据。也可对设计好的产品或方案，作进一步的性能分析、动态模拟、系统辨识、验证及优化。

此功能也可通过 Auto CADR11 以上版本提供的一种基于 C 语言的 Auto CAD 开发系统（Auto CAD Development System 简称 ADS）来完成。

(2) 绘图及其编辑功能

Auto CAD 提供了一整套内容丰富的开放式交互绘图与设计命令，可绘制和修改各种二维和三维工程用图。如轴测图，建筑平、立、剖面图，透视图等。高版本的系统，还能生成具有明暗色彩、纹理、阴影、透明与质感效果逼真的色调图。如楼房夜景，室内装潢，建筑设计等的渲染图。本书只简单介绍二维图形的绘制和编辑。

(3) 事后处理功能

Auto CAD 除能产生成套的工程用图之外，还能提供全部有关的技术文档，例如材料清单，成本预算，使用说明等。

(4) 方便的标注功能

Auto CAD 为用户提供了一套完整的尺寸标注命令及尺寸编辑命令，方便用户对所绘制的图样进行尺寸标注及修改。并能在图样上注写文字以及对封闭区域填充图案。

(5) 实用的绘图辅助工具

为了绘图的方便、严格和准确，Auto CAD 提供了多种绘图辅助工具。如目标捕捉，正交方式、栅格捕捉………等。

(6) 图层、颜色和线型设置管理功能

为了便于对图形的组织和管理，Auto CAD 可以利用图层功能，把不同类型的图线或图形内容画在不同的图层上，并以不同的颜色、线型加以区别。同时提供了图层控制功能，例如打开、关闭、冻结、解冻等，通过对图层进行控制，使用户能更方便和高效地绘制及修改图形。

(7) 显示控制功能

为解决屏幕小，绘图操作困难的问题，Auto CAD 提供了显示控制功能，如缩放命令（ZOOM）能改变当前视窗中图形的视觉尺寸，以便观察图形的全貌或某一局部的细节；平移命令（PAN）相当于窗口不动，上、下、左、右地移动一张图纸，可以看到不同部位的图形。还有重画、重生成等一些显示控制功能。

(8) 图形输出功能

可以以任意比例将所绘图形全部或部分输出到图纸或文件中，从而满足生产的需要。

2. Auto CAD 的常用术语

(1) 实体（Entity）：是系统定义的图形元素，可以用一条命令把实体置入图中，分别有：点、直线、弧、圆、文本、宽线（trace）、实心区（solid）、形（shape）、块、属性、标注尺寸、多义线等。

由若干个简单实体组成的实体如块、多义线称为复杂实体。

(2) Auto CAD 图形（Drawing）：图一般是指一张记录了各种信息，如文字、几何形状以及颜色的图画。如视图、像素图、矢量图、渲染图等。Auto CAD 的图是矢量图，在 Auto CAD 工作界面上作图，其本质就是在指定空间、指定环境中构造由有限个实体构成的几何模型，Auto CAD 把它们用矢量的形式记录下来，形成一个后缀为 .DWG 的文件，就是 Auto CAD 的图形。

(3) 块（block）：块是由有限个简单实体组合而成的复杂实体。组合以后，赋以块名，这一复杂图形就可以视为一个单独的图素插入到任何图形中。这对不同专业的常用构件、零件，如门、窗、梁、柱、轴承及各种图例建立图表库提供了强大的工具。

(4) 图层（Layer）：图层可以想象成透明的覆盖层。Auto CAD 中可使用不同的颜色和不同的线型画图，而不同的颜色和不同的线型是由不同的层来区分的，层中的各种元素或与某一方面有关的分类图形也可以按层分开绘制。例如将尺寸标注、技术说明、材料明细表等表示在不同层上，使用时可打开某几层进行透明叠加。因此，图层是对颜色、线型以及元素进行区分并对其可见性进行全面控制的一种技术。

如图 5.3 (a) 所示，有 A、B、C 三个图层，若将 A、B、C 全打开即三层叠加，则可得 5.3 (b) 所示图形，若将 B 层关闭即 A、C 两层叠加，即可得如图 5.3 (c) 所示图形。

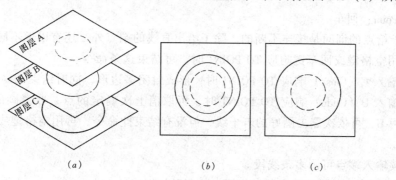

图 5.3 假思中的图层

(5) 世界坐标系构造平面及用户坐标系。Auto CAD 采用三维笛卡儿坐标系，屏幕平面为 XOY 坐标面，其左下面为坐标原点，Z 轴正向从该点指向用户一侧，该坐标系称为世界坐标系 WCS（World Coordinate System）。为了作图方便，把平行于 XOY 坐标面的平面称为构造平面（Construction Plane），所有的二维命令均可在构造平面任意使用。

Auto CAD 允许用户在 WCS 系统内按需要定义任一种坐标系，它可以通过平移、旋转而处于 WCS 系统内的任意位置，叫做用户坐标系 UCS（User Coordinate System）。

5.2.2 常用的绘图、编辑及显示控制命令简介

首先选择画新图或编辑旧图的功能项，在屏幕的左下方出现"Command:"提示，Auto CAD 则处于准备接受命令状态，你可以直接从键盘输入命令名，或者用光标点取相应的菜单。Auto CAD 的命令非常多，而且种类繁多，有些功能还十分复杂。但是你只要学会

命令及参数的输入方法，看得懂命令提示信息，使用它们就变得很简单了。在此要注意以下几点：

（1）命令名和参数输入均需以回车键结尾。

（2）斜杠"/"作为命令选项的分隔符。大写字母表示选项的缩写形式。

（3）在"< >"内出现的是缺省项或当前值。

（4）若想要中途退出命令或使命令作废，可键入 Ctrl – C 键。

（5）在 command：提示下回车将会重复执行同一条命令。

1. 绘图命令

在此仅介绍一些常用的二维实体绘制命令。其他命令读者可参看计算机绘图有关书籍，在此不详讲。

（1）直线命令（Line）

1）功能：画直线段、折线或多边形。

2）格式：

Command：Line

From Point：给起点

To Point：给点

　　　．

　　　．

　　　．

To Point：回车

对于给点的询问是接连不断的，除了给出直线的端点外，还有以下不同的响应形式：

a．用空格键或回车键响应 TO POINT 时，可结束这条命令。

b．输入 C（Close）响应 TO POINT 时，形成封闭多边形，同时结束 Line 命令。

c．输入 U（Undo）响应 TO POINT 时，可取消上次确定的点，取消画的最后一条线。连续使用 U，可依次删去画好的若干线，但没有结束此命令，再用空格键或回车键结束此命令。

连续输入端点可画多条线段。

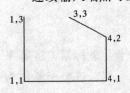

图 5.4 Line 画折线举例

例：画图 5.4 所示的折线。

Command：Line

From Point：1，3

To Point：1，1

To Point：4，1

To Point：4，2

To Point：3，3

To Point：回车

（2）圆命令（Circle）

1）功能：画圆，可用四种不同方式画圆。

2）格式：

Command：Circle

3P/2P/TTR/＜Center Point＞：

说明：a. 缺省方式是尖括号内的给定圆心方式。

3P/2P/TTR/＜Center Point＞：输入点

Diameter/＜Radius＞：输入半径或直径

b. 2P方式，即输入2P，根据提示给出两点，给出直径的两端点确定一个圆。

c. 3P方式，即输入3P，根据提示给出圆周上三点，确定一个圆。

d. 相切、相切、半径（绘制一个圆与另两个图形实体相切，通过捕捉两个切点和给定圆的半径产生该相切圆）。

e. 相切、相切、相切（绘制一个圆与另三个图形实体相切，通过捕捉三个切点产生该相切圆）。

（3）圆弧命令（ARC）

1）功能：绘制圆弧，可用8种不同方法确定一个圆弧。这里介绍常用的三种，余下的可根据提示操作。选择项字母的含义为：A—圆心角；E—终点；C—圆心；L—弦长；D—起始方向；R—半径。

2）格式：

a. 定起点、圆心、终点（S、C、E）

Command：ARC

Center/＜Start Point＞：起点

Center/End/＜Second Point＞：C

Center：（圆心）

Angle/Length of Chord/＜End Point＞：终点

圆弧按逆时针画出

b. 定三点（3P）

Command：ARC

Center/＜Start Point＞：起点

Center/End/＜Second Point＞：定第二点

End Point：终点

c. 定起点、圆心、圆心角（S、C、A）

Command：ARC

Center/＜Start Point＞：起点

Center/End/＜Second Point＞：C

Center：圆心

Angle/Length of Chord/＜End Point＞：A

Include Angle：角度值

逆时针向时，角度值为正；顺时针向时，角度值为负。

d. 定起点、圆心、弦长（S、C、L）

弦长为正，画圆心角小于180°的小弧；弦长为负，画圆心角大于180°的大弧。

e. 定起点、终点、圆心角（S、E、A）

f. 定起点、终点、半径（S、E、R）

g. 定起点、终点、起始方向（S、E、D）

h. 与前面的直线或圆弧连接

（4）折线命令（PLINE）

1）功能：绘制被称为"折线"（Polly Line）的实体．PLINE 也称"多义线"。二维多义线是指由可变宽度的直线和弧相连组成的连续线段，Auto CAD 把它们作为一个实体来处理。使用 PLINE 命令所画的实体有下列特性：

a. 可用点划线绘制。

b. 可以有一定宽度或一组线段中首尾不同宽度。

c. 可以形成一个实心圆或圆环。

d. 直线和弧段序列可以形成闭合的多边形或曲线。

e. 圆角和切角可以加在任何需要的地方。

f. 可以提取一条二维多义线的面积和周长。

2）格式

Command：PLINE

From Point：给起点

Current LineWidth is nnn

当输入多义线的起始点并回车后，则显示出当前的线宽度 nnn。

这个宽度 nnn 将对多义线的所有线段都有效直到选择另一个宽度为止，接着反复出现的提示为直线方式和圆弧方式，在此不一一列举。图 5.5 为几种二维多义线图形。

2．编辑命令

编辑命令用于修改、复制、几何变换、切断或删除图中已有的实体等，如 ERASE（删除）、OOPS（恢复）、MOVE（移动）、ROTATE（旋转）、SCALE（比例缩放）、COPY（复制）、MIRROR（镜像变换）、STRETCH（伸展）、BREAK（断开）、TRIM（修剪）、PEDIT（多义线编辑）等，它们使得删除图形时不留痕迹，"复制"或"变换"图形准确迅速，并可方便

图 5.5 用 PLINE 命令画的几种图形

的"拉伸"、"压缩"、"切断"、"拼接"图形，同时具有一定的管理、组织甚至智能化的能力。下面就最常用的编辑命令作简单的介绍。

（1）删除命令（ERASE）

1）功能：从已有的图形中删除选定的图形。

2）格式：

Command：ERASE

Select Objects or Window or Last：

Select Objects 是选择目标，可用十字光标在准备擦去的实体上指定一点，然后回车即可。

Window 是用窗口选择处理对象，键入 W 然后回车，再指定两个角点来确定窗口，回车即可把窗口内的实体擦除。若窗口内有的实体不需要擦去，可采用扣除的方式来保留，

其方法是用 R 来响应上述提示。

（2）恢复命令（OOPS）

1）功能：OOPS 命令用在 ERASE 命令后面来恢复该命令擦去的实体。

2）格式：

Command：OOPS

（3）平移命令（MOVE）

1）功能：把选定的图形平移到新位置。

2）格式：

Command：MOVE

Select Object or Window or Last：指定待平移实体

Base Point or Displacement：指定基点或位移

Second Point of Displacement：指定位移的第二点

如图 5.6 所示。

（4）拷贝命令（COPY）

1）功能：把选定的图形作一次或多次拷贝。

2）格式：拷贝命令的格式与平移命令类似，但结果不同。拷贝命令用于图形的一次或多次复制，故原图被保留。平移命令将原图移至指定的位置，故原图消失。

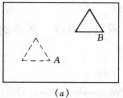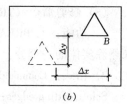

图 5.6　用 Move 命令

（a）输入两点进行移动；（b）输入位移量进行移动

（5）比例缩放命令（SCALE）

1）功能：将选定图形按给定基点和比例系数，进行放大和缩小。

2）格式：

Command：Scale

Select Objects：（选取要缩放的实体）

Base Point：（输入基点）

<Scale Factor>/Reference：

说明：a.<Scale Factor>是缺省方式，可输入一个数值（比例系数），比例系数大于 1，所选实体被放大。比例系数大于 0 小于 1，所选实体被缩小。

b.Reference，输入 R，为参考长度方式。

（6）多义线编辑命令（PEDIT）

1）功能：对多义线进行各种修改。

2）格式：

Command：Pedit（或 PE）

Select Polly line：（选取要修改的多义线）

Close/Join/Width/Edit Vertex/Fit/Spline/Decurve/Ltype gen/Undo/Exit <X>：

说明：a.Close：输入 C，闭合一条多义线。

b. Join：输入 J，把其他线段或多义线与当前编辑的多义线连接，成为一条新的多义线。

c．Width：输入 W，修改多义线的线宽。

d．Edit Vertex：输入 E，编辑多义线的顶点。

e．Fit，Splie 和 Decurve：输入 F 或 S，拟合多义线。F 选项用圆弧拟合多义线；S 选项用 B 样条曲线拟合多义线。输入 D 还原多义线。

f．Ltype gen：输入 L，调整线型。

g．Exit：退出多义线命令。

(7) 断开命令（BREAK）

1）功能：该命令可将直线、圆、圆弧、多义线等实体切断，使其成为两个图元或作部分擦除。

2）格式：Command：BREAK

Select Object or Window or Last：选择实体

Enter First Point：选取删除起点

Enter Second Point：选取删除终点（删去两点间的实体）

(8) 修剪命令（TRIM）

1）功能：与 BREAK 相似，可将一实体的部分删除。不同的是 TRIM 命令是根据边界来删除实体的一部分。

2）格式：Command：Trim

Select cutting edges：(projmode = View，Edgemode = No extend)

Select Object：(选取目标作为修剪边界)

< Enter Object to trim >/project/Edge/Undo：(选取修剪目标)

说明：

a．Project/Edge/Undo，分别是编辑/设置修剪边界属性/取消所作修剪。

b．修剪边界也可同时被选作修剪目标。

c．被剪除的线段与选取修剪目标时的光标拾取点位置有关，如图 5.7 所示（虚线表示修剪边界，正方形框表示光标拾取点）。

3．显示控制命令 ZOOM

(1) 功能：ZOOM（缩放）命令使屏幕上的图形放大或缩小，它只是显示上的放大或缩小，并不改变图形尺寸。放大时，能够详细地观察图中的某一局部，而缩小时能观察到较大的范围。

(2) 格式：

Command：ZOOM

All/Center/Extents/Left/Previous/Window/ < Scale(x) > ：

此时等待用户选择所需的选项，常用的选项有：

All 在屏幕上显示整幅图形的全部内容；

Previous 表示恢复前一幅图形；

Window 将窗口内的图形尽可能放大，窗口的中心变成新的显示中心。

5.2.3 图层命令

1．图层的概念

图层可看做多层全透明的纸，每一层纸上只用一种成型和一种颜色画图。例如，画建

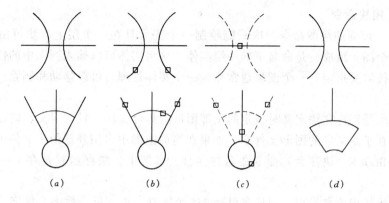

图 5.7 修剪命令
(a) 原始图形；(b) 选择修剪边界；(c) 选择修剪对象；
(d) 修剪完毕后的图形

筑平面图，墙体用红色粗实线画在 A 层上，门用绿色中实线画在 B 层上，窗用蓝色细实线画在 C 层上……这些不同层的图形重叠在一起，就构成了一张完整的建筑平面图。图层可以关闭或打开，也可以修改。图层包括以下内容：

(1) 图层名：每个图层应赋名，由字母、数字和字符组成，长度不超过 31 个字符，0 层是缺省层。

(2) 颜色：每个图层用一种基本颜色，可用色号表示颜色，如 1 表示红色；3 表示绿色；5 表示蓝色；7 表示白色等，白色为预置色。

(3) 线型：每个图层用一种基本线型，线型由线型名表示，如 Continuous 为实线，Dashed 为虚线，Center 为点划线等，实线为预置线型。

(4) 图层的状态：有 7 种状态，即当前层、打开 (On)、关闭 (Off)、解冻 (Thaw)、冻结 (Freeze)、锁住 (Lock)、解锁 (Unlock)。

绘图只能在当前层进行，当前层只有一个，界面上显示当前层的层名。

2. 图层命令 (Layer)

(1) 功能：命令可用来建立新层，设置当前层，改变图层的线形和颜色，改变图层的状态。

(2) 格式：

Command：Layer

说明：启动图层命令后，将显示对话框 Layer & Line type Properties，有两张选项卡，打开的是 Layer 选项卡，另一张是 Line type 选项卡。

1) Layer 选项卡功能主要有：建立新图层；删除图层；颜色控制；状态控制；线型比例等。

2) Line type 选项卡的功能主要为装载线型。

3) 设置当前层，在 Object Properties 工具栏的图层状态下显示下拉框中，单击下拉箭头，选取所需图层名，即可将该图层设为当前层。

各项功能的具体操作，因篇幅关系不作详细赘述，请参看计算机绘图有关书籍。

5.2.4 图块命令

1. 概念：前面的绘图命令一次只能绘制一个图元且在一个层上。块可由绘制在几个层上的若干个图元组成，是命名了的一组实体。这组实体可以插入到图中的任意位置，比例和转角可按需要指定，一个图块通常作为一个实体处理，可以移动和删除。图块具有如下特点：

(1) 图块是用户在块定义时指定的全部图形的集合，块一旦被定义，就以一个整体出现，块只存在于定义它的图形文件中，如果在当前图形中引用外部图形文件中的块，则它必须是用 WBLOCK（块存盘）命令命名并存盘。事实上，块存盘就是存了一个图形文件（*.dwg）。

(2) 图块是用块名标识，图块名可达 255 个字符，由字母、数字、汉字、空格、下划线组成。

(3) 图块与图层、颜色、线型的关系

1) 组成图块的各图元可以在不同的图层上绘制，插入时，它们仍保留原所在图层的属性。

2) 在"0"层上绘制的图元定义成块后，且颜色和线型设置为 BYLAYER（随层），在其他层插入时，图块的颜色及线型采用插入时当前层的颜色及线型。

3) 如果在某一图层中，将构成块的实体颜色和线型设定为 BYBLOCK（随块），在绘制这些实体时，其颜色和线型均为白色连续线，当插入块到当前图形后，构成块的实体颜色和线型将随当前层的颜色与线型画出。

2. 图块的操作

(1) 块命令（Block）

1) 功能：用来定义块，它可以从图中选取一部分或全部建立块，并赋块名。

2) 格式：

Command：Block（或 B）

Block name（or?）：块名

Insertion base point：输入基点

Select Objects：选取要定义块的实体

说明：

a. Block name（or?）中，若输入？将列出图中所有块名。

b. 块是由字母、数字和字符组成，长度不超过 31 个字符。

c. 被选为块的实体，将从图中消失，可用 Dops 恢复。

d. Block 定义的块，只能在本图中插入。

(2) 插入命令（Insert）

1) 功能：可将已定义的块插入图中，也可将图形文件插入图中，插入时可改变图形的比例和转角。

2) 格式：

Command：Insert

Block name（or?）：块名

Insert Point：输入块所插入的位置点

X Scale Factor < 1 > /Corner/XYZ:输入 X 向比例

Y Scale Factor(缺省值) = X:输入 Y 向比例

Rotation Angle < 0 > ：转角

说明：

a）图块的基点，在插入时，插到插入点的位置。

b）X Scale Factor < 1 > /Corner/XYZ 中，Corner 为框角方法确定比例；XYZ 为三维视图选项。

c）Rotation Angle，以基点为旋转中心。

(3) 块存盘命令（Wblock）

1) 功能：把定义的块转成图形文件存盘，以及其他图形文件也能使用。

2) 格式：

Command：Wblock（或 W）

File name：文件名

Block name：块名

输入文件名时，不指明文件类型，系统将自动加上".DWG"。

5.2.5 尺寸标注

1. 尺寸标注的基本知识

(1) 尺寸标注的组成

尺寸标注由尺寸线、尺寸界线、尺寸起止符号和尺寸数字四部分组成。

(2) 尺寸标注的方法

在 Auto CAD 中标注尺寸，用户可通过下拉菜单"标注"和"标注"工具条来进行尺寸标注，也可以直接在命令行中键入命令来标注尺寸。

(3) 尺寸标注的类型

常用的尺寸标注类型有线型、角度型、径向型、指引型、坐标型和中心尺寸标注等六大类型。

1) 线型尺寸标注包括水平标注、垂直标注、平齐标注、旋转标注、连续标注和基线标注。

2) 径向型尺寸标注包括标注半径或直径。

绘图时大部分尺寸都可按照给定的尺寸样式半自动标注，对于一些特殊的尺寸，可用尺寸编辑（Dimedit）命令和尺寸文字编辑命令（Dimtedit）进行修改。

(4) 尺寸变量与建立尺寸标注式样

1) 尺寸变量：用来确定尺寸线、尺寸界线、尺寸箭头和尺寸文本的式样、大小以及它们之间相互位置关系的一些变化的量值。

2) 尺寸标注式样：各专业在标注尺寸时都有一些习惯的用法，例如土建图中起止符号常用 45°斜短划线，机械图中则用箭头的形式。Auto CAD 提供了多种尺寸标注式样，由用户自己建立满意的式样。

Command：DDIM（或 D）

启动 Dimension Style 对话框，用户可在 Current 下拉列表框中设置当前标注式样，当尺寸标注式样的参数变量选定后，在 Name 框中输入式样名称，单击 Save 按钮，建立新的尺寸标注式样。

a) 单击 Geometry…按钮，打开 Geometry 选项卡，在 Arrowheads 区用户可设置尺寸箭头的形状和大小。

单击 1st 列表框下拉箭头，选择表中的 Architectural Tick 选项，在列表框上方出现的是 45°斜短划线代替了箭头，2nd 将默认 1st 的选择。

在 Size 框中，设定短划的大小，推荐设置为 2-3。

单击 OK 按钮，回到对话框。

b) 单击 Format…按钮，打开 Format 选项卡，用户可设置尺寸箭头、尺寸文本和尺寸线之间的相对位置，可默认 Auto CAD 的选择，单击 OK 按钮，回到对话框。

c) 单击 Annotation 按钮，打开 Annotation 选项卡，用户可设置尺寸单位、尺寸精度、尺寸文本式样等。

在 Text 区，Style 框可选择文本式样，默认的是标准字体，单击其下拉箭头，可选择当前字体式样；Height 框中输入一个数字确定字体的高度，推荐为 2.5~3。单击 OK 按钮，回到对话框。

在 Dimension Style 对话框中，单击 Save 按钮，上述设定将保存，单击 OK 按钮，尺寸式样建立完成。

(5) 尺寸标注的特殊字符

进行尺寸标注时，尺寸文本中常有一些特殊字符，如"±"、"Φ"、"R"等。

2. 线性型尺寸标注

线性型尺寸是工程制图中最常见的尺寸，包括水平尺寸，垂直尺寸，对齐尺寸，旋转尺寸，基线标注和连续。下面分别介绍几种尺寸的标注方法。

(1) 线性型尺寸标注

命令名为"Dimlinear"。根据用户操作能自动判别出水平尺寸或垂直尺寸，在指定尺寸线倾斜角后，可以标注斜向尺寸。

1) 功能：标注水平、垂直或倾斜的线性型尺寸。

2) 格式

Command：Dimlinear（或 DLI）

First extension line orgin or press ENTER to select：选取一点作为第一条尺寸界线的起点。

Second extension line orgin：选取一点作为第二条尺寸界线的起点。

指定尺寸线位置或[多行文字(Mtext)/文字(Text)/角度(Angle)/水平(Horizontal)/垂直(Vertical)/旋转(Rotated)]：选取一点确定尺寸线的位置或选择某个选项。

说明：

a) 输入两点作为尺寸界线后，Auto CAD 将自动测量它们的距离标注为尺寸数字。

b) 常用的选项如下：

输入 T，出现提示，Dimension Text（＊＊＊）：用户确定或修改文本。

输入 H，标注水平尺寸。

输入 V，标注垂直尺寸。

输入 A，则可指定尺寸文字的倾斜角度，使尺寸文字倾斜标注。

输入 R，则取消自动判断，尺寸线按用户输入的倾斜角度注斜向尺寸。

c）一般情况下，在确定了尺寸界线的位置后，尺寸线位置点的移动方向可确定水平标注或垂直标注。参见图 5.8。

（2）标注对齐尺寸

命令名为 Dimaligned（或 DAL），也是标注线性尺寸。特点是尺寸线和两条尺寸界线起点连线平行（平齐）。

1）功能：标注对齐尺寸。

2）格式：Command：Dimaligned（或 DAL）

First extension line orgin or press ENTER to select：选取一点作为第一条尺寸界线的起点。

Second extension line orgin：选取一点作为第二条尺寸界线的起点。

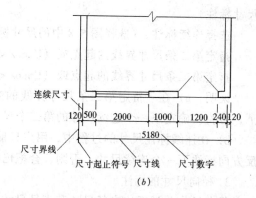

图 5.8 尺寸标注
（a）垂直尺寸；（b）水平尺寸和连续标注尺寸

Dimension line location 确定尺寸线的位置（Mtext/text/Angle）：选取一点确定尺寸线的位置或选择某个选项。

说明：操作和选项都与标注水平和垂直尺寸相同。

（3）基线标注

命令名为"DIMBASELINE"，用于标注有公共的第一条尺寸界线（作为基线）的一组尺寸线互相平行的线性尺寸或角度尺寸。但必须先标注第一个尺寸后才能使用此命令。

1）功能：标注具有共同基线的一组线性尺寸或角度尺寸。

2）格式：Command：DIMBASELINE

指定第二条尺寸界线起点或［放弃（U）/选择（S）］＜选择＞：（回车选择作为基准的尺寸标注）

选择基准标注：（如图，选择 AB 间的尺寸 50 为基准标注）

指定第二条尺寸界线起点或［放弃（U）/选择（S）］＜选择＞：（指定 C 点标注出尺寸 120）

指定第二条尺寸界线起点或［放弃（U）/选择（S）］＜选择＞：（指定 D 点标注出尺寸 190）

说明：a）在"指定第二条尺寸界线起点或［放弃（U）/选择（S）］＜选择＞"：提示下，若用户的上一个命令是标注 AB 间的尺寸，此时可直接点取 C 点标注出尺寸 120。

b）如果用户在该提示符下输入 U 并回车，系统将删除上一次刚刚标注的那一个基线尺寸。

c）基线标注是以某一条尺寸界线（即基线）作为基准进行标注的，基准可理解为各基线尺寸的公共的第一条尺寸界线。

（4）连续标注

连续标注的尺寸称为连续尺寸。这些尺寸首尾相连，前一尺寸的第二尺寸界线就是后一尺寸的第一尺寸界线。

1）功能：标注连续型链式尺寸。

2）格式：Command：DimcontinUe（或 DCO）

指定第二条尺寸界线的起点或（Undo/＜select＞）＜选择＞：（回车选择作为基准的尺寸标注）

选择连续标注：（选择图 5.8 中的尺寸标注 50 作为基准）

指定第二条尺寸界线的起点或（Undo/＜select＞）＜选择＞：（指定 C 点标出尺寸 60）

指定第二条尺寸界线的起点或（Undo/＜select＞）＜选择＞：（指定 D 点标出尺寸 70）

说明：a）在"指定第二条尺寸界线的起点或（Undo/＜select＞）＜选择＞"的提示下，可直接确定下一个连续尺寸的第二个尺寸界线的起点。

b）在连续标注尺寸的过程中，用户只能向同一方向标注下一个连续尺寸，不能向相反方向标注下一个连续尺寸，否则，会把已标注的尺寸文本覆盖。

3．径向尺寸的标注

径向尺寸包括标注半径尺寸和直径尺寸。

(1) 半径尺寸的标注

命令名为"DIMRADIUS"，用于标注圆或圆弧的，并自动带半径符号"R"。

1）功能：标注半径。

2）格式：Command：DIMRADIUS

选择圆或圆弧：（选择圆弧，我国标准规定对圆及大于半圆的圆弧应标注直径）

标注文字 = 50

指定尺寸线位置或［多行文字（M）/文字（T）/角度（A）］：（确定尺寸的位置，尺寸线总是指向或通过圆心）

说明：三个选项的含义与前面相同。

(2) 直径尺寸的标注

命令名为"DIMDIAMETER"，用它可在圆或圆弧上标注直径尺寸，并自动带直径符号"Φ"。

1）功能：标注直径。

2）格式：Command：DIMDIAMETER

选择圆弧或圆：（选择要标注直径的圆弧或圆，如图 5.9 中的小圆）

标注文字 = 30

指定尺寸线位置或［多行文字（M）/文字（T）/角度（A）］：T（输入选项 T）

输入标注文字 ＜30＞：3 - ＜ ＞（"＜ ＞"表示测量值，"3 -"为附加前缀）

指定尺寸线位置或［（确定尺寸线位置）

说明：命令选项 M、T 和 A 的含义与前面相同。当选择 M 或 A 项在多行文字编辑器或命令行修改尺寸文字的内容时，用"＜ ＞"表示保留 AutoCAD 的自动测量值。若取消"＜ ＞"，则用户可以完全改变尺寸文字的内容。

4．角度型尺寸标注

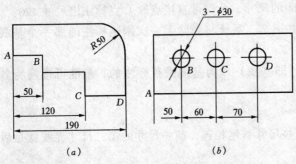

图 5.9 半径、直径、基线和连续标注

命令名为"DIMANGULAR",用于标注角度尺寸,角度尺寸线为圆弧,如图 5.10,指定角度顶点 A 和 B、C 两点,标注角度 60。此命令可标注两条直线所夹的角、圆弧的中心角及三点确定的角。

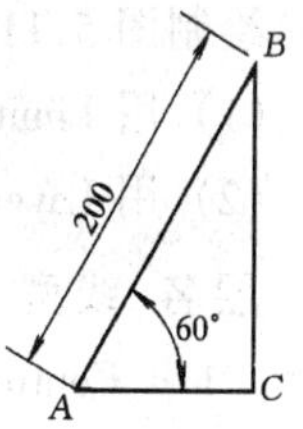

(1) 功能:标注角度。

(2) 格式:Command:DIMANGULAR

选择圆弧、圆、直线或<指定顶点>:(选择一条直线)

选择第二条直线:(选择角的第二条边)

指定标注弧线位置或[多行文字(M)/文字(T)/角度(A)]:(确定尺寸弧的位置)

图 5.10 对齐和角度尺寸标注

标注文本 = 60

说明:在"选择圆弧、圆、直线或<指定顶点>":提示符后选择一段弧,系统会自动把该弧的两端点设置为角度尺寸的两尺寸界限的起始点,并提示:

指定标注弧线位置或[多行文字(M)/文字(T)/角度(A)]:

确定弧型尺寸线的位置后,标注结果如图 5.10 所示。

5.2.6 Auto CAD 绘图示例

1. 绘制建筑平面图

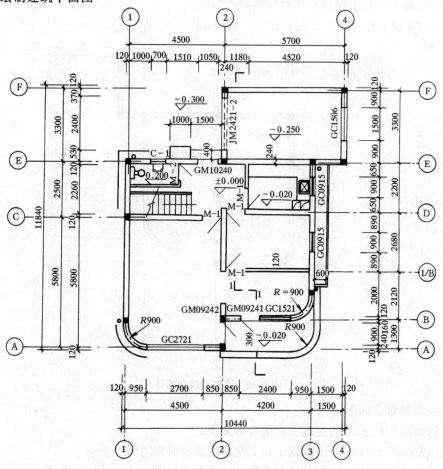

图 5.11 底层平面图

绘制图 5.11 所示的建筑平面图步骤如下：

（1）用 Limits 命令，定出绘图范围 267×200。

（2）用 Layer 命令，设立新层，各层设置的线型、颜色如下：

层名	线型	颜色
1	Continuous	Red
2	Continuous	Green
3	Center	Blue
4	Continuous	White

设置当前层为 3。

（3）用 Line 命令，画水平和垂直的定位轴线。

（4）调用 Layer 命令，设置当前层为 0，用 Circle 画直径为 8mm 的圆，打开绘图工具 Dsnap，用 Copy 命令中的 M 方式将图拷贝到轴线的端点。

（5）调用 Layer 命令，设置当前层为 1，用 Pline（或 Line）画出墙体。画图过程中应灵活采用编辑命令 Erase、Trim 和 Break 等，如图 5.12 所示。

（6）调用 Layer 命令，设置当前层为 2，用 Pline（或 Line）画出门的图例。

（7）在 O 和 Z 层上画窗户、台阶等的投影线。

（8）在 4 层上标注尺寸、注写文本，结果如图 5.11 所示。

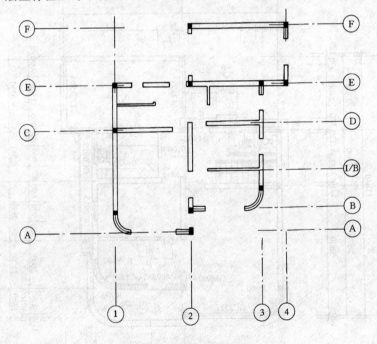

图 5.12　绘制轴线和墙体

2. 绘制建筑立面图

绘制如图 5.13 所示的建筑立面图步骤如下：

（1）先按图 5.11 的绘图步骤 1 和 2 设置绘图范围和图层。

（2）在 3 层上用 Line 命令画出垂直的定位轴线；画 0 层上用 Circle 画直径为 8mm 的

圆，并拷贝到轴线端部。

（3）在 1 层上用 Line（或 Pline）命令画出地平线。

（4）按立面图图线的线宽在 0、1、2 层上用 Line 命令画出建筑物的轮廓线，窗、门及台阶等的投影。

（5）绘制标高的图例，用 Block 定义成块，并用 Insert 命令插入到各指定位置，也可只插入一个，用拷贝命令的重复方式，将标高拷贝到指定位置。

（6）在 4 层上注写文本，如图 5.13 所示。

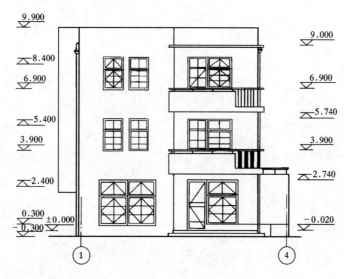

图 5.13　①—④立面图

习　　题

1．计算机图形学的定义是什么？应用在哪些方面？
2．什么是计算机绘图系统？
3．什么是计算机绘图硬件系统？其基本配置如何？
4．目前一般计算机绘图软件由哪几部分组成？它们是什么？
5．请说明 Auto CAD 中下列术语的含义：实体，Auto CAD 图形，图层，块。
6．Auto CAD 的 CIRCLE 命令有几种画圆方式？它们分别是什么？
7．请概述 Auto CAD 编辑命令的功能？
8．常用的尺寸标注类型有几种？各包括什么标注形式？

市政工程构造与识图习题集

主编 王 梅

说 明

本习题集配合《市政工程构造与识图》教材的第 2 章使用。共有 50 多道习题。在编写过程中遵照本课程的大纲要求，力求突出改革后的教学大纲的特点，力求作到有浅有深，难易结合以适应不同的教学需要，适合中等职业教育学员的学习能力，具有实用性、易于接受的特点。本习题集主要作为市政专业的教学用书，也可供其它相关专业的新主审。

本习题集由新疆建设职业技术学院高级讲师王芳和天津市政学校讲师王梅编写。由广州市政建设学校高级讲师周美新主审。

由于时间仓促，不足之处敬请读者批评指正。

编 者

1. 投影的基本知识(在投影的圆内填上相应的直观图编号)

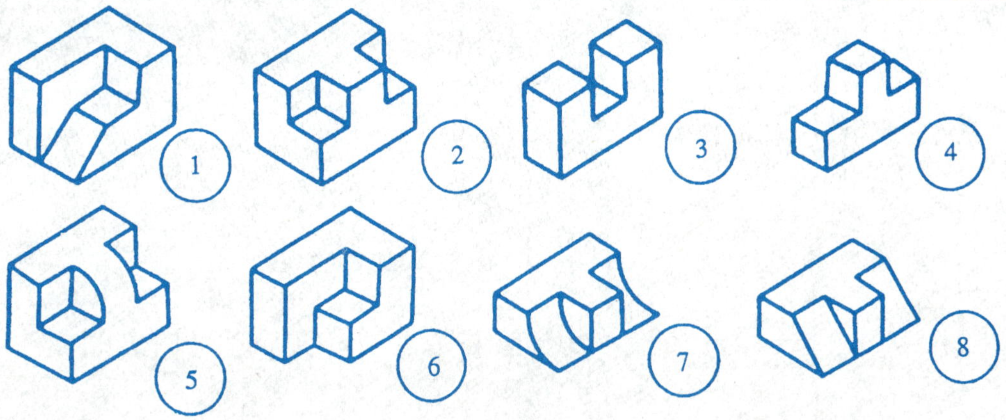

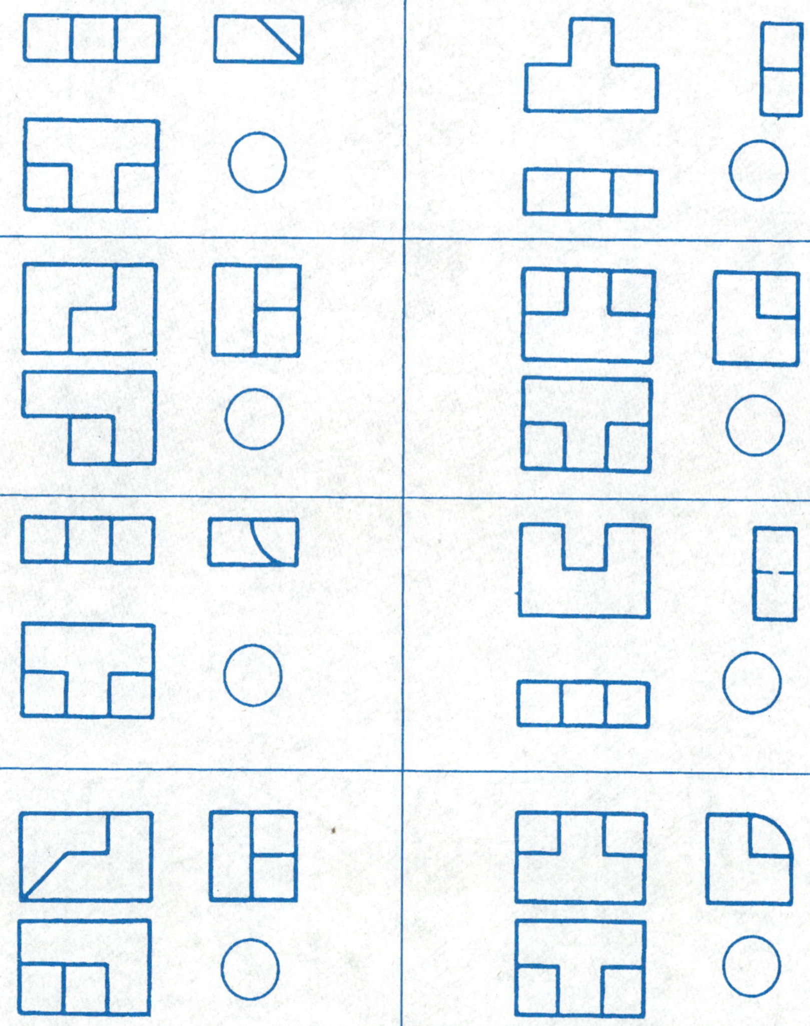

三面投影图

3. 根据立体图将投影图中的漏线补齐

三面投影图

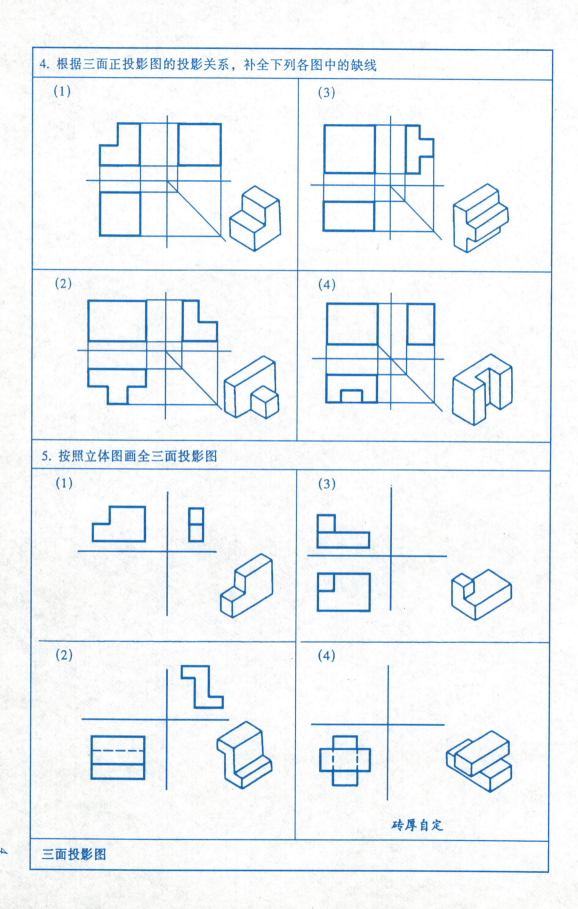

二、

1. 已知 A、B 两点的立体图,求作其投影图,并从图中量取各点的坐标值,填入下面括号内。

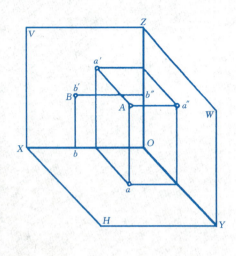
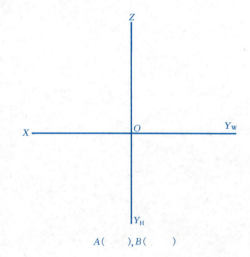

A( ),B( )

2. 已知 $A(10,25,15)$、$B(20,20,0)$、$C(25,0,25)$ 三点的坐标,试作它们的投影图和立体图。

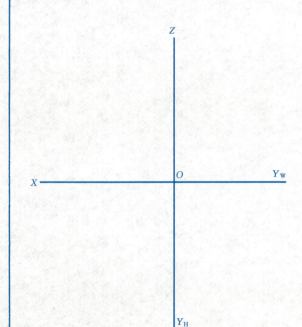
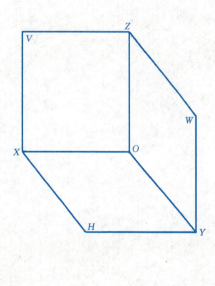

点的投影图

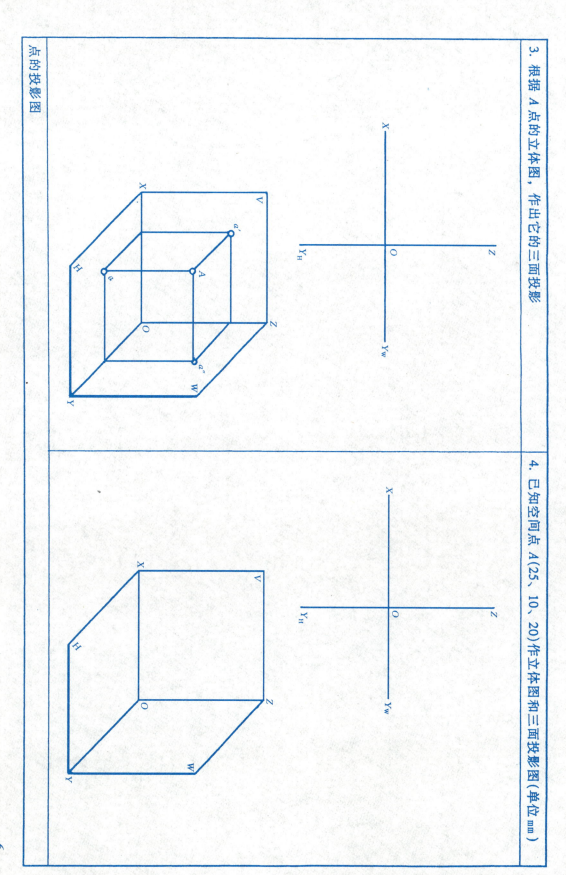

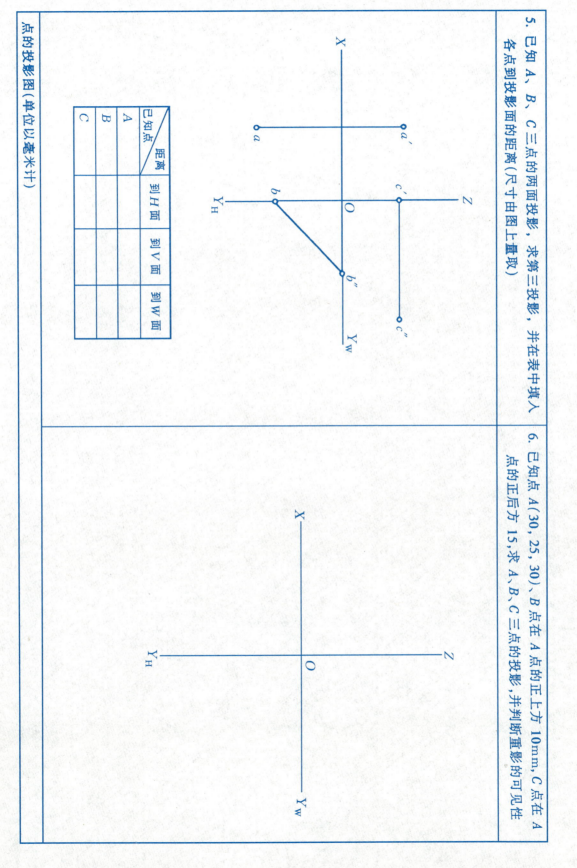

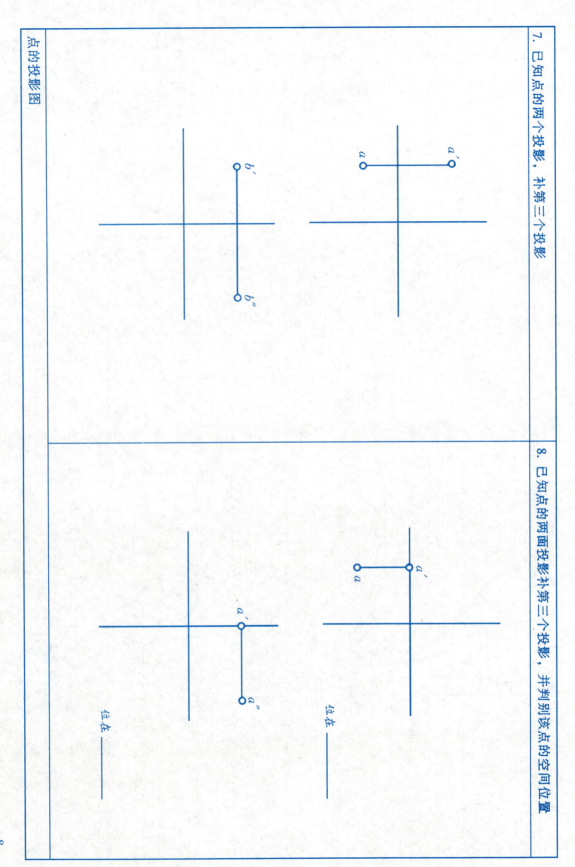

三、

1. 已知直线的两投影，求第三投影，并判别其与投影面的相对位置

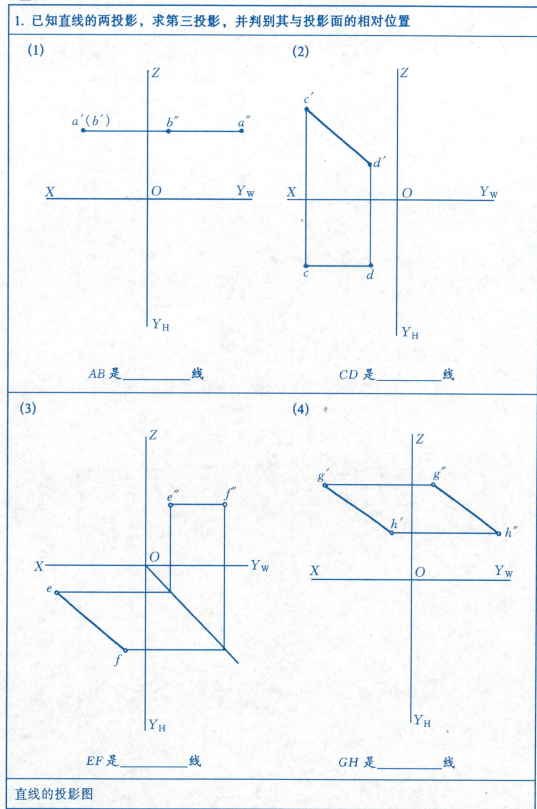

(1) AB 是_____线

(2) CD 是_____线

(3) EF 是_____线

(4) GH 是_____线

直线的投影图

2. 判别下列各直线的空间位置，并注明反映实长的投影

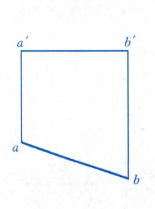

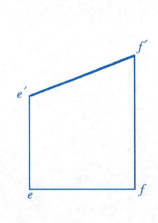

直　　线	AB	CD	EF	GH
空间位置				
实长投影				

3. 判别 C、D、E 三点是否在直线 AB 上

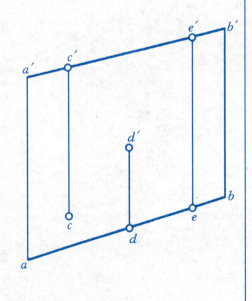

4. 应用定比性补出直线 AB 上 K 点的水平投影，并完成侧面投影

直线的投影图

5. 识读棱块的三面投影，分别说明 AB、BD、CD、EF 直线与投影面的相对位置

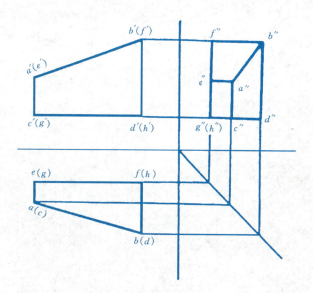

AB 是 _____ 线

BD 是 _____ 线

CD 是 _____ 线

EF 是 _____ 线

6. 识读三棱锥的三面投影，分别说明 AB、AC、SA、SB 直线与投影面的相对位置

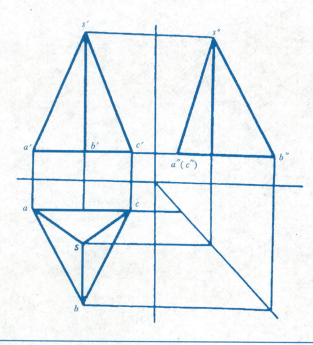

AB 是 _____ 线

AC 是 _____ 线

SA 是 _____ 线

SB 是 _____ 线

直线的投影图

四、

1. 根据立体图，在三投影图中按 P 面的形式标出指定平面的投影

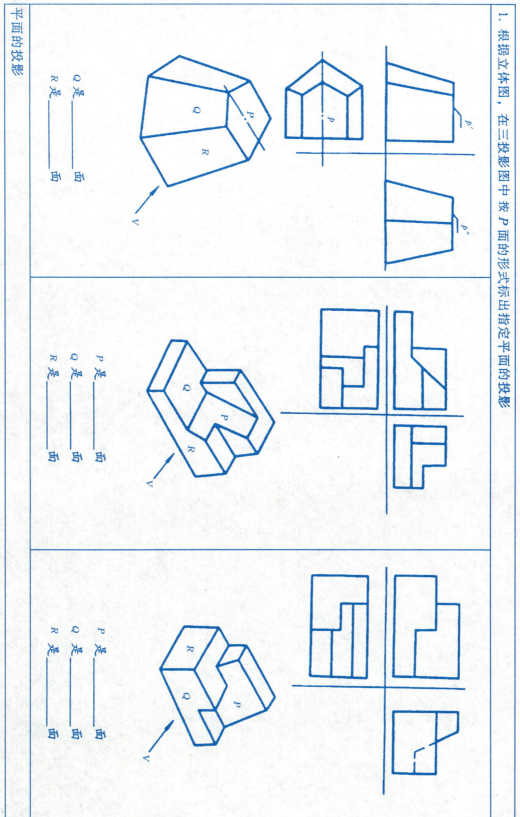

Q 是 _____ 面
R 是 _____ 面

P 是 _____ 面
Q 是 _____ 面
R 是 _____ 面

P 是 _____ 面
Q 是 _____ 面
R 是 _____ 面

平面的投影

2. 根据平面的两面投影作出第三面投影，并判断平面类型

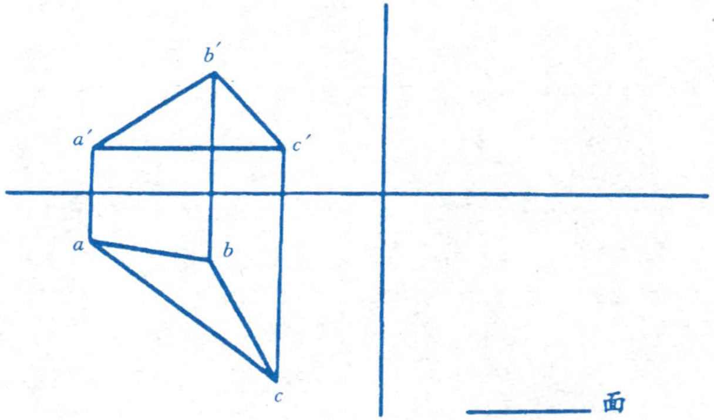

平面的投影

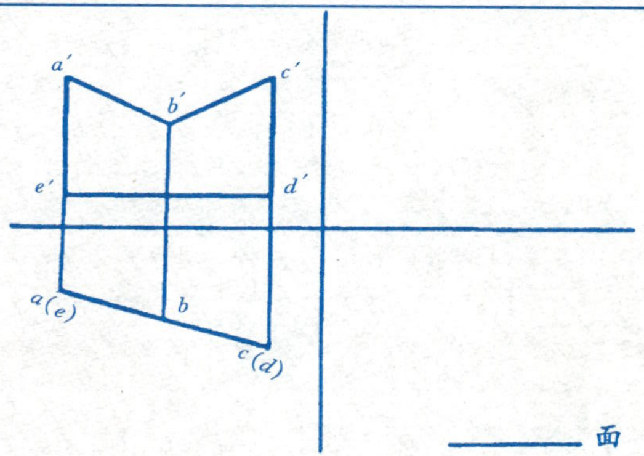

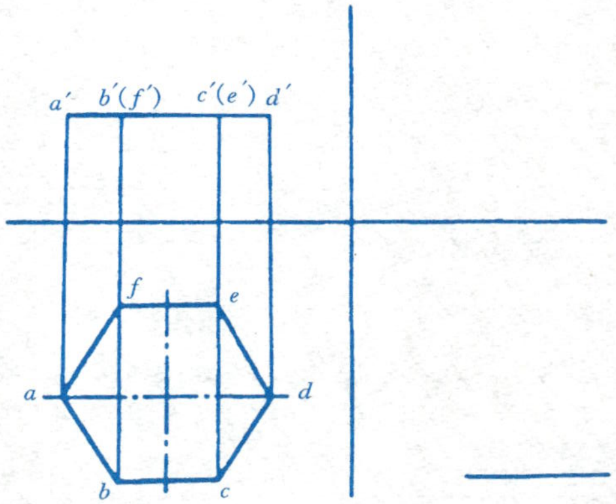

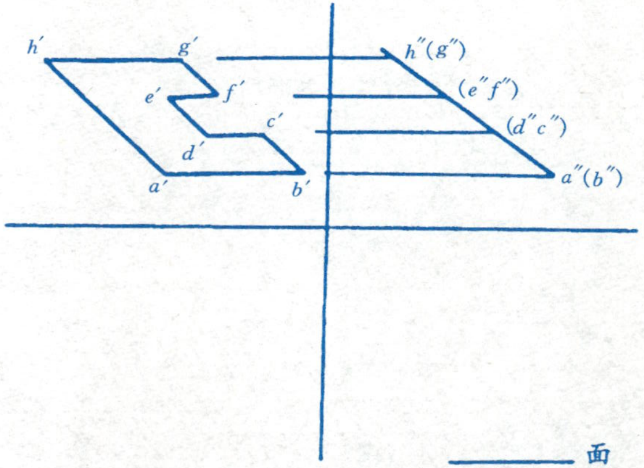

五、

1. 补出平面立体的侧面投影，并作出表面上 A、B 两点的投影

基本形体

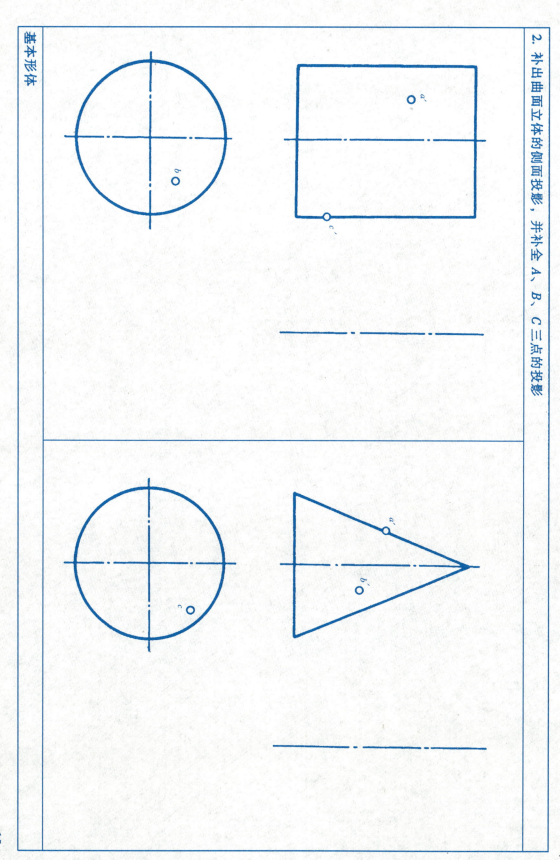

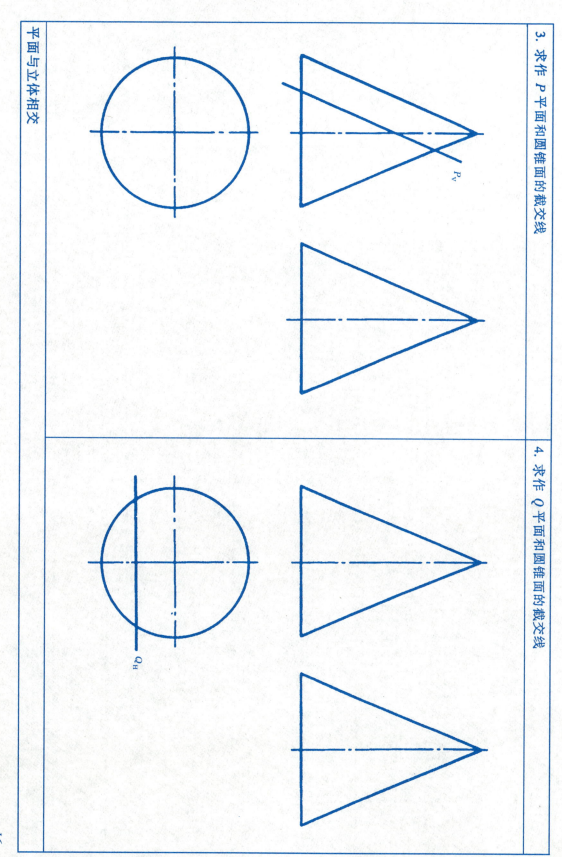

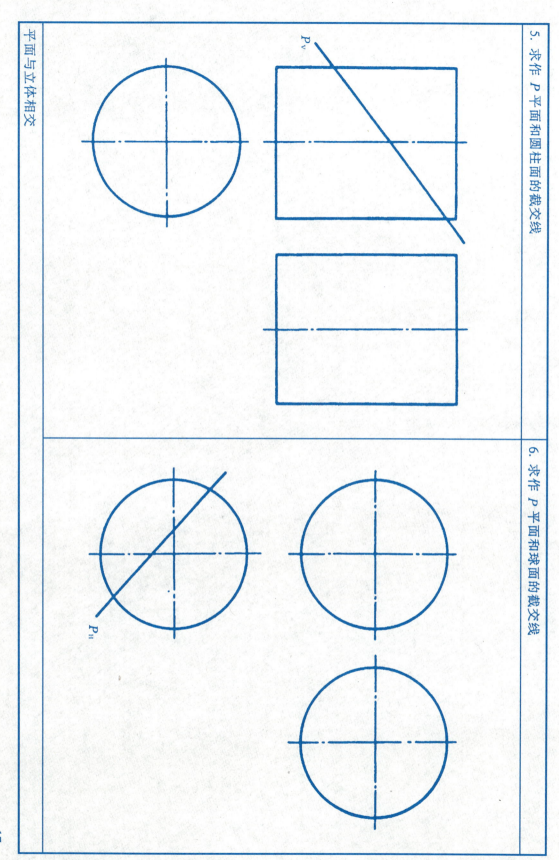

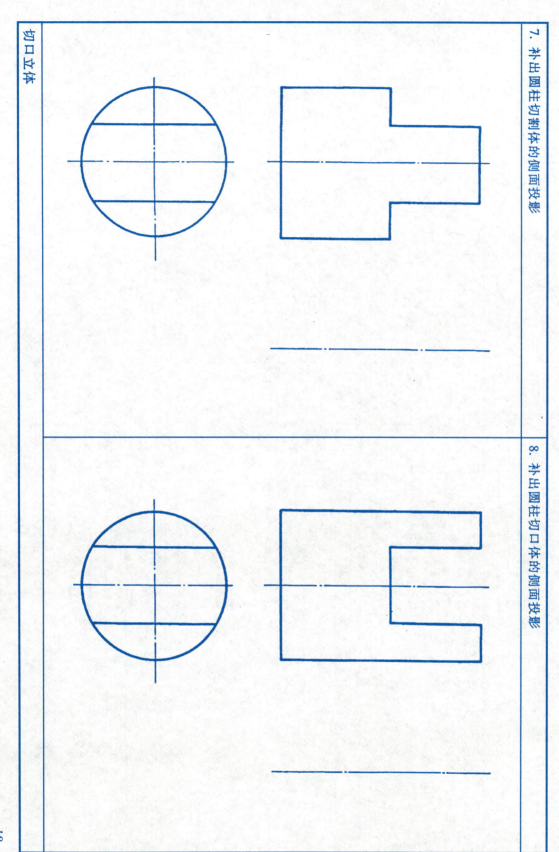

六、组合体投影

1. 根据立体图作出三面投影图（大小由图形量取）

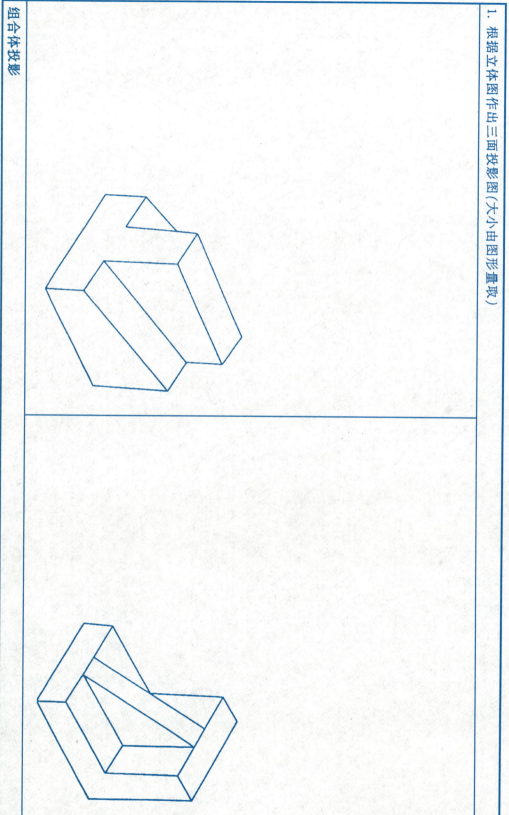

2. 根据立体图作出三面投影图（大小由图形量取）

组合体投影

组合体投影

3. 按照立体图画出三面投影图，并标注尺寸

组合体投影

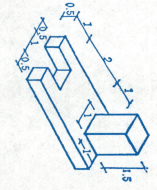

4. 按照立体图画出三面正投影图,并标注尺寸

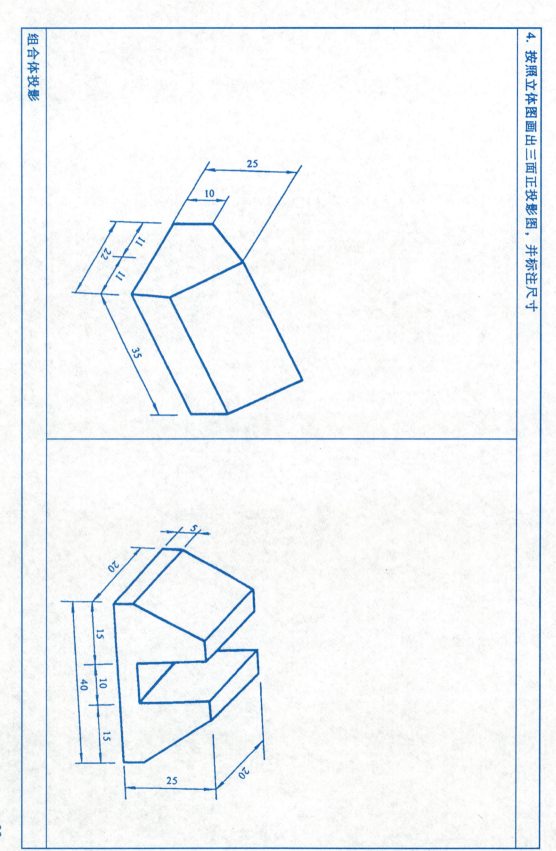

组合体投影

5. 按照立体图画出三面正投影图

组合体投影

23

6. 根据形体的立体图，作三面投影图，并标注尺寸（按 1：10 比例绘制）

组合体投影

七、

1. 根据两个已知投影，画出第三投影图（不画不可见线）

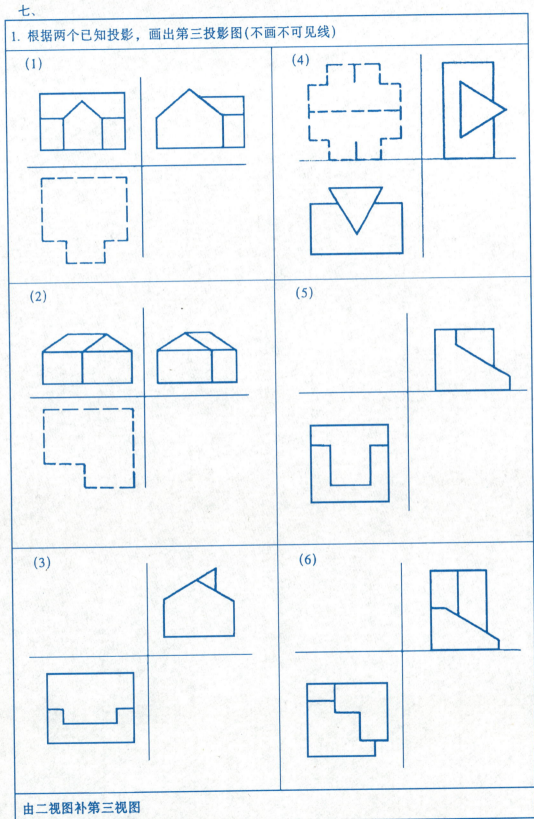

由二视图补第三视图

2. 根据两个已知投影, 画出第三投影图

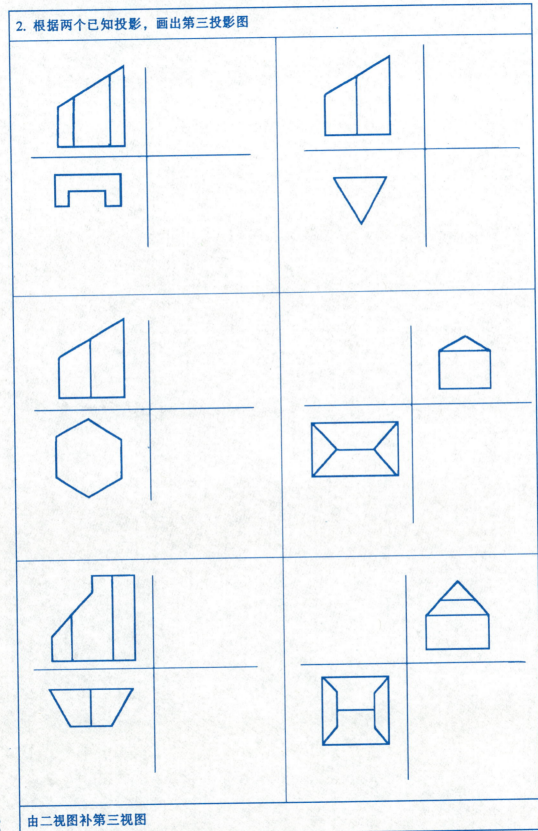

由二视图补第三视图

八、

1. 作全剖面图

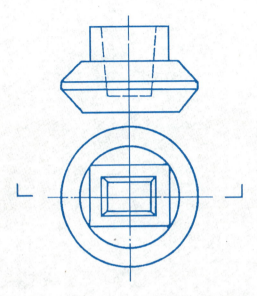

2. 作阶梯剖面图

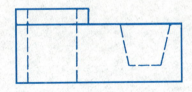

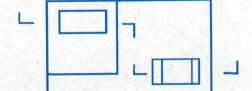

剖面图与断向图

3. 按指定的位置作组合体的剖面图

剖面与断面

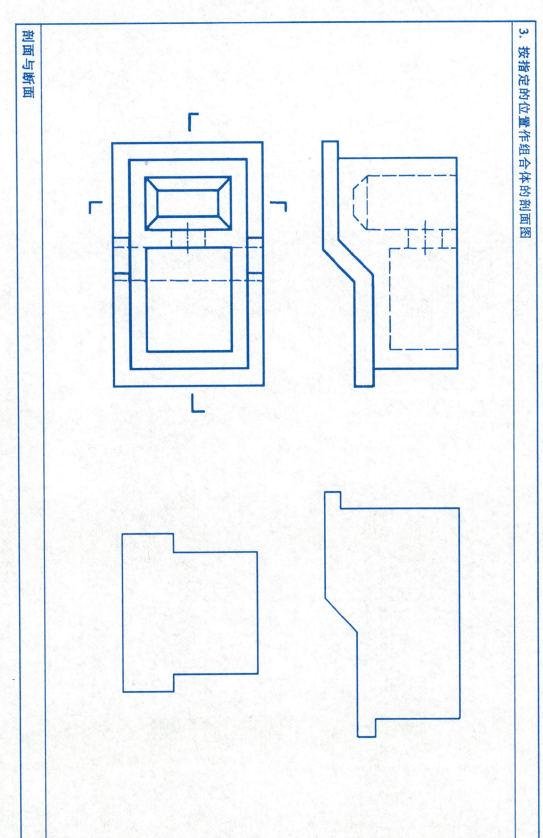

4. 将正面投影改为剖面图

(1)

(2)

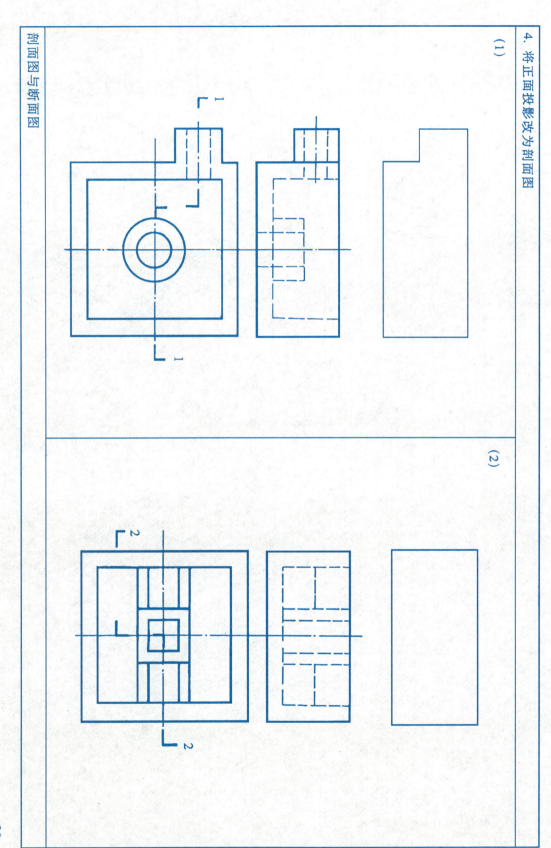

5. 将正面投影改为局部剖面图

6. 将水平投影改为局部剖面图

剖面图与断面图

剖面图与断面图

7. 作 1—1 剖面图

8. 将 V 面投影改为剖面图（多余的线画 ×）

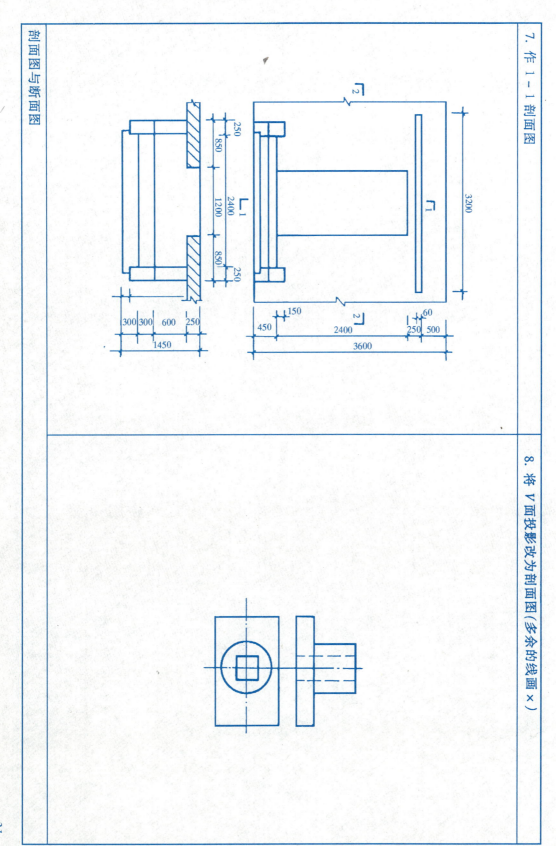

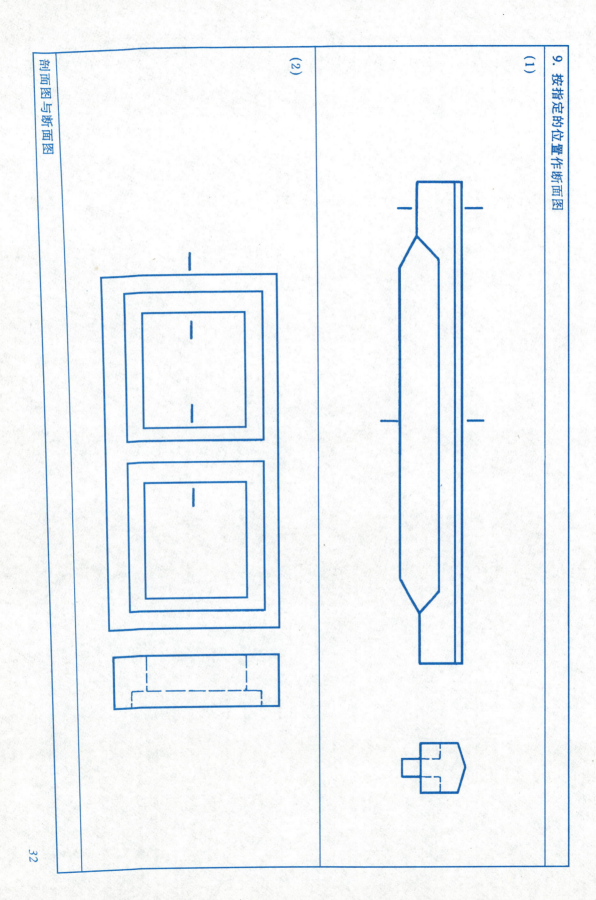